应用数学

YINGYONG
SHUXUE（XIA）

主　编　段振华
副主编　周小玲　青君

·广州·

本书的出版得到"广州市教学成果培育项目（Guangzhou teaching achievement cultivation project）+以数学建模竞赛为突破口的高职数学课程改革与建设"（201982281）资助.

图书在版编目（CIP）数据

应用数学. 下/段振华主编. —广州：广东高等教育出版社，2020.2
ISBN 978-7-5361-6666-0

Ⅰ. ①应… Ⅱ. ①段… Ⅲ. ①应用数学-高等职业教育-教材 Ⅳ. ①O29

中国版本图书馆 CIP 数据核字（2019）第 296574 号

出版发行	广东高等教育出版社
	社址：广州市天河区林和西横路
	邮编：510500　营销电话：(020)87554152　87553735
	http://www.gdgjs.com.cn
印　刷	佛山市浩文彩色印刷有限公司
开　本	787 毫米×1 092 毫米　1/16
印　张	13.25
字　数	300 千
版　次	2020 年 2 月第 1 版
印　次	2020 年 2 月第 1 次印刷
定　价	38.00 元

（版权所有，翻印必究）

前 言

高等职业教育具有高等教育和职业教育的双重属性,以培养生产、建设、服务、管理等一线的高素质技术技能人才为主要任务。在人才培养过程中,高等教育属性明确了数学课程开设的必要性,职业教育属性奠定了数学课程必须以就业为导向,以培养技术技能人才为目标,以"掌握概念、强化应用、培养能力"为重点,以"必须、够用为度"为原则。我们在继承原有教材建设成果的基础上,充分汲取近年来高职高专院校在数学课程改革方面的成功经验,组织编写了《应用数学》(含上下两册)这套教材。本套教材具有以下几个方面的特点。

1. 注重内容衔接。近年来,高职生源发生较大变化,近四成学生来自于中职,中职学段的数学教育与高中阶段完全不同,存在学时不足、内容不构成体系等问题。高职近一成的学生毕业后还将接受本科教育,原有的教材难以适应。本套教材将高职数学学习需要的、而中职没有系统学习的集合与函数内容放入上册第一章,解决高职数学与中职数学的衔接问题。下册第十一章高等数学选讲部分重点将高职数学内容的深度、广度与本科数学衔接。

2. 强化数学应用。在教材编写过程中,我们注重加强数学知识在工程技术和经济等方面的应用,增加有实际应用背景的例题和习题,编写了15个数学建模案例,力图体现高职教育的实践性、应用性特点。

3. 培养学生四种能力。一是将数学思想、概念、方法与实际问题相结合的能力;二是把实际问题转化为数学模型的能力;三是求解数学模型的能力;四是创新能力。

4. 内容模块化。一是基础模块:不同专业的学生学习相同的数学知识,如集合与函数、极限与连续、一元函数微分学;二是专业模块:不同专业的学生学习不同的数学知识,如线性代数初步(电类专业)、数理统计初步(经管类专业),专业模块相互独立,教师可以根据专业的人才培养方案挑选模块教学;三是提高模块:供数学基础较好、准备升学的学生学习。

5. 例题、习题分层。在编写过程中，列举了大量的例题，按照从易到难顺序编排，例题解答思路清晰、简明扼要，供教师面对不同层次学生选用；习题丰富，以授课 2 学时为一个单元编排，分为课堂练习和课后作业，每一章还配备思考与练习题。课堂练习基本上套用公式或例题就可以完成（模仿做题）；与课堂练习相比，课后作业难度稍大，且逐渐变难（基本要求）；思考与练习题为综合题，为优秀学生设计（提高要求）。

由于编者水平有限，书中仍有许多不尽如人意之处，我们衷心期待专家和广大师生批评指正。

编者

2020 年 1 月

目 录

第七章 常微分方程 ………………………………………………………（ 1 ）
7.1 微分方程的基本概念 …………………………………………………（ 1 ）
7.2 可分离变量的微分方程 ………………………………………………（ 5 ）
7.3 一阶线性微分方程 ……………………………………………………（ 13 ）
7.4 二阶常系数线性微分方程 ……………………………………………（ 19 ）
7.5 数学建模案例　人口增长模型 ………………………………………（ 28 ）
7.6 Matlab 在常微分方程中的应用 ………………………………………（ 33 ）

第八章 级数 ………………………………………………………………（ 40 ）
8.1 常数项级数的概念和性质 ……………………………………………（ 40 ）
8.2 常数项级数的审敛法 …………………………………………………（ 45 ）
8.3 幂级数 …………………………………………………………………（ 51 ）
8.4 函数展开成幂级数 ……………………………………………………（ 58 ）
8.5 函数的幂级数展开式的应用 …………………………………………（ 64 ）
8.6 数学建模案例　购房贷款问题 ………………………………………（ 67 ）
8.7 Matlab 在级数中的应用 ………………………………………………（ 71 ）

第九章 空间解析几何初步 ………………………………………………（ 78 ）
9.1 向量及其线性运算 ……………………………………………………（ 78 ）
9.2 向量的数量积与向量积 ………………………………………………（ 84 ）
9.3 平面与直线 ……………………………………………………………（ 87 ）
9.4 曲面与曲线 ……………………………………………………………（ 92 ）
9.5 Matlab 在空间解析几何中的应用 ……………………………………（ 96 ）

第十章 多元函数微积分学 ………………………………………………（102）
10.1 多元函数的基本概念 …………………………………………………（103）
10.2 偏导数与全微分 ………………………………………………………（110）

10.3　多元复合函数和隐函数的求导法则 …………………………………… (117)
10.4　二元函数的极值与最值 ……………………………………………… (123)
10.5　二重积分的概念和性质 ……………………………………………… (130)
10.6　二重积分的计算 ……………………………………………………… (134)
10.7　二重积分的应用 ……………………………………………………… (138)
10.8　Matlab 在多元微积分中的应用 ……………………………………… (141)

第十一章　高等数学选讲 …………………………………………………… (147)

11.1　函数、极限与连续 …………………………………………………… (147)
11.2　导数与微分 …………………………………………………………… (152)
11.3　导数的应用 …………………………………………………………… (156)
11.4　不定积分 ……………………………………………………………… (163)
11.5　定积分及其应用 ……………………………………………………… (169)
11.6　常微分方程 …………………………………………………………… (178)
11.7　常数项级数 …………………………………………………………… (186)
11.8　多元函数微积分学 …………………………………………………… (193)

第七章　常微分方程

○ 知识目标

1. 理解常微分方程的思想，了解常微分方程的定义．
2. 了解微分方程及其解、阶、通解、初始条件和特解等概念．
3. 熟练掌握变量可分离的微分方程及一阶线性微分方程的解法．
4. 会解齐次微分方程，理解线性微分方程解的性质及解的结构．
5. 掌握二阶常系数齐次线性微分方程的解法，会解某些二阶的常系数齐次线性微分方程．

○ 能力目标

1. 能辨别微分方程及其解、阶、通解、初始条件和特解等概念．
2. 会解变量可分离的微分方程、一阶线性微分方程及齐次微分方程．
3. 用微分方程组（或方程组）解决一些简单的应用问题．

在科学研究和生产实践中，为了深入了解自然规律，常常需要寻求客观事物变量间的函数关系．在实际中，我们往往不能直接得到所求的函数关系，但可以利用已有的数学知识和基本科学原理，构建出含有所求函数及其变化率之间的关系式，即所谓的微分方程，然后再从中解出所求函数．因此，微分方程是一种重要的描述客观事物的变量间关系的数学模型．

常微分方程是微分方程中最简单的一类，其解为一元函数，其发展历史可分为三个阶段，分别是"求通解"阶段、"求定解"阶段、"求所有解"阶段．

本章我们首先介绍微分方程的一些基本概念，然后讨论常见微分方程的类型与解法．学习本章时要注意不同类型的微分方程之间的区别和联系；首先应弄清楚方程所属的类型，然后再选择正确的求解方法，最后结合实例来说明其应用．

7.1　微分方程的基本概念

常微分方程的实质就是一个关系式，这个关系式是由自变量、未知函数和未知函数的导数组成的，且自变量的个数为一．常微分方程的发展经历了一个很漫长的过程，在这个发展过程中涌现出很多科学家，例如欧拉、拉格朗日、柯西等，他们对常微分方程的发展做出了很大的贡献.

本节我们主要认识微分方程,理解微分方程的概念. 为了给出微分方程的概念,我们先看下面的例子.

一、两个简单的例子

1. 求曲线方程问题

例1 已知一条曲线过点$(2,3)$,且在该曲线上任意点$P(x,y)$处的切线斜率为$2x$,求该曲线方程.

解 设所求曲线方程为$y=y(x)$,根据导数的几何意义,知$y=y(x)$应满足下式:

$$\frac{dy}{dx}=2x \quad \text{或} \quad dy=2xdx$$

这是一个含有所求未知函数y的导数或微分的方程. 要求出$y(x)$,只需对上式两端进行积分,得

$$y=\int 2xdx$$

即
$$y=x^2+C \quad (C\text{为任意常数})$$

由于曲线过点$(2,3)$,因此还应满足条件:当$x=2$时,$y=3$,或记为$y|_{x=2}=3$. 将该条件代入$y=x^2+C$,即得所求曲线的方程为

$$y=x^2-1$$

2. 确定运动规律问题

例2 列车在平直轨道上以20 m/s的速度行驶,当制动时,列车加速度为-0.4 m/s^2,求制动后列车的运动规律.

解 设列车制动后t秒内行驶了s m. 按题意,求制动后列车的运动规律,即

$$s=s(t)$$

根据二阶导数的物理意义,得

$$\frac{d^2s}{dt^2}=-0.4$$

这是一个含有所求未知函数s的二阶导数或微分的方程. 要求出$s(t)$,只需对上式两端进行两次积分,分别得:

$$\frac{ds}{dt}=-0.4t+C_1$$

$$s=-0.2t^2+C_1t+C_2$$

由于制动开始时的速度为20 m/s,即满足条件:当$t=0$时,$v=20$,或记为$s'|_{t=0}=20$.

假定路程s是从开始制动算起,即满足条件:当$t=0$时,$s=0$,或记为$s|_{t=0}=0$.

将要满足的以上两个条件代入$s=-0.2t^2+C_1t+C_2$,得$C_1=20$,$C_2=0$. 于是,制动后列车的运动规律为

$$s = -0.2t^2 + 20t$$

二、微分方程的基本概念

由以上两例可以看出：像 $\dfrac{dy}{dx} = 2x$ 和 $\dfrac{d^2s}{dt^2} = -0.4$ 方程中都含有未知函数的导数或微分，这样的方程称为微分方程．于是我们定义如下：

含有未知函数的导数或微分的方程，称为**微分方程**．

未知函数是一元函数的微分方程，称为**常微分方程**．未知函数是多元函数的微分方程，称为偏微分方程．

微分方程中未知函数的导数的最高阶数，称为**微分方程的阶**．

像 $\dfrac{dy}{dx} = 2x$ 和 $\left(\dfrac{dy}{dx}\right)^2 + x\dfrac{dy}{dx} + y = 0$ 是一阶常微分方程，简称一阶微分方程．

像 $\dfrac{d^2s}{dt^2} = -0.4$ 和 $\dfrac{d^2y}{dx^2} + b\dfrac{dy}{dx} + cy = f(x)$ 是二阶常微分方程，简称二阶微分方程．

本章主要讨论常微分方程，为表述简便，我们不妨将其称为"微分方程"．

n 阶常微分方程的一般形式可表示为

$$F(x, y, y', \cdots, y^{(n)}) = 0$$

这里 x 为自变量，y 是 x 的未知函数，而 $y', y'', \cdots, y^{(n)}$ 依次是未知函数的一阶、二阶……n 阶导数．

满足一个微分方程的函数称为该**微分方程的解**．即是说，将一个函数代入微分方程中，使之化为恒等式，该函数式便是微分方程的解．

注意：微分方程的解既可以是显函数 $y = f(x)$ 形式，也可以是 $F(x, y) = 0$ 所确定的隐函数形式．

例 3 验证 $y = \dfrac{\sin x}{x}$ 为方程 $xy' + y = \cos x$ 的解．

解 由于 $y = \dfrac{\sin x}{x}$，$y' = \dfrac{x\cos x - \sin x}{x^2}$，代入方程 $xy' + y = \cos x$ 的左端，即有

$$x \cdot \dfrac{x\cos x - \sin x}{x^2} + \dfrac{\sin x}{x} = \cos x.$$

函数式 $y = \dfrac{\sin x}{x}$ 满足微分方程 $xy' + y = \cos x$，故 $y = \dfrac{\sin x}{x}$ 为方程 $xy' + y = \cos x$ 的解．

如果微分方程的解中含有任意常数，且任意常数的个数与方程的阶数相同时，这样的解称为微分方程的通解．

如：例 1 中，$y = x^2 + C$ 就是方程 $\dfrac{dy}{dx} = 2x$ 的通解；例 2 中，$s = -0.2t^2 + C_1 t + C_2$ 就是方程 $\dfrac{d^2s}{dt^2} = -0.4$ 的通解．

注意：通解中的任意常数必须实质上是任意的．例如在 $y = (C_1 + C_2)x$ 中，C_1、C_2 实质上不是任意的两个常数，因 $C_1 + C_2$ 可合并为一个常数 C．

对于微分方程的求解，有时我们会给出某些具体条件，然后再求解. 当自变量取某值时，要求未知函数及其导数取给定值，这种条件称为**初始条件**.

例如：例1中，当 $x=2$ 时，$y=3$ 或 $y|_{x=2}=3$ 为初始条件；例2中，当 $t=0$ 时 $v=20$ 或 $s'|_{t=0}=20$，当 $t=0$ 时 $s=0$ 或 $s|_{t=0}=0$，均为初始条件.

满足给定的初始条件的解，称为微分方程满足该初始条件的特解.

例如：例1中，$y=x^2-1$ 是方程 $\dfrac{\mathrm{d}y}{\mathrm{d}x}=2x$ 满足初始条件 $y|_{x=2}=3$ 的特解.

$s=-0.2t^2+20t$ 是方程 $\dfrac{\mathrm{d}^2 s}{\mathrm{d}t^2}=-0.4$ 满足初始条件 $s|_{t=0}=0$，$s'|_{t=0}=20$ 的特解.

课堂练习

1. 选择题.

    (1) 微分方程 $xyy''+x(y')^3-y^4y'=0$ 的阶数是（　　）.

    　　A. 3　　　　　B. 4　　　　　C. 5　　　　　D. 2

    (2) 微分方程 $y'''-x^2y''-x^5=1$ 的通解中应含的独立常数的个数为（　　）.

    　　A. 3　　　　　B. 5　　　　　C. 4　　　　　D. 2

    (3) 下列函数中，哪个是微分方程 $\mathrm{d}y-2x\mathrm{d}x=0$ 的解（　　）.

    　　A. $y=2x$　　B. $y=x^2$　　C. $y=-2x$　　D. $y=-x$

    (4) 微分方程 $y'=3y^{\frac{2}{3}}$ 的一个特解是（　　）.

    　　A. $y=x^3+1$　　B. $y=(x+2)^3$　　C. $y=(x+C)^2$　　D. $y=C(1+x)^3$

    (5) 函数 $y=\cos x$ 是下列哪个微分方程的解（　　）.

    　　A. $y'+y=0$　　B. $y'+2y=0$　　C. $y''+y=0$　　D. $y''+y=0$

2. 下列方程中哪些是微分方程.

    (1) $y''-3y'+2y=x$；　　　　　　(2) $y^2-3y+2=0$；

    (3) $y'=2x+6$；　　　　　　　　(4) $y=2x+6$；

    (5) $\mathrm{d}y=(2x+6)\mathrm{d}x$；　　　　　(6) $\dfrac{\mathrm{d}^2 y}{\mathrm{d}x^2}=\sin x$.

3. 指出下列微分方程的阶数.

    (1) $\dfrac{\mathrm{d}y}{\mathrm{d}x}+\dfrac{\sqrt{1-y^2}}{\sqrt{1-x^2}}=0$；　　　　(2) $y''+3y'+2y=x^2$；

    (3) $\left(\dfrac{\mathrm{d}^3 y}{\mathrm{d}x^3}\right)^2-y^4=\mathrm{e}^x$；　　　　(4) $y-x^4y'=y^2+y''$.

4. 在下列各题中，验证右边的函数是否为左边微分方程的解.

    (1) $yy'=x-2x^3$　　$y=x\sqrt{1-x^2}$；

    (2) $(x-y)\mathrm{d}x+x\mathrm{d}y=0$　　$y=x(C-\ln x)$；

    (3) $y'=\dfrac{1+y^2}{1+x^2}$　　$y=\dfrac{1+x}{1-x}$.

5. 给定一阶微分方程 $\dfrac{\mathrm{d}y}{\mathrm{d}x}=2x$，求：

(1) 方程的通解；

(2) 过点(1，4)的特解；

(3) 与直线 $y=2x+3$ 相切的解；

(4) 满足条件 $\int_0^1 y\,\mathrm{d}x = 2$ 的解.

6. 验证 $y=\mathrm{e}^x+\mathrm{e}^{-x}$ 是方程 $y''+2y'+y=4\mathrm{e}^x$ 的解.

课后作业

1. 选择题.

(1) $y=C_1\mathrm{e}^x+C_2\mathrm{e}^{-x}$ 是方程 $y''-y=0$ 的（　　），其中 C_1、C_2 为任意常数.

　　A. 通解　　　　B. 特解　　　　C. 是方程所有的解　　D. 上述都不对

(2) $y'=y$ 满足 $y|_{x=0}=2$ 的特解是（　　）.

　　A. $y=\mathrm{e}^x+1$　　B. $y=2\mathrm{e}^x$　　C. $y=2\cdot\mathrm{e}^{\frac{x}{2}}$　　D. $y=3\cdot\mathrm{e}^x$

(3) 微分方程 $y'-y=0$ 满足初始条件 $y(0)=1$ 的特解为（　　）.

　　A. $y=\mathrm{e}^x$　　B. $y=\mathrm{e}^x-1$　　C. $y=\mathrm{e}^x+1$　　D. $y=2-\mathrm{e}^x$

(4) 下列函数中，是微分方程 $y''+y=0$ 的解的函数是（　　）.

　　A. $y=1$　　B. $y=x$　　C. $y=\sin x$　　D. $y=\mathrm{e}^x$

2. 验证 $y=cx^3$（c 为任意常数）是方程 $3y-xy'=0$ 的通解，并求满足初始条件 $y(1)=\dfrac{1}{3}$ 的特解.

3. 一曲线经过点 $(4,7)$ 且在该曲线上任一点 $M(x,y)$ 处的切线斜率为 $3x$，求该曲线的方程.

4. 写出下列条件确定的曲线所满足的微分方程.

(1) 曲线在 (x,y) 处切线的斜率等于该点横坐标的立方.

(2) 曲线上的点 $P(x,y)$ 处的切线与 y 轴交点为 Q，PQ 长度为 2，且该曲线经过点 $(2,0)$.

7.2　可分离变量的微分方程

微分方程的类型是多种多样的，它们的解法也各不相同. 从本节开始我们将根据微分方程的不同类型，给出相应的解法，并介绍可分离变量的微分方程以及一些可化为这类方程的微分方程，如齐次方程等.

一、标准的可分离变量方程

形如

$$\frac{\mathrm{d}y}{\mathrm{d}x}=f(x)\varphi(y)$$

的方程，称为**可分离变量方程**. 这里 $f(x),\varphi(y)$ 分别是 x,y 的连续函数.

如果 $\varphi(y) \neq 0$，我们可以把 $\dfrac{dy}{dx} = f(x)\varphi(y)$ 改写为

$$\frac{dy}{\varphi(y)} = f(x)dx$$

这样，变量就"分离"开来了，两边同时积分，则有

$$\int \frac{dy}{\varphi(y)} = \int f(x)dx + c$$

这里我们把积分常数 C 明确写出来，而把 $\int \dfrac{dy}{\varphi(y)}$ 和 $\int f(x)dx$ 分别理解为 $\dfrac{1}{\varphi(y)}$ 和 $f(x)$ 的原函数。常数 C 的取值必须保证 $\int \dfrac{dy}{\varphi(y)} = \int f(x)dx + C$ 有意义。

例1 求解方程 $\dfrac{dy}{dx} = \dfrac{x}{y}$.

解 将变量分离，可得

$$ydy = xdx$$

两边积分，有

$$\frac{y^2}{2} = \frac{x^2}{2} + \frac{C}{2}$$

整理可得通解为

$$y^2 - x^2 = C$$

这里的 C 为任意常数.

由 $y^2 - x^2 = C$ 解出 y，写出显函数形式的解为

$$y = \pm\sqrt{C + x^2}$$

例2 求微分方程 $dx + xydy = y^2dx + ydy$ 的通解.

解 先合并 dx 及 dy 的各项，得

$$y(x-1)dy = (y^2 - 1)dx$$

设 $y^2 - 1 \neq 0$，$x - 1 \neq 0$，分离变量得

$$\frac{y}{y^2 - 1}dy = \frac{1}{x-1}dx$$

两端积分 $\int \dfrac{y}{y^2 - 1}dy = \int \dfrac{1}{x-1}dx$，得

$$\frac{1}{2}\ln|y^2 - 1| = \ln|x - 1| + \ln|C_1|$$

于是 $y^2 - 1 = \pm C_1^2 (x-1)^2$，记 $C = \pm C_1^2$，则得到题设方程的通解

$$y^2 - 1 = C(x-1)^2$$

注：在用分离变量法解可分离变量的微分方程的过程中，我们在假定 $g(y) \neq 0$ 的前提下，用它除方程两边，这样得到的通解，不包含 $g(y) = 0$ 的特解. 但是，有时如果我们扩大任意常数 C 的取值范围，则其失去的解仍包含在通解中. 如在例2中，我们得到的通解中应该有 $C \neq 0$，但这样方程就失去特解 $y = \pm 1$；如果允许 $C = 0$，则 $y =$

(1) 方程的通解；

(2) 过点 (1, 4) 的特解；

(3) 与直线 $y = 2x + 3$ 相切的解；

(4) 满足条件 $\int_0^1 y\,\mathrm{d}x = 2$ 的解.

6. 验证 $y = \mathrm{e}^x + \mathrm{e}^{-x}$ 是方程 $y'' + 2y' + y = 4\mathrm{e}^x$ 的解.

课后作业

1. 选择题.

(1) $y = C_1\mathrm{e}^x + C_2\mathrm{e}^{-x}$ 是方程 $y'' - y = 0$ 的（　　），其中 C_1、C_2 为任意常数.

  A. 通解　　　　B. 特解　　　　C. 是方程所有的解　　D. 上述都不对

(2) $y' = y$ 满足 $y|_{x=0} = 2$ 的特解是（　　）.

  A. $y = \mathrm{e}^x + 1$　　B. $y = 2\mathrm{e}^x$　　C. $y = 2 \cdot \mathrm{e}^{\frac{x}{2}}$　　D. $y = 3 \cdot \mathrm{e}^x$

(3) 微分方程 $y' - y = 0$ 满足初始条件 $y(0) = 1$ 的特解为（　　）.

  A. $y = \mathrm{e}^x$　　B. $y = \mathrm{e}^x - 1$　　C. $y = \mathrm{e}^x + 1$　　D. $y = 2 - \mathrm{e}^x$

(4) 下列函数中，是微分方程 $y'' + y = 0$ 的解的函数是（　　）.

  A. $y = 1$　　B. $y = x$　　C. $y = \sin x$　　D. $y = \mathrm{e}^x$

2. 验证 $y = cx^3$（c 为任意常数）是方程 $3y - xy' = 0$ 的通解，并求满足初始条件 $y(1) = \dfrac{1}{3}$ 的特解.

3. 一曲线经过点 $(4,7)$ 且在该曲线上任一点 $M(x,y)$ 处的切线斜率为 $3x$，求该曲线的方程.

4. 写出下列条件确定的曲线所满足的微分方程.

(1) 曲线在 (x,y) 处切线的斜率等于该点横坐标的立方.

(2) 曲线上的点 $P(x,y)$ 处的切线与 y 轴交点为 Q，PQ 长度为 2，且该曲线经过点 $(2,0)$.

7.2　可分离变量的微分方程

微分方程的类型是多种多样的，它们的解法也各不相同. 从本节开始我们将根据微分方程的不同类型，给出相应的解法，并介绍可分离变量的微分方程以及一些可化为这类方程的微分方程，如齐次方程等.

一、标准的可分离变量方程

形如

$$\frac{\mathrm{d}y}{\mathrm{d}x} = f(x)\varphi(y)$$

的方程，称为**可分离变量方程**. 这里 $f(x), \varphi(y)$ 分别是 x, y 的连续函数.

如果 $\varphi(y) \neq 0$，我们可以把 $\dfrac{dy}{dx} = f(x)\varphi(y)$ 改写为

$$\frac{dy}{\varphi(y)} = f(x)dx$$

这样，变量就"分离"开来了，两边同时积分，则有

$$\int \frac{dy}{\varphi(y)} = \int f(x)dx + c$$

这里我们把积分常数 C 明确写出来，而把 $\int \dfrac{dy}{\varphi(y)}$ 和 $\int f(x)dx$ 分别理解为 $\dfrac{1}{\varphi(y)}$ 和 $f(x)$ 的原函数. 常数 C 的取值必须保证 $\int \dfrac{dy}{\varphi(y)} = \int f(x)dx + C$ 有意义.

例1 求解方程 $\dfrac{dy}{dx} = \dfrac{x}{y}$.

解 将变量分离，可得

$$ydy = xdx$$

两边积分，有

$$\frac{y^2}{2} = \frac{x^2}{2} + \frac{C}{2}$$

整理可得通解为

$$y^2 - x^2 = C$$

这里的 C 为任意常数.

由 $y^2 - x^2 = C$ 解出 y，写出显函数形式的解为

$$y = \pm \sqrt{C + x^2}$$

例2 求微分方程 $dx + xydy = y^2 dx + ydy$ 的通解.

解 先合并 dx 及 dy 的各项，得

$$y(x-1)dy = (y^2-1)dx$$

设 $y^2 - 1 \neq 0$，$x - 1 \neq 0$，分离变量得

$$\frac{y}{y^2-1}dy = \frac{1}{x-1}dx$$

两端积分 $\int \dfrac{y}{y^2-1}dy = \int \dfrac{1}{x-1}dx$，得

$$\frac{1}{2}\ln|y^2-1| = \ln|x-1| + \ln|C_1|$$

于是 $y^2 - 1 = \pm C_1^2(x-1)^2$，记 $C = \pm C_1^2$，则得到题设方程的通解

$$y^2 - 1 = C(x-1)^2$$

注：在用分离变量法解可分离变量的微分方程的过程中，我们在假定 $g(y) \neq 0$ 的前提下，用它除方程两边，这样得到的通解，不包含 $g(y) = 0$ 的特解. 但是，有时如果我们扩大任意常数 C 的取值范围，则其失去的解仍包含在通解中. 如在例2中，我们得到的通解中应该有 $C \neq 0$，但这样方程就失去特解 $y = \pm 1$；如果允许 $C = 0$，则 $y = $

± 1 仍包含在通解 $y^2 - 1 = C(x-1)^2$ 中.

*例 3 已知 $f'(\sin^2 x) = \cos 2x + \tan^2 x$,当 $0 < x < 1$ 时,求 $f(x)$.

解 设 $y = \sin^2 x$,则
$$\cos 2x = 1 - 2\sin^2 x = 1 - 2y$$
$$\tan^2 x = \frac{\sin^2 x}{\cos^2 x} = \frac{\sin^2 x}{1 - \sin^2 x} = \frac{y}{1-y}$$

原方程可变为
$$f'(y) = 1 - 2y + \frac{y}{1-y} \quad 即 \quad f'(y) = -2y + \frac{1}{1-y}$$

所以
$$f(y) = \int \left(-2y + \frac{1}{1-y}\right) dy = -y^2 - \ln(1-y) + C$$

故
$$f(x) = -[x^2 + \ln(1-x)] + C \quad (0 < x < 1)$$

例 4 设一物体的温度为 $100\,^\circ\!C$,将其放置在空气温度为 $20\,^\circ\!C$ 的环境中冷却. 试求物体温度随时间 t 的变化规律.

解 设物体的温度 T 与时间 t 的函数关系为 $T = T(t)$,建立该问题的数学模型为

$$\begin{cases} \dfrac{dT}{dt} = -k(T-20), & (1)\\ T\big|_{t=0} = 100. & (2)\end{cases}$$

其中 $k(k>0)$ 为比例常数. 下面来求上述初值问题的解. 分离变量,得
$$\frac{dT}{T-20} = -k dt$$

两边积分 $\int \frac{1}{T-20} dT = \int -k dt$,得 $\ln|T-20| = -kt + C_1$(其中 C_1 为任意常数)

得
$$T - 20 = \pm e^{-kt + C_1} = \pm e^{C_1} e^{-kt} = C e^{-kt} (其中 C = \pm e^{C_1})$$

再将(2)代入 $T = 20 + C e^{-kt}$,得 $C = 100 - 20 = 80$. 于是,所求规律为
$$T = 20 + 80 e^{-kt}$$

注:物体冷却的数学模型在多个领域有广泛的应用. 例如,警方破案时,法医要根据尸体当时的温度推断死亡时间,就可以利用这个模型来计算.

例 5 在一次谋杀发生后,尸体的温度按照牛顿冷却定律从原来的 $37\,^\circ\!C$ 开始下降,假设两个小时后尸体温度变为 $35\,^\circ\!C$,并且假定周围空气的温度保持 $20\,^\circ\!C$ 不变,试求出尸体温度 T 随时间 t 的变化规律. 又如果尸体被发现时的温度是 $30\,^\circ\!C$,时间是下午 4 时整,那么谋杀是何时发生的?

解 根据物体冷却的数学模型,有
$$\begin{cases} \dfrac{dT}{dt} = -k(T-20)(k>0),\\ T(0) = 37.\end{cases}$$

其中 $k>0$ 是常数. 分离变量并求解得
$$T-20=Ce^{-kt}$$
代入初值条件 $T(0)=37$，可求得 $C=17$. 于是，得该初值问题的解为
$$T=20+17e^{-kt}$$
为求出 k 值，根据两小时后尸体温度为 35℃ 这一条件，由 $35=20+17e^{-k\times 2}$ 求得 $k\approx 0.063$. 于是，温度函数为
$$T=20+17e^{-0.063t}$$
将 $T=30$ 代入上式求解 t，有 $\dfrac{10}{17}=e^{-0.063t}$，即得 $t\approx 8.4$（小时）.

于是，可以判定谋杀发生在下午 4 时尸体被发现前的 8.4 个小时，即 8 小时 24 分钟，所以谋杀是在上午 7 时 36 分发生的.

例 6 某公司 t 年净资产有 $W(t)$ 万元，并且资产本身以每年 5% 的速度连续增长，同时该公司每年要以 30 万元的数额连续支付职工工资.

(1) 给出描述净资产 $W(t)$ 的微分方程；
(2) 求解方程，这时假设初始净资产为 W_0；
(3) 讨论在 $W_0=500, W_0=600, W_0=700$ 三种情况下，$W(t)$ 的变化特点.

解 (1) 利用平衡法，即由"净资产增长速度 = 资产本身增长速度 - 职工工资支付速度"得到所求微分方程
$$\frac{dW}{dt}=0.05W-30$$

(2) 分离变量，得
$$\frac{dW}{W-600}=0.05dt.$$
两边积分，得
$$\ln|W-600|=0.05t+\ln C_1 \quad (C_1\text{ 为正常数})$$
于是
$$|W-600|=C_1 e^{0.05t} \quad \text{或} \quad W-600=Ce^{0.05t} \quad (C=\pm C_1)$$
将 $W(0)=W_0$ 代入上式，得方程通解为
$$W=600+(W_0-600)e^{0.05t}$$
上式推导过程中，$W\neq 600$.

当 $W=600$ 时，由 $\dfrac{dW}{dt}=0$ 知
$$W=600=W_0,$$
通常称为平衡解，仍包含在通解表达式 $W=600+(W_0-600)e^{0.05t}$ 中.

(3) 由通解表达式可知：当 $W_0=500$ 万元时，净资产额单调递减，令 $W=0$，$t=\dfrac{\ln 6}{0.05}\approx 35.83$，即公司将在第 36 年破产；当 $W_0=600$ 万元时，公司将实现收支平衡，将资产保持在 600 万元不变；当 $W_0=700$ 万元时，公司净资产将按指数不断增大.

二、齐次方程

关于齐次方程

$$y' = \varphi\left(\frac{y}{x}\right)$$

的一般解法如下：

令 $u = \dfrac{y}{x}$，得 $y = xu$，$y' = \dfrac{\mathrm{d}y}{\mathrm{d}x} = u + x\dfrac{\mathrm{d}u}{\mathrm{d}x}$，代入方程 $y' = \varphi\left(\dfrac{y}{x}\right)$，得 $u + x\dfrac{\mathrm{d}u}{\mathrm{d}x} = \varphi(u)$，

即 $x\dfrac{\mathrm{d}u}{\mathrm{d}x} = \varphi(u) - u$

上式为可分离变量方程．于是

$$\frac{\mathrm{d}u}{\varphi(u) - u} = \frac{\mathrm{d}x}{x}$$

对上式两端积分，得

$$\ln x = F(u) + C_1$$

化简得

$$x = C\mathrm{e}^{F\left(\frac{y}{x}\right)}$$

例7 求解微分方程 $\dfrac{\mathrm{d}y}{\mathrm{d}x} = \dfrac{y}{x} + \tan\dfrac{y}{x}$ 满足初始条件 $y\big|_{x=1} = \dfrac{\pi}{6}$ 的特解.

解 题设方程为齐次方程．设 $u = \dfrac{y}{x}$，则 $\dfrac{\mathrm{d}y}{\mathrm{d}x} = u + x\dfrac{\mathrm{d}u}{\mathrm{d}x}$，代入原方程得

$$u + x\frac{\mathrm{d}u}{\mathrm{d}x} = u + \tan u$$

分离变量得

$$\cot u \mathrm{d}u = \frac{1}{x}\mathrm{d}x$$

对上式两端积分得

$$\ln|\sin u| = \ln|x| + \ln|C|$$

即 $\sin u = Cx$. 将 $u = \dfrac{y}{x}$ 回代，则得到题设方程的通解为

$$\sin\frac{y}{x} = Cx$$

利用初始条件 $y\big|_{x=1} = \dfrac{\pi}{6}$ 得到 $C = \dfrac{1}{2}$，从而所求题设方程的特解为

$$\sin\frac{y}{x} = \frac{1}{2}x$$

***例8** 求解微分方程 $\dfrac{\mathrm{d}x}{x^2 - xy + y^2} = \dfrac{\mathrm{d}y}{2y^2 - xy}$.

解 原方程变形为

$$\frac{dy}{dx} = \frac{2y^2 - xy}{x^2 - xy + y^2} = \frac{2\left(\frac{y}{x}\right)^2 - \frac{y}{x}}{1 - \frac{y}{x} + \left(\frac{y}{x}\right)^2}$$

令 $u = \frac{y}{x}$，则 $\frac{dy}{dx} = u + x\frac{du}{dx}$.

方程化为

$$u + x\frac{du}{dx} = \frac{2u^2 - u}{1 - u + u^2}$$

分离变量得

$$\left[\frac{1}{2}\left(\frac{1}{u-2} - \frac{1}{u}\right) - \frac{2}{u-2} + \frac{1}{u-1}\right]du = \frac{dx}{x}$$

两端积分得

$$\ln(u-1) - \frac{3}{2}\ln(u-2) - \frac{1}{2}\ln u = \ln x + \ln C$$

整理得

$$\frac{u-1}{\sqrt{u}(u-2)^{\frac{3}{2}}} = Cx$$

所求微分方程的解为

$$(y-x)^2 = Cy(y-2x)^3$$

例 9 求解微分方程 $y^2 + x^2\frac{dy}{dx} = xy\frac{dy}{dx}$.

解 原方程变形为

$$\frac{dy}{dx} = \frac{y^2}{xy - x^2} = \frac{\left(\frac{y}{x}\right)^2}{\frac{y}{x} - 1} \quad (齐次方程)$$

令 $u = \frac{y}{x}$，则 $y = ux$，$\frac{dy}{dx} = u + x\frac{du}{dx}$，故原方程变为

$$u + x\frac{du}{dx} = \frac{u^2}{u-1} \quad 即 \quad x\frac{du}{dx} = \frac{u}{u-1}$$

分离变量得

$$\left(1 - \frac{1}{u}\right)du = \frac{dx}{x}$$

两端积分得

$$u - \ln|u| + C = \ln|x| \quad 或 \quad \ln|xu| = u + C$$

回代 $u = \frac{y}{x}$，得所给方程的通解为

$$\ln|y| = \frac{y}{x} + C$$

例 10 求微分方程 $x(\ln x - \ln y)\mathrm{d}y - y\mathrm{d}x = 0$ 的通解.

解 原方程变形为

$$\ln\frac{y}{x}\mathrm{d}y + \frac{y}{x}\mathrm{d}x = 0$$

令 $u = \dfrac{y}{x}$，则 $\dfrac{\mathrm{d}y}{\mathrm{d}x} = u + x\dfrac{\mathrm{d}u}{\mathrm{d}x}$ 代入原方程并整理，得

$$\frac{\ln u}{u(\ln u + 1)}\mathrm{d}u = -\frac{\mathrm{d}x}{x}$$

两端积分得

$$\ln u - \ln(\ln u + 1) = -\ln x + \ln C \quad 即 \quad y = C(\ln u + 1).$$

变量回代，得所求通解为

$$y = C\left(\ln\frac{y}{x} + 1\right)$$

例 11 有高为 1 m 的半球形容器，水从它的底部小孔流出，小孔横截面面积为 1 cm². 开始时容器内盛满了水，求水从小孔流出过程中容器里水面高度 h 随时间 t 变化的规律.

解 由水力学知道，水从孔口流出的流量 Q 可用下列公式计算:

$$Q = \frac{\mathrm{d}V}{\mathrm{d}t} = 0.62S\sqrt{2gh}$$

其中 0.62 为流量系数，S 为孔口横截面面积，g 为重力加速度. 现在孔口横截面面积 $S = 1 \text{ cm}^2$，
故

$$\frac{\mathrm{d}V}{\mathrm{d}t} = 0.62\sqrt{2gh} \quad 或 \quad \mathrm{d}V = 0.62\sqrt{2gh}\,\mathrm{d}t$$

另，设在微小时间间隔 $[t, t + \mathrm{d}t]$ 内，水面高度由 h 降至 $h + \mathrm{d}h$（$\mathrm{d}h < 0$），则又可得到

$$\mathrm{d}V = -\pi r^2 \mathrm{d}h$$

其中 r 是时刻 t 的水面半径，右端置负号是由于 $\mathrm{d}h < 0$ 而 $\mathrm{d}V > 0$ 的缘故.

又因 $r = \sqrt{100^2 - (100 - h)^2} = \sqrt{200h - h^2}$，所以

$$\mathrm{d}V = -\pi(200h - h^2)\mathrm{d}h$$

通过比较得到

$$0.62\sqrt{2gh}\,\mathrm{d}t = -\pi(200h - h^2)\mathrm{d}h$$

这就是未知函数 $h = h(t)$ 应满足的微分方程.

此外，开始时容器内的水是满的，所以未知函数 $h = h(t)$ 还应满足初始条件 $h\big|_{t=0} = 100$.

将以上所得方程 $0.62\sqrt{2gh}\,\mathrm{d}t = -\pi(200h - h^2)\mathrm{d}h$ 分离变量后，得

$$\mathrm{d}t = -\frac{\pi}{0.62\sqrt{2g}}(200h^{\frac{1}{2}} - h^{\frac{3}{2}})\mathrm{d}h$$

对上式两端积分，得

$$t = -\frac{\pi}{0.62\sqrt{2g}} \int (200h^{\frac{1}{2}} - h^{\frac{3}{2}}) dh \quad 即 \quad t = -\frac{\pi}{0.62\sqrt{2g}} \left(\frac{400}{3} h^{\frac{3}{2}} - \frac{2}{5} h^{\frac{5}{2}}\right) + C$$

其中 C 是任意常数. 由初始条件得

$$t = -\frac{\pi}{0.62\sqrt{2g}} \left(\frac{400}{3} \times 100^{\frac{3}{2}} - \frac{2}{5} \times 100^{\frac{5}{2}}\right) + C$$

$$C = \frac{\pi}{0.62\sqrt{2g}} \left(\frac{400\,000}{3} - \frac{200\,000}{5}\right) = \frac{\pi}{0.62\sqrt{2g}} \times \frac{14}{15} \times 10^5$$

因此

$$t = \frac{\pi}{0.62\sqrt{2g}} (7 \times 10^5 - 10^3 h^{\frac{3}{2}} + 3h^{\frac{5}{2}})$$

上式表示了水从小孔流出的过程中容器内水面高度 h 与时间 t 之间的函数关系.

课堂练习

1. 下列方程中哪些是可分离变量的微分方程？
(1) $y' = 2xy$；
(2) $3x^2 + 5x - y' = 0$；
(3) $(x^2 + y^2)dx - xydy = 0$；
(4) $y' = 1 + x + y^2 + xy^2$；
(5) $y' = 10^{x+y}$；
(6) $y' = \frac{x}{y} + \frac{y}{x}$.

2. 选择题.
(1) 下列微分方程中，可分离变量的是（　　）.
　A. $\frac{dy}{dx} + \frac{y}{x} = e$
　B. $\frac{dy}{dx} = k(x-a)(b-y)$（$k$, a, b 是常数）
　C. $\frac{dy}{dx} - \sin y = x$
　D. $y' + xy = y^2 \cdot e^x$

(2) 下列函数中，为微分方程 $xdx + ydy = 0$ 通解的是（　　）.
　A. $x + y = C$　　B. $x^2 + y^2 = C$　　C. $Cx + y = 0$　　D. $Cx^2 + y = 0$

(3) 微分方程 $2ydy - dx = 0$ 的通解为（　　）.
　A. $y^2 - x = C$　　B. $y - \sqrt{x} = C$　　C. $y = x + C$　　D. $y = -x + C$

(4) 微分方程 $\cos y dy = \sin x dx$ 的通解是（　　）.
　A. $\sin x + \cos y = C$
　B. $\cos y - \sin x = C$
　C. $\cos x - \sin y = C$
　D. $\cos x + \sin y = C$

3. 求微分方程 $\frac{dy}{dx} = 2x^2 y$ 的通解.

4. 求方程 $x\frac{dy}{dx} = y - 3$ 满足初始条件 $x = 0$, $y = 2$ 的特解.

5. 解初值问题 $\begin{cases} xydx + (x^2 + 1)dy = 0, \\ y(0) = 1. \end{cases}$

6. 求微分方程 $x(y^2 - 1)dx + y(x^2 - 1)dy = 0$ 的通解.

课后作业

1. 求下列微分方程的通解.
   (1) $\sqrt{1-x^2}\, y' = 2\sqrt{1-y^2}$；
   (2) $\sec^2 x \cdot \tan y\, dx - 2\sec^2 y \cdot \tan x\, dy = 0$；
   (3) $\dfrac{dy}{dx} - 5xy = xy^2$.

2. 求下列微分方程的特解.
   (1) $\begin{cases} y' = 2e^{2x-y}, \\ y|_{x=0} = 1 \end{cases}$
   (2) $\begin{cases} xy' + 4y = y^2, \\ y|_{x=1} = \dfrac{3}{2} \end{cases}$

3. 求下列微分方程的通解.
   (1) $xy' = 2y\left(\ln\dfrac{y}{x} + 1\right)$；
   (2) $(x^3 + y^3)dx - 2xy^2 dy = 0$.

4. 求下列微分方程的特解.
   (1) $\begin{cases} \dfrac{dy}{dx} = \dfrac{xy}{x^2 - y^2}, \\ y|_{x=0} = 1. \end{cases}$
   (2) $\begin{cases} (y^2 - 3x^2)dy + 2xy\, dx = 0, \\ y|_{x=0} = 1. \end{cases}$

5. 求齐次微分方程 $\dfrac{dy}{dx} = \dfrac{x+y}{x}$ 的通解.

*6. 求微分方程 $(x+y)dy - (x-y)dx = 0$ 的通解.

7.3 一阶线性微分方程

一、线性方程

方程 $\dfrac{dy}{dx} + P(x)y = Q(x)$ 叫作**一阶线性微分方程**. 如果 $Q(x) \equiv 0$，则该方程称为**齐次线性方程**，否则称为**非齐次线性方程**.

方程 $\dfrac{dy}{dx} + P(x)y = 0$ 叫作对应于非齐次线性方程 $\dfrac{dy}{dx} + P(x)y = Q(x)$ 的**齐次线性方程**.

1. 齐次线性方程的解法

齐次线性方程 $\dfrac{dy}{dx} + P(x)y = 0$ 是可分离变量方程.

分离变量后得

$$\frac{dy}{y} = -P(x)dx$$

两端积分，得

$$\ln|y| = -\int P(x)dx + C_1 \quad \text{或} \quad y = Ce^{-\int P(x)dx} \quad (C = \pm e^{C_1})$$

这就是**齐次线性方程的通解**(积分中不再加任意常数).

例1 求方程 $(x-2)\dfrac{dy}{dx} = y$ 的通解.

解 这是齐次线性方程，分离变量得

$$\frac{dy}{y} = \frac{dx}{x-2}$$

两端积分得

$$\ln|y| = \ln|x-2| + \ln C$$

方程的通解为 $y = C(x-2)$.

2. 非齐次线性方程的解法

将例1的齐次线性方程通解中的常数 C 换成 x 的未知函数 $u(x)$，把 $y = u(x)e^{-\int P(x)dx}$ 设想成非齐次线性方程的通解，代入非齐次线性方程，求得

$$u'(x)e^{-\int P(x)dx} - u(x)e^{-\int P(x)dx}P(x) + P(x)u(x)e^{-\int P(x)dx} = Q(x)$$

化简得

$$u'(x) = Q(x)e^{\int P(x)dx}$$

$$u(x) = \int Q(x)e^{\int P(x)dx}dx + C$$

于是非齐次线性方程的通解为

$$y = e^{-\int P(x)dx}\left[\int Q(x)e^{\int P(x)dx}dx + C\right]$$

或

$$y = Ce^{-\int P(x)dx} + e^{-\int P(x)dx}\int Q(x)e^{\int P(x)dx}dx$$

非齐次线性方程的通解，等于对应的齐次线性方程通解与非齐次线性方程的一个特解之和.

例2 求方程 $\dfrac{dy}{dx} - \dfrac{2y}{x+1} = (x+1)^{\frac{5}{2}}$ 的通解.

解法一 这是一个非齐次线性方程.

先求对应的齐次线性方程 $\dfrac{dy}{dx} - \dfrac{2y}{x+1} = 0$ 的通解：

分离变量得

$$\frac{dy}{y} = \frac{2dx}{x+1}$$

两端积分得

$$\ln y = 2\ln(x+1) + \ln C$$

所求齐次线性方程的通解为
$$y = C(x+1)^2$$

用常数变易法：把上式中的 C 换成 u，即令 $y = u \cdot (x+1)^2$，代入题给非齐次线性方程，得
$$u' \cdot (x+1)^2 + 2u \cdot (x+1) - \frac{2}{x+1} u \cdot (x+1)^2 = (x+1)^{\frac{5}{2}}$$
$$u' = (x+1)^{\frac{1}{2}}$$

上式两端积分，得
$$u = \frac{2}{3}(x+1)^{\frac{3}{2}} + C$$

再把上式代入 $y = u \cdot (x+1)^2$ 中，即得所求方程的通解为
$$y = (x+1)^2 \left[\frac{2}{3}(x+1)^{\frac{3}{2}} + C \right]$$

解法二 这里 $P(x) = -\frac{2}{x+1}$，$Q(x) = (x+1)^{\frac{5}{2}}$. 因为
$$\int P(x)\,\mathrm{d}x = \int \left(-\frac{2}{x+1}\right) \mathrm{d}x = -2\ln(x+1)$$
$$\mathrm{e}^{-\int P(x)\,\mathrm{d}x} = \mathrm{e}^{2\ln(x+1)} = (x+1)^2$$
$$\int Q(x)\mathrm{e}^{\int P(x)\,\mathrm{d}x}\,\mathrm{d}x = \int (x+1)^{\frac{5}{2}}(x+1)^{-2}\,\mathrm{d}x = \int (x+1)^{\frac{1}{2}}\,\mathrm{d}x = \frac{2}{3}(x+1)^{\frac{3}{2}}$$

所以，所求方程的通解为
$$y = \mathrm{e}^{-\int P(x)\,\mathrm{d}x}\left[\int Q(x)\mathrm{e}^{\int P(x)\,\mathrm{d}x}\,\mathrm{d}x + C\right] = (x+1)^2 \left[\frac{2}{3}(x+1)^{\frac{3}{2}} + C\right]$$

例 3 求微分方程 $y' - \frac{y}{x} = x^2$ 的通解.

解法一 常系数变易法.

解齐次方程 $y' - \frac{y}{x} = 0$，分离变量得 $\frac{\mathrm{d}y}{y} = \frac{\mathrm{d}x}{x}$，积分得 $\ln|y| = \ln|x| + C_1$，

$\ln|y| = \ln|x| + C_1 \Rightarrow \mathrm{e}^{\ln|y|} = \mathrm{e}^{\ln|x|+C_1} \Rightarrow |y| = \mathrm{e}^{C_1}|x| \Rightarrow y = Cx$（其中 $C = \pm \mathrm{e}^{C_1}$）

设非齐次方程有解 $y = u(x)x$，代入非齐次方程有
$$u'(x)x + u(x) - u(x) = x^2$$

即 $u'(x) = x$，故
$$u(x) = \frac{1}{2}x^2 + C$$

得非齐次微分方程的通解为
$$y = x\left(\frac{x^2}{2} + C\right)$$

解法二 公式法.

$$y = e^{\int \frac{1}{x}dx}\left(\int x^2 e^{-\int \frac{1}{x}dx}dx + C\right) = e^{\ln x}\left(\int x^2 e^{-\ln x}dx + C\right) = x\left(\int x dx + C\right)$$

$$= x\left(\frac{x^2}{2} + C\right)$$

例 4 求微分方程 $y' + \dfrac{y}{x} = \dfrac{\sin x}{x}$, $y|_{x=0} = 1$ 的特解.

解
$$y = e^{-\int \frac{1}{x}dx}\left[\int \frac{\sin x}{x}e^{\int \frac{1}{x}dx}dx + C\right] = e^{-\ln x}\left[\int \frac{\sin x}{x}e^{\ln x}dx + C\right]$$

$$= \frac{1}{x}\left[\int \sin x dx + C\right] = \frac{1}{x}(-\cos x + C)$$

代入

$$y(\pi) = 1 \Rightarrow C = \pi - 1$$

特解得

$$y = \frac{1}{x}(\pi - \cos x - 1)$$

例 5 有一个电路, 其中电源电动势为 $E = E_m \sin \omega t$ (E_m、ω 都是常数), 电阻 R 和电感 L 都是常量, 求电流 $i(t)$.

解 由电学知识可知道, 当电流变化时, L 上有感应电动势 $-L\dfrac{di}{dt}$. 由回路电压定律得出

$$E - L\frac{di}{dt} - iR = 0$$

即
$$\frac{di}{dt} + \frac{R}{L}i = \frac{E}{L}$$

把 $E = E_m \sin \omega t$ 代入上式, 得

$$\frac{di}{dt} + \frac{R}{L}i = \frac{E_m}{L}\sin \omega t$$

初始条件为 $i|_{t=0} = 0$. 方程 $\dfrac{di}{dt} + \dfrac{R}{L}i = \dfrac{E_m}{L}\sin \omega t$ 为非齐次线性方程, 其中 $P(t) = \dfrac{R}{L}$, $Q(t) = \dfrac{E_m}{L}\sin \omega t$. 由通解公式, 得

$$i(t) = e^{-\int P(t)dt}\left[\int Q(t)e^{\int P(t)dt}dt + C\right] = e^{-\int \frac{R}{L}dt}\left(\int \frac{E_m}{L}\sin \omega t e^{\int \frac{R}{L}dt}dt + C\right)$$

$$= \frac{E_m}{L}e^{-\frac{R}{L}t}\left(\int \sin \omega t e^{\frac{R}{L}t}dt + C\right)$$

$$= \frac{E_m}{R^2 + \omega^2 L^2}(R\sin \omega t - \omega L\cos \omega t) + Ce^{-\frac{R}{L}t}$$

其中 C 为任意常数.

将初始条件 $i|_{t=0}=0$ 代入通解,得

$$C = \frac{\omega L E_{\mathrm{m}}}{R^2 + \omega^2 L^2}$$

因此,所求电流为

$$i(t) = \frac{\omega L E_{\mathrm{m}}}{R^2 + \omega^2 L^2} \mathrm{e}^{-\frac{R}{L}t} + \frac{E_{\mathrm{m}}}{R^2 + \omega^2 L^2}(R\sin\omega t - \omega L\cos\omega t)$$

*二、伯努利方程

方程 $\dfrac{\mathrm{d}y}{\mathrm{d}x} + P(x)y = Q(x)y^n\ (n \neq 0, 1)$ 叫作**伯努利方程**.

例 6 下列方程是什么类型的方程?

(1) $\dfrac{\mathrm{d}y}{\mathrm{d}x} + \dfrac{1}{3}y = \dfrac{1}{3}(1-2x)y^4$;

(2) $\dfrac{\mathrm{d}y}{\mathrm{d}x} = y + xy^5 \Rightarrow \dfrac{\mathrm{d}y}{\mathrm{d}x} - y = xy^5$;

(3) $y' = \dfrac{x}{y} + \dfrac{y}{x}$;

(4) $\dfrac{\mathrm{d}y}{\mathrm{d}x} - 2xy = 4x$.

解 (1),(2),(3) 是伯努利方程;(4) 是线性方程,不是伯努利方程.

伯努利方程的解法如下:

以 y^n 除以方程的两端,得

$$y^{-n}\frac{\mathrm{d}y}{\mathrm{d}x} + P(x)y^{1-n} = Q(x)$$

令 $z = y^{1-n}$,得线性方程

$$\frac{\mathrm{d}z}{\mathrm{d}x} + (1-n)P(x)z = (1-n)Q(x)$$

例 7 求方程 $\dfrac{\mathrm{d}y}{\mathrm{d}x} + \dfrac{y}{x} = a(\ln x)y^2$ 的通解.

解 以 y^2 除以方程的两端,得

$$y^{-2}\frac{\mathrm{d}y}{\mathrm{d}x} + \frac{1}{x}y^{-1} = a\ln x \quad 即 \quad -\frac{\mathrm{d}(y^{-1})}{\mathrm{d}x} + \frac{1}{x}y^{-1} = a\ln x$$

令 $z = y^{-1}$,则以上方程化为

$$\frac{\mathrm{d}z}{\mathrm{d}x} - \frac{1}{x}z = -a\ln x$$

这是一个线性方程. 它的通解为

$$z = x\left[C - \frac{a}{2}(\ln x)^2\right]$$

以 y^{-1} 代 z,得所求方程的通解为

$$yx\left[C - \frac{a}{2}(\ln x)^2\right] = 1$$

经过变量代换,某些方程可以化为变量可分离的方程,或化为已知其求解方法的方程.

例8 解方程 $\dfrac{dy}{dx} = \dfrac{1}{x+y}$.

解 若把所给方程变形为

$$\dfrac{dx}{dy} = x + y$$

即为一阶线性方程,则可按一阶线性方程的解法求得通解. 这里用变量代换来解所给方程:
令 $x + y = u$,则原方程化为

$$\dfrac{du}{dx} - 1 = \dfrac{1}{u} \quad 即 \quad \dfrac{du}{dx} = \dfrac{u+1}{u}$$

分离变量,得 $\dfrac{u}{u+1}du = dx$,两端积分得

$$u - \ln|u+1| = x - \ln|C|$$

以 $u = x + y$ 代入上式,得

$$y - \ln|x+y+1| = -\ln|C| \quad 或 \quad x = Ce^y - y - 1$$

课堂练习

1. 下列方程是线性方程吗?若是线性方程,请判断是齐次方程还是非齐次方程.

   (1) $(x-2)\dfrac{dy}{dx} = y$; (2) $3x^2 + 5x - 5y' = 0$;

   (3) $y' + y\cos x = e^{-\sin x}$; (4) $\dfrac{dy}{dx} = 10^{x+y}$;

   (5) $(y+1)^2 \dfrac{dy}{dx} + x^3 = 0$.

2. 方程 $(1-x^2)y - xy' = 0$ 的通解是( ).

   A. $y = C\sqrt{1-x^2}$ B. $y = \dfrac{C}{\sqrt{1-x^2}}$ C. $y = -\dfrac{1}{2}x^3 + Cx$ D. $y = Cxe^{-\frac{1}{2}x^2}$

3. 微分方程 $y \cdot \ln x\, dx = x \cdot \ln y\, dy$ 满足 $y|_{x=1} = 1$ 的特解是( ).

   A. $\ln^2 x = \ln^2 y$ B. $\ln^2 x + \ln^2 y = 1$
   C. $\ln^2 x + \ln^2 y = 0$ D. $\ln^2 x = \ln^2 y + 1$

4. 微分方程 $(1+x^2)dy + (1+y^2)dx = 0$ 的通解是( ).

   A. $\arctan x + \arctan y = C$ B. $\tan x + \tan y = C$
   C. $\ln x + \ln y = C$ D. $\cot x + \cot y = C$

5. 方程 $xy' + y = 3$ 的通解是( ).

   A. $y = \dfrac{C}{x} + 3$ B. $y = \dfrac{3}{x} + C$ C. $y = -\dfrac{C}{x} - 3$ D. $y = \dfrac{C}{x} - 3$

6. 微分方程 $y' + \dfrac{y}{x} = \dfrac{1}{x(x^2+1)}$ 的通解为( ).

   A. $\arctan x + C$ B. $\dfrac{1}{x}(\arctan x + C)$
   C. $\dfrac{1}{x}\arctan x + C$ D. $\arctan x + \dfrac{C}{x}$

7. 微分方程 $y' - y = 1$ 的通解是( ).

　　A. $y = C \cdot e^x$　　　　　　　　　　B. $y = C \cdot e^x + 1$

　　C. $y = C \cdot e^x - 1$　　　　　　　　D. $y = (C+1) \cdot e^x$

8. 求下列微分方程的通解.

(1) $y' - \dfrac{y}{x} = x^3$;

(2) $(x^2 - 1)y' + 2xy - \cos x = 0$.

9. 求下列微分方程的特解.

(1) $\begin{cases} y' - y\tan x = \sec x, \\ y|_{x=0} = 1; \end{cases}$

(2) $\begin{cases} \dfrac{dy}{dx} = 4e^{-y}\sin x - 1, \\ y|_{x=1} = 1. \end{cases}$

课后作业

1. 求下列微分方程的通解.

(1) $y\ln y\,dx + (x - \ln y)\,dy = 0$;

(2) $(x^2 - 1)y' + 2xy - \cos x = 0$;

(3) $\dfrac{dy}{dx} = \dfrac{y}{x} + x^2$.

2. 求下列微分方程的特解.

(1) $\begin{cases} y' - \dfrac{y}{x} = x, \\ y|_{x=0} = 2; \end{cases}$

(2) $\begin{cases} y' + \dfrac{y}{x} = \dfrac{\sin x}{x}, \\ y|_{x=0} = 1. \end{cases}$

3. 一曲线过原点，在 (x, y) 处切线斜率为 $2x + y$，求该曲线方程.

4. 解下列伯努利方程.

(1) $y' + 2xy + xy^4 = 0$;

(2) $\dfrac{dy}{dx} + y = y^2(\cos x - \sin x)$.

7.4　二阶常系数线性微分方程

一、二阶常系数线性微分方程的概念

形如
$$y'' + py' + qy = f(x) \tag{1}$$
的方程称为**二阶常系数线性微分方程**. 其中 p, q 均为实数，$f(x)$ 为已知的连续函数.

如果 $f(x) \equiv 0$，则方程式(1)变成
$$y'' + py' + qy = 0 \qquad (2)$$
我们把方程式(2)叫作**二阶常系数齐次线性微分方程**，把方程式(1)叫作**二阶常系数非齐次线性微分方程**．本节我们将讨论其解法．

二、二阶常系数齐次线性微分方程

1. 解的叠加性

定理 1 如果函数 y_1 与 y_2 是方程式(2)的两个解，则
$$y = C_1 y_1 + C_2 y_2 \quad (C_1, C_2 \text{ 是任意常数})$$
也是式(2)的解．

证明 因为 y_1 与 y_2 是方程式(2)的解，所以有
$$y''_1 + py'_1 + qy_1 = 0$$
$$y''_2 + py'_2 + qy_2 = 0$$
将 $y = C_1 y_1 + C_2 y_2$ 代入方程式(2)的左边，得
$$(C_1 y''_1 + C_2 y''_2) + p(C_1 y'_1 + C_2 y'_2) + q(C_1 y_1 + C_2 y_2) =$$
$$C_1(y''_1 + py'_1 + qy_1) + C_2(y''_2 + py'_2 + qy_2) = 0$$
所以 $y = C_1 y_1 + C_2 y_2$ 是方程式(2)的解．

定理 1 说明齐次线性方程的解具有叠加性：叠加起来的解从形式看含有 C_1, C_2 两个任意常数，但它不一定是方程式(2)的通解．

2. 线性相关、线性无关的概念

设 $y_1, y_2, \cdots, y_n$ 为定义在区间 I 内的 n 个函数，若存在不全为零的常数 $k_1, k_2, \cdots, k_n$ 使得当在该区间内有
$$k_1 y_1 + k_2 y_2 + \cdots + k_n y_n \equiv 0$$
则称这 n 个函数在区间 I 内**线性相关**，否则称**线性无关**．

例如 $\cos^2 x, \sin^2 x$ 在实数范围内是线性相关的，因为
$$1 - \cos^2 x - \sin^2 x \equiv 0$$
又如 x, x^2 在任何区间 (a, b) 内是线性无关的，因为在该区间内要使
$$k_1 + k_2 x + k_3 x^2 \equiv 0$$
必须使 $k_1 = k_2 = k_3 = 0$．

对两个函数的情形，若 $\dfrac{y_1}{y_2} = $ 常数，则 y_1, y_2 线性相关；若 $\dfrac{y_1}{y_2} \neq$ 常数，则 y_1, y_2 线性无关．

3. 二阶常系数齐次线性微分方程的解法

定理 2 如果 y_1 与 y_2 是方程式(2)两个线性无关的特解，则
$$y = C_1 y_1 + C_2 y_2 \quad (C_1, C_2 \text{ 为任意常数})$$
是方程式(2)的通解．

例如：$y''+y=0$ 是二阶齐次线性方程，$y_1=\sin x$，$y_2=\cos x$ 是它的两个解，且 $\dfrac{y_1}{y_2}=\tan x\ne$ 常数，即 y_1，y_2 线性无关，所以
$$y=C_1y_1+C_2y_2=C_1\sin x+C_2\cos x\quad(C_1,C_2\text{ 是任意常数})$$
是方程 $y''+y=0$ 的通解.

由于指数函数 $y=e^{rx}$（r 为常数）和它的各阶导数都只差一个常数因子，根据指数函数的这个特点，下面用 $y=e^{rx}$ 来试着看能否选取适当的常数 r，使 $y=e^{rx}$ 满足方程式(2).

将 $y=e^{rx}$ 求导，得
$$y'=re^{rx},\quad y''=r^2e^{rx}$$
把 y，y'，y'' 代入方程式(2)，得
$$(r^2+pr+q)e^{rx}=0$$
因为 $e^{rx}\ne 0$，所以只有
$$r^2+pr+q=0 \tag{3}$$
只要 r 满足方程式(3)，$y=e^{rx}$ 就是方程式(2)的解.

我们把方程式(3)叫作方程式(2)的特征方程. 特征方程是一个代数方程，其中 r^2，r 的系数及常数项恰好依次是方程(2)中 y''，y'，y 的系数.

特征方程(3)的两个根为 $r_{1,2}=\dfrac{-p\pm\sqrt{p^2-4q}}{2}$，因此方程式(2)的通解有下列三种不同的情形.

(1) 当 $p^2-4q>0$ 时，r_1，r_2 是两个不相等的实根：
$$r_1=\frac{-p+\sqrt{p^2-4q}}{2}\qquad r_2=\frac{-p-\sqrt{p^2-4q}}{2}$$
$y_1=e^{r_1x}$，$y_2=e^{r_2x}$ 是方程(2)的两个特解，并且 $\dfrac{y_1}{y_2}=e^{(r_1-r_2)x}\ne$ 常数，即 y_1 与 y_2 线性无关. 根据定理2，得方程(2)的通解为
$$y=C_1e^{r_1x}+C_2e^{r_2x}$$

(2) 当 $p^2-4q=0$ 时，r_1，r_2 是两个相等的实根：
$$r_1=r_2=-\frac{p}{2}$$
这时只能得到方程(2)的一个特解 $y_1=e^{r_1x}$，还需求出另一个解 y_2，且 $\dfrac{y_2}{y_1}\ne$ 常数.

设 $\dfrac{y_2}{y_1}=u(x)$，即
$$y_2=e^{r_1x}u(x)\qquad y'_2=e^{r_1x}(u'+r_1u)\qquad y''_2=e^{r_1x}(u''+2r_1u'+r_1^2u)$$
将 y_2，y'_2，y''_2 代入方程(2)，得
$$e^{r_1x}[(u''+2r_1u'+r_1^2u)+p(u'+r_1u)+qu]=0$$
整理，得
$$e^{r_1x}[u''+(2r_1+p)u'+(r_1^2+pr_1+q)u]=0$$
上式中，由于 $e^{r_1x}\ne 0$，所以
$$u''+(2r_1+p)u'+(r_1^2+pr_1+q)u=0$$

因为 r_1 是特征方程(3)的二重根，所以
$$r_1^2 + pr_1 + q = 0 \qquad 2r_1 + p = 0$$
从而有 $u'' = 0$.

因为我们只需一个不为常数的解，不妨取 $u = x$，可得到方程式(2)的另一个解
$$y_2 = x\mathrm{e}^{r_1 x}$$
那么，方程式(2)的通解为
$$y = C_1 \mathrm{e}^{r_1 x} + C_2 x \mathrm{e}^{r_1 x}$$
即
$$y = (C_1 + C_2 x)\mathrm{e}^{r_1 x}$$

(3) 当 $p^2 - 4q < 0$ 时，方程式(2)的特征方程(3)有一对共轭复根
$$r_1 = \alpha + \mathrm{i}\beta \qquad r_2 = \alpha - \mathrm{i}\beta \quad (\beta \neq 0)$$
于是
$$y_1 = \mathrm{e}^{(\alpha + \mathrm{i}\beta)x} \qquad y_2 = \mathrm{e}^{(\alpha - \mathrm{i}\beta)x}$$
利用欧拉公式 $\mathrm{e}^{\mathrm{i}x} = \cos x + \mathrm{i}\sin x$ 把 y_1，y_2 改写为
$$y_1 = \mathrm{e}^{(\alpha + \mathrm{i}\beta)x} = \mathrm{e}^{\alpha x} \cdot \mathrm{e}^{\mathrm{i}\beta x} = \mathrm{e}^{\alpha x}(\cos \beta x + \mathrm{i}\sin \beta x)$$
$$y_2 = \mathrm{e}^{(\alpha - \mathrm{i}\beta)x} = \mathrm{e}^{\alpha x} \cdot \mathrm{e}^{-\mathrm{i}\beta x} = \mathrm{e}^{\alpha x}(\cos \beta x - \mathrm{i}\sin \beta x)$$
y_1，y_2 之间成共轭关系，取
$$\overline{y_1} = \frac{1}{2}(y_1 + y_2) = \mathrm{e}^{\alpha x}\cos \beta x$$
$$\overline{y_2} = \frac{1}{2\mathrm{i}}(y_1 - y_2) = \mathrm{e}^{\alpha x}\sin \beta x$$
方程式(2)的解具有叠加性，所以 $\overline{y_1}$，$\overline{y_2}$ 还是方程式(2)的解，并且
$$\frac{\overline{y_2}}{\overline{y_1}} = \frac{\mathrm{e}^{\alpha x}\sin \beta x}{\mathrm{e}^{\alpha x}\cos \beta x} = \tan \beta x \neq 常数$$
所以方程式(2)的通解为
$$y = \mathrm{e}^{\alpha x}(C_1 \cos \beta x + C_2 \sin \beta x)$$

综上所述，求二阶常系数线性齐次方程通解的步骤如下：

(1) 写出方程式(2)的特征方程：
$$r^2 + pr + q = 0$$

(2) 求特征方程的两个根 r_1，r_2.

(3) 根据 r_1，r_2 的不同情形，按表 7-1 写出方程式(2)的通解.

表 7-1

特征方程 $r^2 + pr + q = 0$ 的两个根 r_1，r_2	方程 $y'' + py' + qy = 0$ 的通解
两个不相等的实根 $r_1 = \dfrac{-p + \sqrt{p^2 - 4q}}{2}$ $r_2 = \dfrac{-p - \sqrt{p^2 - 4q}}{2}$	$y = C_1 \mathrm{e}^{r_1 x} + C_2 \mathrm{e}^{r_2 x}$

续上表

特征方程 $r^2+pr+q=0$ 的两个根 r_1, r_2	方程 $y''+py'+qy=0$ 的通解
两个相等的实根 $r_1=r_2=-\dfrac{p}{2}$	$y=(C_1+C_2x)\mathrm{e}^{r_1x}$
一对共轭复根 $r_{1,2}=\alpha\pm\mathrm{i}\beta$ ($\beta\neq 0$)	$y=\mathrm{e}^{\alpha x}(C_1\cos\beta x+C_2\sin\beta x)$

例1 求方程 $y''+2y'+5y=0$ 的通解.

解 所给方程的特征方程为
$$r^2+2r+5=0$$
$$r_1=-1+2\mathrm{i} \quad r_2=-1-2\mathrm{i}$$
所求通解为
$$y=\mathrm{e}^{-x}(C_1\cos 2x+C_2\sin 2x)$$

例2 求方程 $\dfrac{\mathrm{d}^2S}{\mathrm{d}t^2}+2\dfrac{\mathrm{d}S}{\mathrm{d}t}+S=0$ 满足初始条件 $S_{t=0}=4$,$S'_{t=0}=-2$ 的特解.

解 所给方程的特征方程为
$$r^2+2r+1=0$$
$$r_1=r_2=-1$$
所求通解为
$$S=(C_1+C_2t)\mathrm{e}^{-t}$$
将初始条件 $S_{t=0}=4$ 代入上式,得 $C_1=4$. 于是
$$S=(4+C_2t)\mathrm{e}^{-t}$$
对其求导得
$$S'=(C_2-4-C_2t)\mathrm{e}^{-t}$$
将初始条件 $S'_{t=0}=-2$ 代入上式,得 $C_2=2$. 即得所求特解为
$$S=(4+2t)\mathrm{e}^{-t}$$

例3 求方程 $y''+2y'-3y=0$ 的通解.

解 所给方程的特征方程为
$$r^2+2r-3=0$$
其根为 $r_1=-3$,$r_2=1$. 所以,原方程的通解为
$$y=C_1\mathrm{e}^{-3x}+C_2\mathrm{e}^{x}$$

三、二阶常系数非齐次线性微分方程

1. 解的结构

定理3 设 y^* 是方程式(1)的一个特解,Y 是方程式(1)所对应的齐次方程式(2)的通解,则

$$y = Y + y^*$$

是方程式(1)的通解.

证明 把 $y = Y + y^*$ 代入方程(1)的左端，有

$$(Y'' + y^{*''}) + p(Y' + y^{*'}) + q(Y + y^*)$$
$$= (Y'' + pY' + qY) + (y^{*''} + py^{*'} + qy^*)$$
$$= 0 + f(x) = f(x)$$

由此可见，$y = Y + y^*$ 使方程式(1)的两端恒等，所以 $y = Y + y^*$ 是方程式(1)的解.

定理 4 设二阶非齐次线性方程式(1)的右端 $f(x)$ 是几个函数之和，如

$$y'' + py' + qy = f_1(x) + f_2(x) \tag{4}$$

而 y_1^* 与 y_2^* 分别是方程 $y'' + py' + qy = f_1(x)$ 与 $y'' + py' + qy = f_2(x)$ 的特解，那么 $y_1^* + y_2^*$ 就是方程式(4)的特解.

非齐次线性方程式(1)的特解有时可用定理 4 来帮助求出.

2. $f(x) = e^{\lambda x} P_m(x)$ 型的解法

$$f(x) = e^{\lambda x} P_m(x)$$

其中 λ 为常数，$P_m(x)$ 是关于 x 的一个 m 次多项式.

方程式(1)的右端 $f(x)$ 是多项式 $P_m(x)$ 与指数函数 $e^{\lambda x}$ 乘积的导数，仍为同一类型函数，因此方程式(1)的特解可能为 $y^* = Q(x)e^{\lambda x}$，其中 $Q(x)$ 是某个多项式函数. 把

$$y^* = Q(x)e^{\lambda x}$$
$$y^{*'} = [\lambda Q(x) + Q'(x)]e^{\lambda x}$$
$$y^{*''} = [\lambda^2 Q(x) + 2\lambda Q'(x) + Q''(x)]e^{\lambda x}$$

代入方程式(1)并消去 $e^{\lambda x}$，得

$$Q''(x) + (2\lambda + p)Q'(x) + (\lambda^2 + p\lambda + q)Q(x) = P_m(x) \tag{5}$$

以下分三种不同的情形分别讨论函数 $Q(x)$ 的确定方法.

情形(1)：若 λ 不是方程 $y'' + py' + qy = 0$ 的特征方程 $r^2 + pr + q = 0$ 的根，即 $\lambda^2 + p\lambda + q \neq 0$，要使式(5)的两端恒等，可令 $Q(x)$ 为另一个 m 次多项式 $Q_m(x)$，即

$$Q_m(x) = b_0 + b_1 x + b_2 x^2 + \cdots + b_m x^m$$

代入(5)式，并比较两端关于 x 同次幂的系数，就得到关于未知数 b_0, b_1, $\cdots$, b_m 的 $m+1$ 个方程. 联立解方程组可以确定出 $b_i (i = 0, 1, \cdots, m)$，从而得到所求方程的特解为

$$y^* = Q_m(x) e^{\lambda x}$$

情形(2)：若 λ 是特征方程 $r^2 + pr + q = 0$ 的单根，即 $\lambda^2 + p\lambda + q = 0$，$2\lambda + p \neq 0$，要使式(5)成立，则 $Q'(x)$ 必须是 m 次多项式函数，可令

$$Q(x) = xQ_m(x)$$

用和情形(1)同样的方法来确定 $Q_m(x)$ 的系数 b_i （$i = 0, 1, \cdots, m$）.

情形(3)：若 λ 是特征方程 $r^2 + pr + q = 0$ 的重根，即 $\lambda^2 + p\lambda + q = 0$，$2\lambda + p = 0$，要使式(5)成立，则 $Q''(x)$ 必须是一个 m 次多项式，可令

$$Q(x) = x^2 Q_m(x)$$

用方程式(1)同样的方法来确定 $Q_m(x)$ 的系数.

综上所述,若方程式(1)中的 $f(x) = P_m(x)e^{\lambda x}$,则方程式(1)的特解为
$$y^* = x^k Q_m(x) e^{\lambda x}$$
其中:$Q_m(x)$ 是与 $P_m(x)$ 同次多项式;k 按 λ 不是特征方程的根,是特征方程的单根或是特征方程的重根,依次取 0,1 或 2.

例 4 求方程 $y'' + 2y' = 3e^{-2x}$ 的一个特解.

解 $f(x)$ 是 $p_m(x)e^{\lambda x}$ 型,且 $P_m(x) = 3$,$\lambda = -2$.

对应于齐次线性微分方程的特征方程为 $r^2 + 2r = 0$,特征方程的根为 $r_1 = 0$,$r_2 = -2$. $\lambda = -2$ 是原方程特征方程的单根.

令 $y^* = xb_0 e^{-2x}$,代入原方程解得
$$b_0 = -\frac{3}{2}$$
故所求特解为
$$y^* = -\frac{3}{2} x e^{-2x}$$

例 5 求方程 $y'' - 2y' + y = (x-1)e^x$ 的通解.

解 先求对应齐次线性微分方程 $y'' - 2y' + y = 0$ 的通解.

特征方程为 $r^2 - 2r + 1 = 0$,特征方程的根为 $r_1 = r_2 = 1$. 齐次线性微分方程的通解为
$$Y = (C_1 + C_2 x) e^x$$
再求所给方程的特解.
$$\lambda = 1 \quad P_m(x) = x - 1$$
由于 $\lambda = 1$ 是特征方程的二重根,所以
$$y^* = x^2 (ax + b) e^x$$
把它代入所给方程,并约去 e^x,得
$$6ax + 2b = x - 1$$
比较上式中的系数,得 $a = \frac{1}{6}$,$b = -\frac{1}{2}$,于是
$$y^* = x^2 \left(\frac{x}{6} - \frac{1}{2} \right) e^x$$
所给方程的通解为
$$y = y + y^* = \left(C_1 + C_2 x - \frac{1}{2} x^2 + \frac{1}{6} x^3 \right) e^x$$

3. $f(x) = A\cos\omega x + B\sin\omega x$ **型的解法**
$$f(x) = A\cos\omega x + B\sin\omega x \tag{1}$$
其中 A,B,ω 均为常数. 此时,方程式(1)化为
$$y'' + py' + q = A\cos\omega x + B\sin\omega x \tag{2}$$

这种类型的三角函数的导数仍属同一类型,因此方程式(2)的特解 y^* 也应属同一类型. 可以证明方程式(2)的特解形式为

$$y^* = x^k(a\cos\omega x + b\sin\omega x)$$

其中 a, b 为待定常数,k 为一个整数.

当 $\pm\omega\mathrm{i}$ 不是特征方程 $r^2 + pr + q = 0$ 的根,k 取 0;

当 $\pm\omega\mathrm{i}$ 是特征方程 $r^2 + pr + q = 0$ 的根,k 取 1.

例 6 求方程 $y'' + 2y' - 3y = 4\sin x$ 的一个特解.

解 $\omega = 1$,$\pm\omega\mathrm{i} = \pm\mathrm{i}$ 不是特征方程为 $r^2 + 2r - 3 = 0$ 的根,$k = 0$. 因此,原方程的特解形式为

$$y^* = a\cos x + b\sin x$$

于是

$$y^{*\prime} = -a\sin x + b\cos x$$
$$y^{*\prime\prime} = -a\cos x - b\sin x$$

将 y^*,$y^{*\prime}$,$y^{*\prime\prime}$ 代入原方程,得

$$\begin{cases} -4a + 2b = 0, \\ -2a - 4b = 4 \end{cases}$$

解得 $a = -\dfrac{2}{5}$,$b = -\dfrac{4}{5}$. 原方程的特解为

$$y^* = -\frac{2}{5}\cos x - \frac{4}{5}\sin x$$

例 7 求方程 $y'' - 2y' - 3y = \mathrm{e}^x + \sin x$ 的通解.

解 先求对应的齐次线性微分方程的通解 Y.

与所求方程对应的齐次线性微分方程的特征方程为

$$r^2 - 2r - 3 = 0$$

齐次方程的通解为

$$r_1 = -1 \quad r_2 = 3$$
$$Y = C_1\mathrm{e}^{-x} + C_2\mathrm{e}^{3x}$$

再求非齐次方程的一个特解 y^*.

由于 $f(x) = \mathrm{e}^x + \sin x$,根据定理 4,分别求出方程对应的右端项为 $f_1(x) = \mathrm{e}^x$,$f_2(x) = \sin x$ 的特解 y_1^*,y_2^*,则 $y^* = y_1^* + y_2^*$ 是原方程的一个特解. 由于 $\lambda = 1$,$\pm\omega\mathrm{i} = \pm\mathrm{i}$ 均不是特征方程的根,故特解为

$$y^* = y_1^* + y_2^* = a\mathrm{e}^x + (b\cos x + c\sin x)$$

代入原方程,得

$$-4a\mathrm{e}^x - (4b + 2c)\cos x + (2b - 4c)\sin x = \mathrm{e}^x\sin x$$

比较系数,得

$$-4a = 1 \quad 4b + 2c = 0 \quad 2b - 4c = 1$$

解之得

$$a = -\frac{1}{4} \quad b = \frac{1}{10} \quad c = -\frac{1}{5}$$

于是所给方程的一个特解为
$$y^* = -\frac{1}{4}e^x + \frac{1}{10}\cos x - \frac{1}{5}\sin x$$

所以，所求方程的通解为
$$y = Y + y^* = C_1 e^{-x} + C_2 e^{3x} - \frac{1}{4}e^x + \frac{1}{10}\cos x - \frac{1}{5}\sin x$$

课堂练习

1. 选择题.

(1) 微分方程 $y'' + y = \sin x$ 的一个特解（　　）.

  A. $y^* = a\sin x$ B. $y^* = a \cdot \cos x$

  C. $y^* = x(a\sin x + b\cos x)$ D. $y^* = a\cos x + b\sin x$

(2) 下列微分方程中，（　　）是二阶常系数齐次线性微分方程.

  A. $y'' - 2y = 0$ B. $y'' - xy' + 3y^2 = 0$

  C. $5y'' - 4x = 0$ D. $y'' - 2y' + 1 = 0$

(3) $y'' = e^{-x}$ 的通解为 $y = $（　　）.

  A. $-e^{-x}$ B. e^{-x}

  C. $e^{-x} + C_1 x + C_2$ D. $-e^{-x} + C_1 x + C_2$

(4) 按照微分方程的通解定义，$y'' = \sin x$ 的通解是（　　）.

  A. $-\sin x + C_1 x + C_2$ B. $-\sin x + C_1 + C_2$

  C. $\sin x + C_1 x + C_2$ D. $\sin x + C_1 + C_2$

2. 已知二阶线性微分方程 $y'' + p(x)y' + q(x)y = f(x)$ 的三个特解是 $y_1 = x$，$y_2 = x^2$，$y_3 = e^{3x}$，试求此方程满足 $y(0) = 0$，$y'(0) = 3$ 的特解.

3. 验证 $y_1 = x + 1$，$y_2 = e^x + 1$ 是微分方程 $(x-1)y'' - xy' + y = 1$ 的解，并求其通解.

4. 求二阶常系数线性齐次微分方程的解.

(1) $y'' - 2y' - 3y = 0$；

(2) $y'' - 2y' + y = 0$；

(3) $y'' - 2y' + 5y = 0$.

5. 求解初值问题 $\begin{cases} \dfrac{d^2 s}{dt^2} + 2\dfrac{ds}{dt} + s = 0, \\ s\big|_{t=0} = 4, \dfrac{ds}{dt}\big|_{t=0} = -2. \end{cases}$

课后作业

1. 已知 $y_1(x)$，$y_2(x)$ 是二阶线性微分方程 $y'' + p(x)y' + q(x)y = f(x)$ 的解，试证 $y_1(x) - y_2(x)$ 是 $y'' + p(x)y' + q(x)y = 0$ 的解.

2. 求下列齐次线性微分方程的通解.

(1) $y'' - 4y' + 8y = 0$；

(2) $y'' - y' - 2y = 0$；

(3) $y'' + 2y' + y = 0$.

3. 求下列非齐次线性微分方程的通解.

(1) $y'' + 3y' + 2y = xe^{-x}$;

(2) $y'' + 5y' + 4y = 3 - 2x$;

(3) $y'' + 3y' = x\cos x$.

4. 求下列微分方程的特解.

(1) $y'' - 3y' + 2y = 5$, $y(0) = 1$, $y'(0) = 2$;

(2) $y'' + y + \sin 2x = 0$, $y(\pi) = 1$, $y'(\pi) = 1$.

7.5 数学建模案例 人口增长模型

根据某地区人口从 1800 年到 2000 年每 10 年的人口数据(见表 7-2),建立数学模型估算该地区 2010 年的人口,同时画出拟合效果的图形.

表 7-2 某地区人口统计数据

年份	1800	1810	1820	1830	1840	1850	1860
人口/百万人	7.2	13.8	17.2	17.6	24.7	33.6	36.2
年份	1870	1880	1890	1900	1910	1920	1930
人口/百万人	48.6	58.1	73.3	89.8	105.6	125.9	149.1
年份	1940	1950	1960	1970	1980	1990	2000
人口/百万人	172.2	189.8	230.5	246.7	262.1	271.2	280.3

1. 问题分析

首先,我们运用 Matlab 软件编程(见编程 1),绘制出 1800 年到 2000 年的人口数据图,如图 7-1 所示.

编程 1:1800 年到 2000 年的人口数据图.

```
x = 1800:10:2000;
y = [7.2 13.8 17.2 17.6 24.7 33.6 36.2 48.6 58.1 73.3 89.8 105.6
     125.9 149.1 172.2 189.8 230.5 246.7 262.1 271.2 280.3];
figure;
plot(x, y, 'r*');
```

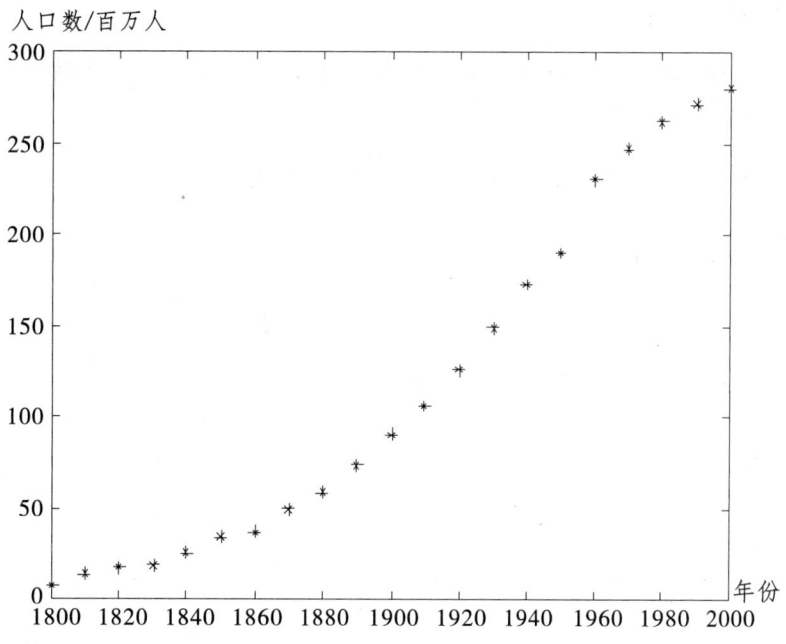

图7-1 1800年到2000年的人口数据图

从图7-1可以看出，1800年到2000年的人口数是呈增长趋势的，而且类似二次函数增长.所以，我们可以建立一个二次函数模型，并用最小二乘法对已有数据进行拟合，得到模型的具体参数.

于是，我们假设人口增长率是人口数的线性减函数，即随着人口数的增加，人口的增长速度会缓慢下降，从而可以建立一个阻滞增长模型.

2. 模型建立

模型一：二次函数模型.

设：$x(t)$ 为 t 时刻的人口数量；

x_0 为初始时刻的人口数量；

r 为人口增长率；

x_m 为环境所能容纳的最大人口数量，即 $r(x_m)=0$.

我们假设该地区 t 时刻的人口数量 $x(t)$ 是时间 t 的二次函数，即：

$$x(t)=at^2+bt+c$$

根据最小二乘法，利用已有数据拟合得到具体参数，即要求出 a,b 和 c，使得以下函数达到最小值：

$$E(a,b,c)=\sum_{i=1}^{n}(at_i^2+bt_i+c-x_i)^2$$

其中 x_i 是 t_i 时刻该地区的人口数，即有：

$$E(a,b,c)=(a\cdot 1\,800^2+b\cdot 1\,800+c-7.2)^2+\cdots+(a\cdot 2\,000^2+b\cdot 2\,000+c-280.3)^2$$

3. 模型求解

令 $\dfrac{\partial E}{\partial a}=0$，$\dfrac{\partial E}{\partial b}=0$，$\dfrac{\partial E}{\partial c}=0$，可以得到三个关于 a，b 和 c 的一次方程，从而可解得 a，b 和 c.

我们用 Matlab 软件编程(见编程 2)，解得 $a=0.006\,018$，$b=-21.357$，$c=18\,948$，即：
$$x(t)=0.006\,018t^2-21.357t+18\,948$$
从而我们可以预测 2010 年的人口数为 $x(2010)=333.866\,8$(百万人).

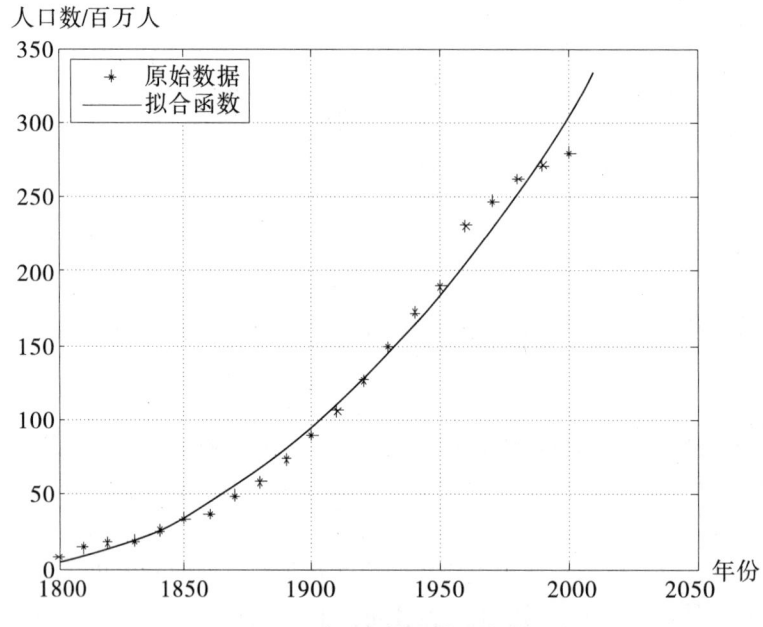

图 7-2　二次函数模型的拟合效果图

图 7-2 是所得到的二次函数模型和原数据点的拟合效果图. 从图 7-2 可以看出拟合的效果在 1950 年之前还可以，但是后期数据的拟合效果不好.

编程 2：线性增长模型的拟合代码.

```
x = 1800 : 10 : 2000;
y = [7.2 13.8 17.2 17.6 24.7 33.6 36.2 48.6 58.1 73.3 89.8 105.6
    125.9 149.1 172.2 189.8 230.5 246.7 262.1 271.2 280.3];
plot(x, y, 'r*');              % 画点，红色
hold on;                       % 使得以下图形画在同一个窗口
p = polyfit(x, y, 2)           % 多项式拟合，返回系数 p
xn = 1800 : 5 : 2010;          % 定义新的横坐标
yn = polyval(p, xn);           % 估计多项式 p 的函数值
plot(xn, yn)                   % 把 (xn, yn) 定义的数据点依次连起来
                               % 给图形加上图例

xlabel('年份');
```

```
ylabel('人口数');
legend('原始数据','拟合函数',2);
box on;
grid on;
x1=2010;
y1=polyval(p,x1)              % 估计多项式 p 在未知点的函数值
```

4. **模型改进**

模型二：阻滞增长模型．

我们假设人口增长率 r 是人口数 x 的线性减函数，即

$$r(x) = r_0 - sx$$

随着人口数的增加，人口增长率会缓慢下降．人口数量最终会达到饱和，且趋于一个常数 x_m，当 $x = x_m$ 时增长率为 0，即

$$r_0 - sx_m = 0$$

由上面的关系式可得出：

$$r(x) = r_0\left(1 - \frac{x}{x_m}\right)$$

把上式代进指数增长模型的方程中，并利用初始条件 $x(1800) = 7.2$，可以得到

$$\begin{cases} \dfrac{dx}{dt} = r_0\left(1 - \dfrac{x}{x_m}\right)x \\ x(1800) = 7.2 \end{cases}$$

解得

$$x(t) = \frac{x_m}{1 + \left(\dfrac{10 x_m}{72} - 1\right) e^{-r(t-1800)}}$$

我们可以利用已有数据拟合求解得（见编程 3）$x_m = 334.36$，$r = -0.027\,958$，可以预测 2010 年的人口数为 $x(2010) = 296.386\,5$（百万人）．

编程 3：阻滞增长模型的拟合代码．

```
clc;                          % 清屏幕
clear;                        % 清除以前的变量
                              % 数据点 (t, y)
t=1800:10:2000;
y=[7.2 13.8 17.2 17.6 24.7 33.6 36.2 48.6 58.1 73.3 89.8 105.6
    125.9 149.1 172.2 189.8 230.5 246.7 262.1 271.2 280.3];
plot(t,y,'b*');
                              % 定义需要拟合的函数类型 myfun
                              (a, t), a 是参数列表, t 是变量
```

```
myfun = @ (a, t)[a(1)./(1+(a(1)./7.2-1)×exp(a(2)×(t-1800)))];
a0 = [500, 1];                    % 初始值
                                  % 非线性拟合. 最重要的函数, 第1个
                                    参数是以上定义的函数名, 第2个参数
                                    是初值, 第3、4个参数是已知数据点
a = lsqcurvefit(myfun, a0, t, y);
disp(['a = 'num2str(a)]);         % 显示得到的参数
                                  % 画出拟合得到的函数的图形
ti = 1800: 10: 2010;
yi = myfun(a, ti);
hold on;
plot(ti, yi, 'r');
                                  % 给图形加上图例
xlabel('年份');
ylabel('人口数');
legend('原始数据', '拟合函数', 2);
box on;
grid on;
tn = 2010;                        % 预测在未知点的函数值
yn = myfun(a, tn);
disp(['yn = 'num2str(yn)]);       % 显示得到的参数
```

5. 模型检验

图 7-3 是阻滞增长模型的拟合效果图.

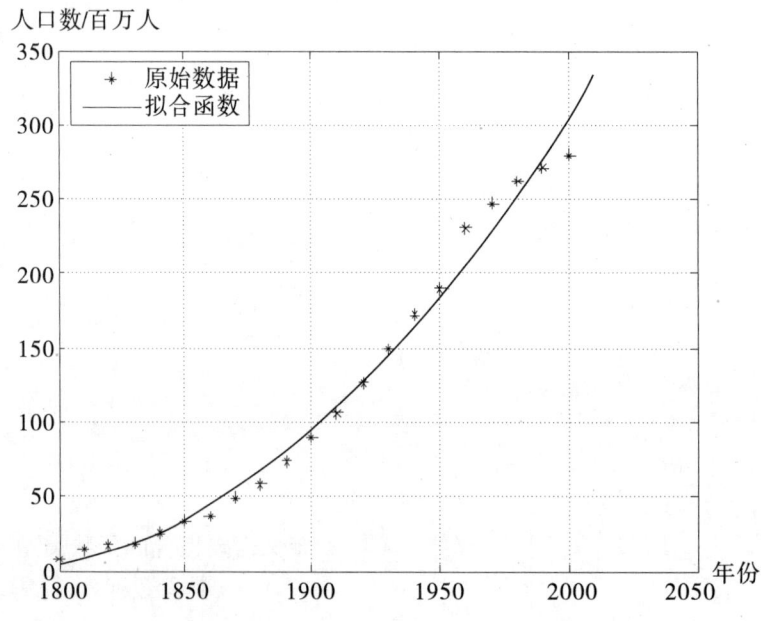

图 7-3　阻滞增长模型的拟合效果图

从图 7-3 可以看出该模型对该地区的人口数据拟合得很好. 由此可以看出, 阻滞增长模型更客观地反映人口的增长规律, 基本上都在拟合曲线上, 拟合效果好, 特别是后期的数据非常吻合, 所以此模型对未来的人口数预测二次函数模型更为优越.

7.6 Matlab 在常微分方程中的应用

【函数格式】

```
dsolve('微分方程','自变量')                    % 求通解
dsolve('微分方程','初始条件','自变量')         % 求特解
```

【说明】在程序中, y 的一阶导数表示为 dy, 二阶导数表示为 d2y, 依此类推.

例 1 求微分方程 $y' - y\cot x = 2x\sin x$ 的通解.

【代码和运行结果】

```
>>dsolve('dy - y×cot(x) = 2×x×sin(x)', 'x')
ans =
     sin(x)×x^2 + sin(x)×C1
```

所求通解为 $y = x^2 \sin x + C_1 \sin x$.

练习 1 求微分方程 $xy' - 2y = x^3$ 的通解.

例 2 求微分方程 $y'' - 5y' + 6y = 0$, $y(0) = 3$, $y'(0) = 4$ 的特解.

【代码和运行结果】

```
>>dsolve('d2y - 5×dy + 6×y = 0', 'y(0) = 3, dy(0) = 4', 'x')
ans =
     2×exp(3×x) + 5×exp(2×x)
```

所求特解为 $y = -2e^{3x} + 5e^{2x}$.

练习 2 求微分方程 $y'' - 5y' + 4y = 0$, $y(0) = 2$, $y'(0) = 5$ 的特解.

例 3 求微分方程 $\dfrac{dy}{dx} = \dfrac{x^2 + y^2}{2x^2}$ 的通解.

解 方程求解的 Matlab 程序为

```
y = dsolve('dy - (x^2 + y^2)/x^2/2', 'x');    % 求出的微分方程的解
y =
     x×(-log(x) + 2 + C1)/(-log(x) + C1)
```

所求通解为 $y = x \dfrac{-\ln x + 2 + C_1}{-\ln x + C_1}$.

例 4 求 $x^2 \dfrac{dy}{dx} + 2xy = e^x$ 的通解.

解 方程求解的 Matlab 程序为

```
y=dsolve('dy×x^2+2×x×y-exp(x)','x')   % 求出微分方程的解
y=1/x^2×exp(x)+1/x^2×C1
```

所求通解为 $y = \dfrac{1}{x^2}e^x + \dfrac{C_1}{x^2}$

思考与练习

一、单项选择题

1. 下列方程中_____是常微分方程.

   A. $x^2 + y^2 = a^2$ B. $y + \dfrac{d}{dx}(e^{\arctan x}) = 0$ C. $\dfrac{\partial^2 a}{\partial x^2} + \dfrac{\partial^2 a}{\partial y^2} = 0$ D. $y'' = x^2 + y^2$

2. 下列方程中_____是二阶微分方程.

   A. $(y'') + x^2 y' + x^2 = 0$ B. $(y')^2 + 3x^2 y = x^3$

   C. $y''' + 3y'' + y = 0$ D. $y' - y^2 = \sin x$

3. 微分方程 $\dfrac{d^2 y}{dx^2} + w^2 y = 0$ 的通解是_____,其中 c,c_1,c_2 均为任意常数.

   A. $y = c\cos wx$ B. $y = c\sin wx$

   C. $y = c_1 \cos wx + c_2 \sin wx$ D. $y = c\cos wx + c\sin wx$

4. C 是任意常数,则微分方程 $y' = 3y^{\frac{2}{3}}$ 的一个特解是_____.

   A. $y = (x+2)^3$ B. $y = x^3 + 1$

   C. $y = (x+c)^3$ D. $y = c(x+1)^3$

5. 微分方程 $y'' - 4y' + 4y = 0$ 的两个线性无关解是( ).

   A. e^{2x} 与 $2 \cdot e^{2x}$ B. e^{-2x} 与 $x \cdot e^{-2x}$

   C. e^{2x} 与 $x \cdot e^{2x}$ D. e^{-2x} 与 $4 \cdot e^{-2x}$

6. 方程 $xy' + y = 3$ 的通解是( ).

   A. $y = \dfrac{C}{x} + 3$ B. $y = \dfrac{3}{x} + C$

   C. $y = -\dfrac{C}{x} - 3$ D. $y = \dfrac{C}{x} - 3$

7. 下列函数中,哪个函数是微分方程 $s''(t) = -g$ 的解( ).

   A. $s = -gt$ B. $s = -gt^2$ C. $s = -\dfrac{1}{2}gt^2$ D. $s = \dfrac{1}{2}gt^2$

8. 下列函数中,微分方程 $y'' - 7y' + 12y = 0$ 的解是( ).

   A. $y = x^3$ B. $y = x^2$ C. $y = e^{3x}$ D. $y = e^{2x}$

9. 方程 $(1 - x^2)y - xy' = 0$ 的通解是( ).

   A. $y = C\sqrt{1 - x^2}$ B. $y = \dfrac{C}{\sqrt{1 - x^2}}$

C. $y = -\dfrac{1}{2}x^3 + Cx$ D. $y = Cxe^{-\frac{1}{2}x^2}$

10. 微分方程 $y \cdot \ln x \mathrm{d}x = x \cdot \ln y \mathrm{d}y$ 满足 $y\big|_{x=1} = 1$ 的特解是(　　).

　　A. $\ln^2 x = \ln^2 y$ B. $\ln^2 x + \ln^2 y = 1$

　　C. $\ln^2 x + \ln^2 y = 0$ D. $\ln^2 x = \ln^2 y + 1$

11. 微分方程 $(1+x^2)\mathrm{d}y + (1+y^2)\mathrm{d}x = 0$ 的通解是(　　).

　　A. $\arctan x + \arctan y = C$ B. $\tan x + \tan y = C$

　　C. $\ln x + \ln y = C$ D. $\cot x + \cot y = C$

12. 微分方程 $y'' = \sin(-x)$ 的通解是(　　).

　　A. $y = \sin(-x)$ B. $y = -\sin(-x)$

　　C. $y = -\sin(-x) + C_1 x + C_2$ D. $y = \sin(-x) + C_1 x + C_2$

二、填空题

1. 在横线上填上方程的名称.

(1) $(y-3) \cdot \ln x \mathrm{d}x - x \mathrm{d}y = 0$ 是_____.

(2) $(xy^2 + x)\mathrm{d}x + (y - x^2 y)\mathrm{d}y = 0$ 是_____.

(3) $x \dfrac{\mathrm{d}y}{\mathrm{d}x} = y \cdot \ln \dfrac{y}{x}$ 是_____.

(4) $xy' = y + x^2 \sin x$ 是_____.

(5) $y'' + y' - 2y = 0$ 是_____.

2. $y''' + \sin x y' - x = \cos x$ 的通解中应含_____个独立常数.

3. $y'' = \mathrm{e}^{-2x}$ 的通解是_____.

4. $y'' = \sin 2x - \cos x$ 的通解是_____.

5. $xy''' + 2x^2 y'^2 + x^3 y = x^4 + 1$ 是_____阶微分方程.

6. 微分方程 $y \cdot y'' - (y')^6 = 0$ 是_____阶微分方程.

7. $y = \dfrac{1}{x}$ 所满足的微分方程是_____.

8. $y' = \dfrac{2y}{x}$ 的通解为_____.

9. $\dfrac{\mathrm{d}x}{y} + \dfrac{\mathrm{d}y}{x} = 0$ 的通解为_____.

10. $\dfrac{\mathrm{d}y}{\mathrm{d}x} - \dfrac{2y}{x+1} = (x+1)^{\frac{5}{2}}$, 其对应的齐次方程的通解为_____.

11. 方程 $xy' - (1+x^2)y = 0$ 的通解为_____.

12. 三阶微分方程 $y''' = x^3$ 的通解为_____.

三、计算题

1. 求下列微分方程的通解.

(1) $\sqrt{1-x^2}\, y' = \sqrt{1-y^2}$;　　(2) $\sec^2 x \cdot \tan y \mathrm{d}x + \sec^2 y \cdot \tan x \mathrm{d}y = 0$;

(3) $\dfrac{\mathrm{d}y}{\mathrm{d}x} - 3xy = xy^2$;　　(4) $(2^{x+y} - 2^x)\mathrm{d}x + (2^{x+y} + 2^y)\mathrm{d}y = 0$;

(5) $x\dfrac{\mathrm{d}y}{\mathrm{d}x}=y-3$;

(6) $\dfrac{\mathrm{d}y}{\mathrm{d}x}=3x^2y$;

(7) $\dfrac{\mathrm{d}y}{\mathrm{d}x}=1+x+y^2+xy^2$;

(8) $y'=\sec y\cdot\sin x$;

(9) $(x+xy^2)\mathrm{d}x-(x^2y+y)\mathrm{d}y=0$;

(10) $(\mathrm{e}^{x+y}-\mathrm{e}^x)\mathrm{d}x+(\mathrm{e}^{x+y}-\mathrm{e}^y)\mathrm{d}y=0$;

(11) $\left(x+y\cos\dfrac{y}{x}\right)\mathrm{d}x-x\cos\dfrac{y}{x}\mathrm{d}y=0$;

(12) $y'=\cos(x-y)$ （提示：令 $x-y=z$）;

(13) $xy'-\cos y=0$;

(14) $xy'=y\left(\ln\dfrac{y}{x}+1\right)$;

(15) $(x^3+y^3)\mathrm{d}x-3xy^2\mathrm{d}y=0$;

(16) $y'-\dfrac{y}{x}=x^2$;

(17) $\dfrac{\mathrm{d}y}{\mathrm{d}x}+\dfrac{y}{x}=\sin x$;

(18) $(x^2-1)y'+2xy-\cos x=0$;

(19) $y\ln y\mathrm{d}x+(x-\ln y)\mathrm{d}y=0$;

(20) $y'=\dfrac{y}{2(\ln y-x)}$;

(21) $\dfrac{\mathrm{d}y}{\mathrm{d}x}=4\mathrm{e}^{-y}\sin x$;

(22) $xy'+y=y(\ln x+\ln y)$;

(23) $y'=\dfrac{1}{x-y}+1$;

(24) $y(xy+1)\mathrm{d}x+x(1+xy+x^2y^2)\mathrm{d}y=0$;

(25) $y'=(x+y)^2$;

(26) $\dfrac{\mathrm{d}y}{\mathrm{d}x}=\dfrac{y}{x}+\tan\dfrac{y}{x}$;

(27) $xy'+y=x\mathrm{e}^x$;

(28) $y'+y\tan x=\sin 2x$;

(29) $y'+\dfrac{1}{x}y=\dfrac{\sin x}{x}$;

(30) $\dfrac{\mathrm{d}y}{\mathrm{d}x}=\dfrac{y}{x+y^3\mathrm{e}^y}$;

(31) $y''-5y'=0$;

(32) $y''-4y'+4y=0$;

(33) $y''+4y'+y=0$;

(34) $y''-5y'+6y=0$;

(35) $y''-2y'-3y=0$;

(36) $y''-2y'+y=0$;

(37) $y''+2y'+y=x\mathrm{e}^x$;

(38) $y''-7y'+6y=\sin x$;

(39) $y''-2y'+5y=\mathrm{e}^x\sin x$;

(40) $y''+y=x+\cos x$;

(41) $y''-7y'+6y=\sin x$;

(42) $y''+9y=(24x-6)\cos 3x-2\sin 3x$.

2. 求下列微分方程的特解.

(1) $\dfrac{\mathrm{d}y}{\mathrm{d}x}+3y=0$，$x=0$，$y=2$;

(2) $\dfrac{\mathrm{d}y}{\mathrm{d}x}+2xy=4x$，$x=1$，$y=2$;

(3) $\begin{cases}\cos y\mathrm{d}x+(1+\mathrm{e}^{-x})\sin y\mathrm{d}y=0,\\ y\big|_{x=0}=\dfrac{\pi}{4};\end{cases}$

(4) $\begin{cases}\dfrac{\sec x}{1+y^2}\mathrm{d}y=x\mathrm{d}x,\\ y\big|_{x=\frac{3\pi}{2}}=-1;\end{cases}$

(5) $\begin{cases}xy\dfrac{\mathrm{d}y}{\mathrm{d}x}=x^2+y^2,\\ y\big|_{x=\mathrm{e}}=2\mathrm{e};\end{cases}$

(6) $\begin{cases}x^2\mathrm{d}y+(xy-y^2)\mathrm{d}x=0,\\ y\big|_{x=1}=1.\end{cases}$

(7) $\begin{cases} y' = e^{2x-y}, \\ y|_{x=0} = 0; \end{cases}$ (8) $\begin{cases} xy' + y = y^2, \\ y|_{x=1} = \dfrac{1}{2}; \end{cases}$

(9) $\begin{cases} \dfrac{dy}{dx} = \dfrac{xy}{x^2 - y^2}, \\ y|_{x=0} = 1; \end{cases}$ (10) $\begin{cases} (y^2 - 3x^2)dy + 2xy\,dx = 0, \\ y|_{x=0} = 1; \end{cases}$

(11) $\begin{cases} y'\cos y + \sin y = x, \\ y|_{x=0} = \dfrac{\pi}{4}; \end{cases}$ (12) $\begin{cases} y' - y\tan x = \sec x, \\ y|_{x=0} = 0; \end{cases}$

(13) $\begin{cases} y' + \dfrac{y}{x} = \dfrac{\sin x}{x}, \\ y|_{x=0} = 1; \end{cases}$ (14) $\begin{cases} y'' + 9y = \cos x, \ y_{x=\frac{\pi}{2}} = 0, \\ y'|_{x=\frac{\pi}{2}} = 0; \end{cases}$

(15) $\begin{cases} y'' + 2y' + 10y = 0, \ y_{x=0} = 1, \\ y|_{x=0} = 2; \end{cases}$ (16) $\begin{cases} \dfrac{d^2 x}{dt^2} + \dfrac{dx}{dt} - 3x = 0, \\ x|_{t=0} = 0, \ x'|_{t=0} = 1. \end{cases}$

*3. 求下列伯努利方程的通解.

(1) $y' + \dfrac{y}{x} = x^2 y^6$; (2) $y' = y^4 \cos x + y\tan x$.

四、解答题

1. 验证：函数 $x = C_1 \cos kt + C_2 \sin kt$ 是微分方程 $\dfrac{d^2 x}{dt^2} + k^2 x = 0$ 的解.

2. 已知函数 $x = C_1 \cos kt + C_2 \sin kt (k \neq 0)$ 是微分方程 $\dfrac{d^2 x}{dt^2} + k^2 x = 0$ 的通解，求满足初始条件 $x|_{t=0} = A, \ x'|_{t=0} = 0$ 的特解.

3. 验证函数 $y = C \cdot e^{-3x} + e^{-2x}$ （C 为任意常数）是方程 $\dfrac{dy}{dx} = e^{-2x} - 3y$ 的通解，并求出满足初始条件 $y|_{x=0} = 0$ 的特解.

4. 求微分方程 $\begin{cases} x(y^2+1)dx + y(1-x^2)dy = 0, \\ y|_{x=0} = 1 \end{cases}$ 的通解和特解.

5. 求微分方程 $\begin{cases} y' = \dfrac{x}{y} + \dfrac{y}{x}, \\ y|_{x=1} = 2 \end{cases}$ 的特解.

6. 求微分方程 $y' + y \cdot \cos x = e^{-\sin x}$ 的通解.

7. 求微分方程 $\begin{cases} (x+1)y' - 2y - (x+1)^{\frac{7}{2}} = 0, \\ y|_{x=0} = 1 \end{cases}$ 的特解.

8. 求微分方程 $y'' = \dfrac{2y'x}{x^2+1}$ 满足初始条件 $x=0, \ y=1, \ y'=3$ 的特解.

9. 试求 $y'' = x$ 过点 $M(0, 1)$，且在 M 与直线 $y = \dfrac{1}{2}x + 1$ 相切的积分曲线.

10. 验证二元方程 $x^2 - xy + y^2 = C$ 所确定的函数为微分方程 $(x - 2y)y' = 2x - y$ 的解.

11. 求微分方程 $(e^{x+y} - e^x)dx + (e^{x+y} + e^y)dy = 0$ 的通解.

12. 求 $\dfrac{dy}{dx} - y \cdot \tan x = \sec x$，$y|_{x=0} = 0$ 的特解.

13. 验证 $y_1 = \cos \omega x$，$y_2 = \sin \omega x$ 都是 $y'' + \omega^2 y = 0$ 的解，并写出该方程的通解.

14. 求微分方程 $y' = \dfrac{2y - x^2}{x}$ 的通解.

15. 求微分方程 $y' + \dfrac{1}{x}y + e^x = 0$ 满足初始条件 $y(1) = 0$ 的特解.

16. 求微分方程 $\dfrac{dy}{dx} - \dfrac{2}{x+1}y = (x+1)^3$ 的通解.

17. 求微分方程 $\dfrac{x}{1+y}dx - \dfrac{y}{1+x}dy = 0$ 满足条件 $y(0) = 1$ 的特解.

18. 求微分方程 $y'' + y' - 2y = 0$ 的通解.

19. 求微分方程 $y'' + 2y' + 5y = 0$ 的通解.

20. 求微分方程 $y'' + 4y' + 4y = 0$ 的通解.

约翰·伯努利

(1667—1748)

约翰·伯努利(Johann Bernoulli)是老尼古拉·伯努利(Nikolaus Bernoulli, 1623—1708)的第三个儿子，雅格布·伯努利(Jakob Bernoulli)的弟弟. 幼年时父亲像要求雅格布一样，试图要他去学经商，但约翰认为自己不适宜从事商业，拒绝了父亲的劝告. 1683年约翰进入巴塞尔大学学习，1685年通过逻辑论文答辩，获得艺术硕士学位.

接着他攻读医学，1690年获得医学硕士学位，1694年又获得博士学位.

约翰在巴塞尔大学学习期间，怀着对数学的热情，跟其哥哥雅格布秘密学习数学，并开始研究数学. 两人都对无穷小数学产生了浓厚的兴趣，他们首先熟悉了G.W.莱布尼茨(Leibniz)的不易理解的关于微积分的简略论述. 正是在莱布尼茨的思想影响和激励下，约翰走上了研究和发展微积分的道路.

1691—1692年间，约翰写了世界上第一本关于微积分的教科书，积分学部分于1742年出版，微分学部分直到1924年才出版.

1695年，约翰获得荷兰格罗宁根大学数学教授的职务. 他接受职务后，工作特别

努力,一面认真教学,一面在微积分方面做出了许多新的贡献. 约翰生活在17世纪下半叶到18世纪上半叶,这一时期数学上最突出的成就就是微积分的发明与发展. 随着微积分的创立,数学产生了一些重要分支,如微分方程、无穷级数、微分几何、变分法等. 18世纪数学家的主要任务是致力于这些学科分支的发展,而要完成这些任务,首先必须发展、完善微积分本身. 约翰就是一个对微积分和与其相关的许多数学分支都做过重要贡献的人,是18世纪分析学的重要奠基者之一.

第八章 级 数

○ 知识目标

1. 理解常数项级数收敛、发散以及收敛级数的和的概念,掌握级数的基本性质及收敛的必要条件;了解任意项级数绝对收敛与条件收敛的概念、绝对收敛与条件收敛的关系,函数项级数的收敛域及和函数的概念.
2. 理解幂级数收敛半径的概念,掌握幂级数的收敛半径、收敛区间及收敛域的求法.
3. 熟练掌握几何级数与 p-级数的收敛与发散的条件,正项级数收敛性的比较判别法和比值判别法,会用根值判别法;掌握交错级数的莱布尼茨判别法.
4. 掌握 e^x,$\sin x$,$\cos x$,$\ln(1+x)$ 和 $(1+a)^\alpha$ 的麦克劳林展开式,会用它们将一些简单函数间接展开成幂级数.
5. 应用幂级数在其收敛区间内的一些基本性质(和函数的连续性、逐项微分和逐项积分),会求一些幂级数在收敛区间内的和函数,并会由此求出某些常数项级数的和.

○ 能力目标

1. 会判断级数的基本性质及收敛的必要条件.
2. 掌握正项级数收敛性的比较判别法、比值判别法和根值判别法.
3. 掌握交错级数的莱布尼茨判别法.
4. 会运算幂级数的收敛半径、收敛区间及收敛域.
5. 了解 e^x,$\sin x$,$\cos x$,$\ln(1+x)$ 和 $(1+a)^\alpha$ 的麦克劳林展开式.

8.1 常数项级数的概念和性质

一、常数项级数的概念

1. 常数项级数

给定一个数列

$$u_1, u_2, u_3, \cdots, u_n, \cdots$$

则由这个数列构成的表达式

$$u_1 + u_2 + u_3 + \cdots + u_n + \cdots$$

叫作常数项无穷级数,简称**常数项级数**,记为 $\sum_{n=1}^{\infty} u_n$,即

$$\sum_{n=1}^{\infty} u_n = u_1 + u_2 + u_3 + \cdots + u_n + \cdots$$

其中第 n 项 u_n 叫作级数的一般项.

2. **级数的部分和**

把级数 $\sum_{n=1}^{\infty} u_n$ 的前 n 项和

$$s_n = \sum_{n=1}^{n} u_n = u_1 + u_2 + u_3 + \cdots + u_n$$

称为级数 $\sum_{n=1}^{\infty} u_n$ 的**部分和**.

3. **级数敛散性**

如果级数 $\sum_{n=1}^{\infty} u_n$ 的部分和数列 $\{s_n\}$ 有极限 s,即

$$\lim_{n \to \infty} s_n = s$$

则称无穷级数 $\sum_{n=1}^{\infty} u_n$ 收敛. 这时,极限 s 叫作这**级数的和**,并写成

$$s = \sum_{n=1}^{\infty} u_n = u_1 + u_2 + u_3 + \cdots + u_n + \cdots$$

如果 $\{s_n\}$ 没有极限,则称无穷级数 $\sum_{n=1}^{\infty} u_n$ 发散.

4. **余项**

当级数 $\sum_{n=1}^{\infty} u_n$ 收敛时,其部分和 s_n 是级数 $\sum_{n=1}^{\infty} u_n$ 的和 s 的近似值,它们之间的差值

$$r_n = s - s_n = u_{n+1} + u_{n+2} \cdots$$

叫作级数 $\sum_{n=1}^{\infty} u_n$ 的**余项**.

例1 讨论等比级数 $\sum_{n=0}^{\infty} aq^n$ ($a \neq 0$) 的敛散性.

解 如果 $q \neq 1$,则部分和

$$s_n = a + aq + aq^2 + \cdots + aq^{n-1} = \frac{a - aq^n}{1-q} = \frac{a}{1-q} - \frac{aq^n}{1-q}$$

当 $|q| < 1$ 时,因为 $\lim_{n \to \infty} s_n = \frac{a}{1-q}$,所以此时级数 $\sum_{n=0}^{\infty} aq^n$ 收敛,其和为 $\frac{a}{1-q}$;

当 $|q| > 1$ 时,因为 $\lim_{n \to \infty} s_n = \infty$,所以此时级数 $\sum_{n=0}^{\infty} aq^n$ 发散;

如果 $|q| = 1$,则当 $q = 1$ 时,$s_n = na \to \infty$,因此级数 $\sum_{n=0}^{\infty} aq^n$ 发散.

当 $q = -1$ 时，级数 $\sum\limits_{n=0}^{\infty} aq^n$ 成为

$$a - a + a - a + \cdots$$

因此，$q = -1$ 时，因为 s_n 随着 n 为奇数或偶数而等于 a 或零，所以 s_n 的极限不存在，这时级数 $\sum\limits_{n=0}^{\infty} aq^n$ 也发散.

综上所述，如果 $|q| < 1$，则级数 $\sum\limits_{n=0}^{\infty} aq^n$ 收敛，其和为 $\dfrac{a}{1-q}$；如果 $|q| \geq 1$，则级数 $\sum\limits_{n=0}^{\infty} aq^n$ 发散.

例 2 证明级数 $1 + 2 + 3 + \cdots + n + \cdots$ 是发散的.

证明 此级数的部分和为

$$s_n = 1 + 2 + 3 + \cdots + n = \dfrac{n(n+1)}{2}$$

显然，$\lim\limits_{n \to \infty} s_n = \infty$，因此所给级数是发散的.

例 3 判别无穷级数 $\dfrac{1}{1 \cdot 2} + \dfrac{1}{2 \cdot 3} + \dfrac{1}{3 \cdot 4} + \cdots + \dfrac{1}{n(n+1)} + \cdots$ 的收敛性.

解 由于

$$u_n = \dfrac{1}{n(n+1)} = \dfrac{1}{n} - \dfrac{1}{n+1}$$

因此

$$s_n = \dfrac{1}{1 \cdot 2} + \dfrac{1}{2 \cdot 3} + \dfrac{1}{3 \cdot 4} + \cdots + \dfrac{1}{n(n+1)}$$

$$= \left(1 - \dfrac{1}{2}\right) + \left(\dfrac{1}{2} - \dfrac{1}{3}\right) + \cdots + \left(\dfrac{1}{n} - \dfrac{1}{n+1}\right) = 1 - \dfrac{1}{n+1}$$

从而

$$\lim\limits_{n \to \infty} s_n = \lim\limits_{n \to \infty} \left(1 - \dfrac{1}{n+1}\right) = 1$$

所以，该级数收敛，它的和是 1.

提示：$u_n = \dfrac{1}{n(n+1)} = \dfrac{1}{n} - \dfrac{1}{n+1}$

二、收敛级数的基本性质

性质 1 如果 $\sum\limits_{n=1}^{\infty} u_n = s$，则 $\sum\limits_{n=1}^{\infty} ku_n = ks$.

这是因为，设 $\sum\limits_{n=1}^{\infty} u_n$ 与 $\sum\limits_{n=1}^{\infty} ku_n$ 的部分和分别为 s_n 与 σ_n，则

$$\lim\limits_{n \to \infty} \sigma_n = \lim\limits_{n \to \infty} (ku_1 + ku_2 + \cdots + ku_n) = k \lim\limits_{n \to \infty} (u_1 + u_2 + \cdots + u_n) = k \lim\limits_{n \to \infty} s_n = ks$$

这表明级数 $\sum\limits_{n=1}^{\infty} ku_n$ 收敛，且和为 ks.

如果级数 $\sum\limits_{n=1}^{\infty} u_n$，$\sum\limits_{n=1}^{\infty} v_n$ 分别收敛于和 s、σ，则级数 $\sum\limits_{n=1}^{\infty}(u_n \pm v_n)$ 也收敛，且其和为 $s \pm \sigma$.

性质 2 如果 $\sum\limits_{n=1}^{\infty} u_n = s$，$\sum\limits_{n=1}^{\infty} v_n = \sigma$，则 $\sum\limits_{n=1}^{\infty}(u_n \pm v_n) = s \pm \sigma$.

这是因为，如果 $\sum\limits_{n=1}^{\infty} u_n$，$\sum\limits_{n=1}^{\infty} v_n$，$\sum\limits_{n=1}^{\infty}(u_n \pm v_n)$ 的部分和分别为 s_n，σ_n，τ_n，则

$$\lim_{n \to \infty} \tau_n = \lim_{n \to \infty} [(u_1 \pm v_1) + (u_2 \pm v_2) + \cdots + (u_n \pm v_n)]$$
$$= \lim_{n \to \infty} [(u_1 + u_2 + \cdots + u_n) \pm (v_1 + v_2 + \cdots + v_n)]$$
$$= \lim_{n \to \infty} (s_n \pm \sigma_n) = s \pm \sigma$$

性质 3 在级数中去掉、加上或改变有限项，不会改变级数的收敛性.

比如：级数 $\dfrac{1}{1 \cdot 2} + \dfrac{1}{2 \cdot 3} + \dfrac{1}{3 \cdot 4} + \cdots + \dfrac{1}{n(n+1)} + \cdots$ 是收敛的；

级数 $10\,000 + \dfrac{1}{1 \cdot 2} + \dfrac{1}{2 \cdot 3} + \dfrac{1}{3 \cdot 4} + \cdots + \dfrac{1}{n(n+1)} + \cdots$ 也是收敛的；

级数 $\dfrac{1}{3 \cdot 4} + \dfrac{1}{4 \cdot 5} + \cdots + \dfrac{1}{n(n+1)} + \cdots$ 也是收敛的.

性质 4 如果级数 $\sum\limits_{n=1}^{\infty} u_n$ 收敛，则对这级数的项任意加括号后所成的级数仍收敛，且其和不变.

注：如果加括号后所成的级数收敛，则不能断定去括号后原来的级数也收敛.

例如：级数 $(1-1) + (1-1) + \cdots$ 收敛于零，但级数 $1 - 1 + 1 - 1 + \cdots$ 却是发散的.

推论 如果加括号后所成的级数发散，则原来级数也发散.

性质 5 如果 $\sum\limits_{n=1}^{\infty} u_n$ 收敛，则它的一般项 u_n 趋于零，即 $\lim\limits_{n \to 0} u_n = 0$.

证明 设级数 $\sum\limits_{n=1}^{\infty} u_n$ 的部分和为 s_n，且 $\lim\limits_{n \to \infty} s_n = s$，则

$$\lim_{n \to 0} u_n = \lim_{n \to \infty}(s_n - s_{n-1}) = \lim_{n \to \infty} s_n - \lim_{n \to \infty} s_{n-1} = s - s = 0$$

注：级数的一般项趋于零是级数收敛的充分条件.

例 4 证明调和级数 $\sum\limits_{n=1}^{\infty} \dfrac{1}{n} = 1 + \dfrac{1}{2} + \dfrac{1}{3} + \cdots + \dfrac{1}{n} + \cdots$ 是发散的.

证明 若级数 $\sum\limits_{n=1}^{\infty} \dfrac{1}{n}$ 收敛且其和为 s，s_n 是它的部分和，显然有

$$\lim_{n \to \infty} s_n = s \quad \text{及} \quad \lim_{n \to \infty} s_{2n} = s$$

于是

$$\lim_{n \to \infty}(s_{2n} - s_n) = 0$$

但另一方面有

$$s_{2n} - s_n = \frac{1}{n+1} + \frac{1}{n+2} + \cdots + \frac{1}{2n} > \frac{1}{2n} + \frac{1}{2n} + \cdots + \frac{1}{2n} = \frac{1}{2}$$

故与 $\lim\limits_{n\to\infty}(s_{2n} - s_n) = 0$ 矛盾，这矛盾说明，级数 $\sum\limits_{n=1}^{\infty} \frac{1}{n}$ 必定发散.

课堂练习

1. 写出级数 $\frac{\sqrt{x}}{2} + \frac{x}{2 \cdot 4} + \frac{x\sqrt{x}}{2 \cdot 4 \cdot 6} + \frac{x^2}{2 \cdot 4 \cdot 6 \cdot 8} + \cdots$ 的一般项.

2. 写出下列级数的前五项.

   (1) $\sum\limits_{n=1}^{\infty} \frac{1+n}{1+n^2}$；
   (2) $\sum\limits_{n=1}^{\infty} \frac{1 \cdot 3 \cdots (2n-1)}{2 \cdot 4 \cdots 2n}$；
   (3) $\sum\limits_{n=1}^{\infty} \frac{(-1)^{n-1}}{5^n}$；

   (4) $\sum\limits_{n=1}^{\infty} \frac{n!}{n^n}$；
   (5) $\sum\limits_{n=1}^{\infty} \frac{1}{1+a^n} (a > 0)$.

3. 判断下列级数的敛散性，若收敛，求出其和.

   (1) $\sum\limits_{n=1}^{\infty} (\sqrt{n+2} - 2\sqrt{n+1} + \sqrt{n})$；
   (2) $\sum\limits_{n=1}^{\infty} \frac{1}{\sqrt[n]{3}}$.

课后作业

1. 下列级数中不收敛的是（　　）.

   A. $\sum\limits_{n=1}^{\infty} \ln\left(1 + \frac{1}{n}\right)$
   B. $\sum\limits_{n=1}^{\infty} \frac{1}{3^n}$

   C. $\sum\limits_{n=1}^{\infty} \frac{1}{n(n+2)}$
   D. $\sum\limits_{n=1}^{\infty} \frac{3^n + (-1)^n}{4^n}$

2. 下列级数中，收敛的是（　　）.

   A. $\sum\limits_{n=1}^{\infty} \frac{(-1)^{n-1}}{\sqrt{n}}$
   B. $\sum\limits_{n=1}^{\infty} \frac{(-1)^n n}{\sqrt{2n^2 + 3}}$

   C. $\sum\limits_{n=1}^{\infty} \frac{5}{n+1}$
   D. $\sum\limits_{n=1}^{\infty} \frac{n+1}{3n-2}$

3. 写出级数 $\sum\limits_{n=1}^{\infty} \frac{x^n}{(1+x)(1+x^2)\cdots(1+x^n)}$ 的前五项.

4. 判断下列级数的敛散性，若收敛，求出其和.

   (1) $\sum\limits_{n=1}^{\infty} \frac{3n^n}{(1+n)^n}$；
   (2) $\sum\limits_{n=1}^{\infty} \left(\frac{1}{2^n} + \frac{1}{3^n}\right)$.

5. 判定级数 $\sum\limits_{n=1}^{\infty} \sqrt{\frac{n+1}{n}}$ 的敛散性.

6. 根据级数性质判定级数 $\frac{1}{\sqrt{2}-1} - \frac{1}{\sqrt{2}+1} + \frac{1}{\sqrt{3}-1} - \frac{1}{\sqrt{3}+1} + \cdots$ 的敛散性.

8.2 常数项级数的审敛法

一、正项级数及其审敛法

1. 正项级数

各项都是正数或零的级数称为正项级数.

定理 1 正项级数 $\sum_{n=1}^{\infty} u_n$ 收敛的充分必要条件是它的部分和数列 $\{s_n\}$ 有界.

定理 2 （比较审敛法）设 $\sum_{n=1}^{\infty} u_n$ 和 $\sum_{n=1}^{\infty} v_n$ 都是正项级数，且 $u_n \leq v_n (n = 1, 2, \cdots)$. 若级数 $\sum_{n=1}^{\infty} v_n$ 收敛，则级数 $\sum_{n=1}^{\infty} u_n$ 收敛；反之，若级数 $\sum_{n=1}^{\infty} u_n$ 发散，则级数 $\sum_{n=1}^{\infty} v_n$ 发散.

证明 设级数 $\sum_{n=1}^{\infty} v_n$ 收敛于和 σ，则级数 $\sum_{n=1}^{\infty} u_n$ 的部分和为

$$s_n = u_1 + u_2 + \cdots + u_n \leq v_1 + v_2 + \cdots v_n \leq \sigma (n = 1, 2, \cdots)$$

即部分和数列 $\{s_n\}$ 有界，由定理 1 知级数 $\sum_{n=1}^{\infty} u_n$ 收敛.

反之，设级数 $\sum_{n=1}^{\infty} u_n$ 发散，则级数 $\sum_{n=1}^{\infty} v_n$ 必发散. 因为，若级数 $\sum_{n=1}^{\infty} v_n$ 收敛，由上面已证明的结论，将有级数 $\sum_{n=1}^{\infty} u_n$ 也收敛，与假设矛盾.

推论 设 $\sum_{n=1}^{\infty} u_n$ 和 $\sum_{n=1}^{\infty} v_n$ 都是正项级数，如果级数 $\sum_{n=1}^{\infty} v_n$ 收敛，且存在自然数 N，使当 $n \geq N$ 时有 $u_n \leq k v_n (k > 0)$ 成立，则级数 $\sum_{n=1}^{\infty} u_n$ 收敛；如果级数 $\sum_{n=1}^{\infty} v_n$ 发散，且当 $n \geq N$ 时有 $u_n \geq k v_n (k > 0)$ 成立，则级数 $\sum_{n=1}^{\infty} u_n$ 发散.

2. p - 级数

$$\sum_{n=1}^{\infty} \frac{1}{n^p} = 1 + \frac{1}{2^p} + \frac{1}{3^p} + \frac{1}{4^p} + \cdots + \frac{1}{n^p} + \cdots$$

例 1 讨论 p - 级数 $\sum_{n=1}^{\infty} \frac{1}{n^p} (p > 0)$ 的敛散性.

解 设 $p \leq 1$. 这时 $\frac{1}{n^p} \geq \frac{1}{n}$，而调和级数 $\sum_{n=1}^{\infty} \frac{1}{n}$ 发散，由比较审敛法知，当 $p \leq 1$ 时，级数 $\sum_{n=1}^{\infty} \frac{1}{n^p}$ 发散.

设 $p > 1$，有

$$\frac{1}{n^p} = \int_{n-1}^n \frac{1}{n^p} dx \leq \int_{n-1}^n \frac{1}{x^p} dx = \frac{1}{p-1}\left[\frac{1}{(n-1)^{p-1}} - \frac{1}{n^{p-1}}\right] \quad (n = 2, 3, \cdots)$$

对于级数 $\sum_{n=2}^{\infty}\left[\frac{1}{(n-1)^{p-1}} - \frac{1}{n^{p-1}}\right]$，其部分和

$$s_n = \left[1 - \frac{1}{2^{p-1}}\right] + \left[\frac{1}{2^{p-1}} - \frac{1}{3^{p-1}}\right] + \cdots + \left[\frac{1}{n^{p-1}} - \frac{1}{(n+1)^{p-1}}\right] = 1 - \frac{1}{(n+1)^{p-1}}$$

因为 $\lim_{n\to\infty} s_n = \lim_{n\to\infty}\left[1 - \frac{1}{(n+1)^{p-1}}\right] = 1$，所以级数 $\sum_{n=2}^{\infty}\left[\frac{1}{(n-1)^{p-1}} - \frac{1}{n^{p-1}}\right]$ 收敛.

从而，根据比较审敛法的推论可知，级数 $\sum_{n=1}^{\infty} \frac{1}{n^p}$ 当 $p > 1$ 时收敛.

综上所述，p - 级数的敛散性：级数 $\sum_{n=1}^{\infty} \frac{1}{n^p}$ 当 $p > 1$ 时收敛，当 $p \leq 1$ 时发散.

例 2 证明级数 $\sum_{n=1}^{\infty} \frac{1}{\sqrt{n(n+1)}}$ 是发散的.

证明 因为 $\frac{1}{\sqrt{n(n+1)}} > \frac{1}{\sqrt{(n+1)^2}} = \frac{1}{n+1}$，而级数 $\sum_{n=1}^{\infty} \frac{1}{n+1} = \frac{1}{2} + \frac{1}{3} + \cdots + \frac{1}{n+1} + \cdots$ 是发散的.

从而，根据比较审敛法可知，所给级数也是发散的.

定理 3（比较审敛法的极限形式） 设 $\sum_{n=1}^{\infty} u_n$ 和 $\sum_{n=1}^{\infty} v_n$ 都是正项级数，有：

(1) 如果 $\lim_{n\to\infty} \frac{u_n}{v_n} = l\,(0 \leq l < \infty)$，且级数 $\sum_{n=1}^{\infty} v_n$ 收敛，则级数 $\sum_{n=1}^{\infty} u_n$ 收敛；

(2) 如果 $\lim_{n\to\infty} \frac{u_n}{v_n} = l > 0$ 或 $\lim_{n\to\infty} \frac{u_n}{v_n} = +\infty$，且级数 $\sum_{n=1}^{\infty} v_n$ 发散，则级数 $\sum_{n=1}^{\infty} u_n$ 发散.

证明 由极限的定义可知，对 $\varepsilon = \frac{1}{2}l$，存在自然数 N，当 $n > N$ 时，有不等式

$$l - \frac{1}{2}l < \frac{u_n}{v_n} < l + \frac{1}{2}l \quad 即 \quad \frac{1}{2}lv_n < u_n < \frac{3}{2}lv_n$$

再根据比较审敛法的推论，即得出所要证的结论.

例 3 判别级数 $\sum_{n=1}^{\infty} \sin \frac{1}{n}$ 的敛散性.

解 因为 $\lim_{n\to\infty} \frac{\sin \frac{1}{n}}{\frac{1}{n}} = 1$，而级数 $\sum_{n=1}^{\infty} \frac{1}{n}$ 发散，根据比较审敛法的极限形式，级数 $\sum_{n=1}^{\infty} \sin \frac{1}{n}$ 发散.

例 4 判别级数 $\sum_{n=1}^{\infty} \ln\left(1 + \frac{1}{n^2}\right)$ 的敛散性.

解 因为 $\lim\limits_{n\to\infty}\dfrac{\ln(1+\dfrac{1}{n^2})}{\dfrac{1}{n^2}}=1$，而级数 $\sum\limits_{n=1}^{\infty}\dfrac{1}{n^2}$ 收敛，根据比较审敛法的极限形式，级数 $\sum\limits_{n=1}^{\infty}\ln\left(1+\dfrac{1}{n^2}\right)$ 收敛.

定理 4 （比值审敛法、达朗贝尔判别法） 设 $\sum\limits_{n=1}^{\infty}u_n$ 为正项级数，如果

$$\lim_{n\to\infty}\frac{u_{n+1}}{u_n}=\rho$$

则：当 $\rho<1$ 时，级数收敛；当 $\rho>1$（或 $\lim\limits_{n\to\infty}\dfrac{u_{n+1}}{u_n}=\infty$）时，级数发散；当 $\rho=1$ 时，级数可能收敛也可能发散.

例 5 证明级数 $1+\dfrac{1}{1}+\dfrac{1}{1\cdot 2}+\dfrac{1}{1\cdot 2\cdot 3}+\cdots+\dfrac{1}{1\cdot 2\cdot 3\cdots(n-1)}+\cdots$ 是收敛的.

证明 因为

$$\lim_{n\to\infty}\frac{u_{n+1}}{u_n}=\lim_{n\to\infty}\frac{1\cdot 2\cdot 3\cdots(n-1)}{1\cdot 2\cdot 3\cdots n}=\lim_{n\to\infty}\frac{1}{n}=0<1$$

根据比值审敛法可知，所给级数收敛.

例 6 判别级数 $\dfrac{1}{10}+\dfrac{1\cdot 2}{10^2}+\dfrac{1\cdot 2\cdot 3}{10^3}+\cdots+\dfrac{n!}{10^n}+\cdots$ 的收敛性.

解 因为

$$\lim_{n\to\infty}\frac{u_{n+1}}{u_n}=\lim_{n\to\infty}\frac{(n+1)!}{10^{n+1}}\cdot\frac{10^n}{n!}=\lim_{n\to\infty}\frac{n+1}{10}=\infty$$

根据比值审敛法可知所给级数发散.

例 7 判别级数 $\sum\limits_{n=\infty}^{\infty}\dfrac{1}{(2n-1)\cdot 2n}$ 的敛散性.

解 因为

$$\lim_{n\to\infty}\frac{u_{n+1}}{u_n}=\lim_{n\to\infty}\frac{(2n-1)\cdot 2n}{(2n+1)\cdot(2n+2)}=1$$

这时 $\rho=1$，比值审敛法失效，必须用其他方法来判别级数的敛散性.

因为 $\dfrac{1}{(2n-1)\cdot 2n}<\dfrac{1}{n^2}$，而级数 $\sum\limits_{n=1}^{\infty}\dfrac{1}{n^2}$ 收敛，因此由比较审敛法可知所给级数收敛.

提示：$\lim\limits_{n\to\infty}\dfrac{u_{n+1}}{u_n}=\lim\limits_{n\to\infty}\dfrac{(2n-1)\cdot 2n}{(2n+1)\cdot(2n+2)}=1$，比值审敛法失效.

定理 5 （根值审敛法、柯西判别法）设 $\sum\limits_{n=1}^{\infty}u_n$ 为正项级数，如果

$$\lim_{n\to\infty}\sqrt[n]{u_n}=\rho$$

则：当 $\rho < 1$ 时，级数收敛；当 $\rho > 1$（或 $\lim\limits_{n\to\infty}\sqrt[n]{u_n} = +\infty$）时，级数发散；当 $\rho = 1$ 时，级数可能收敛也可能发散.

例 8 证明级数 $1 + \dfrac{1}{2^2} + \dfrac{1}{3^3} + \cdots + \dfrac{1}{n^n} + \cdots$ 是收敛的. 并估计以级数的部分和 s_n 近似代替和 s 所产生的误差.

证明 因为 $\lim\limits_{n\to\infty}\sqrt[n]{u_n} = \lim\limits_{n\to\infty}\sqrt[n]{\dfrac{1}{n^n}} = \lim\limits_{n\to\infty}\dfrac{1}{n} = 0$，所以根据根值审敛法可知，所给级数收敛.

以这级数的部分和 s_n 近似代替和 s 所产生的误差为

$$|r_n| = \dfrac{1}{(n+1)^{n+1}} + \dfrac{1}{(n+2)^{n+2}} + \dfrac{1}{(n+3)^{n+3}} + \cdots$$

$$< \dfrac{1}{(n+1)^{n+1}} + \dfrac{1}{(n+1)^{n+2}} + \dfrac{1}{(n+1)^{n+3}} + \cdots$$

$$= \dfrac{1}{n(n+1)^n}$$

例 9 判定级数 $\sum\limits_{n=1}^{\infty} \dfrac{2+(-1)^n}{2^n}$ 的敛散性.

解 因为 $\lim\limits_{n\to\infty}\sqrt[n]{u_n} = \lim\limits_{n\to\infty}\dfrac{1}{2}\sqrt[n]{2+(-1)^n} = \dfrac{1}{2}$，所以，根据根值审敛法可知，所给级数收敛.

*定理 6（极限审敛法） 设 $\sum\limits_{n=1}^{\infty} u_n$ 为正项级数，有：

（1）如果 $\lim\limits_{n\to\infty} n u_n = l > 0$（或 $\lim\limits_{n\to\infty} n u_n = +\infty$），则级数 $\sum\limits_{n=1}^{\infty} u_n$ 发散；

（2）如果 $p > 1$，而 $\lim\limits_{n\to\infty} n^p u_n = l$（$0 \leqslant l < +\infty$），则级数 $\sum\limits_{n=1}^{\infty} u_n$ 收敛.

例 10 判定级数 $\sum\limits_{n=1}^{\infty} \ln\left(1 + \dfrac{1}{n^2}\right)$ 的敛散性.

解 因为 $\ln\left(1 + \dfrac{1}{n^2}\right) \sim \dfrac{1}{n^2}$（$n \to \infty$），故

$$\lim\limits_{n\to\infty} n^2 u_n = \lim\limits_{n\to\infty} n^2 \ln\left(1 + \dfrac{1}{n^2}\right) = \lim\limits_{n\to\infty} n^2 \cdot \dfrac{1}{n^2} = 1$$

根据极限审敛法，可知所给级数收敛.

例 11 判定级数 $\sum\limits_{n=1}^{\infty} \sqrt{n+1}\left(1 - \cos\dfrac{\pi}{n}\right)$ 的收敛性.

解 因为

$$\lim\limits_{n\to\infty} n^{\frac{3}{2}} u_n = \lim\limits_{n\to\infty} n^{\frac{3}{2}} \sqrt{n+1}\left(1 - \cos\dfrac{\pi}{n}\right) = \lim\limits_{n\to\infty} n^2 \sqrt{\dfrac{n+1}{n}} \cdot \dfrac{1}{2}\left(\dfrac{\pi}{n}\right)^2 = \dfrac{1}{2}\pi^2$$

根据极限审敛法，可知所给级数收敛.

二、交错级数及其审敛法

各项是正负交错的级数称为交错级数,交错级数的一般形式为

$$\sum_{n=1}^{\infty}(-1)^{n-1}u_n \quad (\text{其中 } u_n > 0)$$

例如,$\sum_{n=1}^{\infty}(-1)^{n-1}\frac{1}{n}$ 是交错级数,但 $\sum_{n=1}^{\infty}(-1)^{n-1}\frac{1-\cos n\pi}{n}$ 不是交错级数.

定理 7 (莱布尼茨定理) 如果交错级数 $\sum_{n=1}^{\infty}(-1)^{n-1}u_n$ 满足条件:

$$u_n \geqslant u_{n+1} (n=1,2,3,\cdots) \quad \text{及} \quad \lim_{n\to\infty}u_n = 0$$

则级数收敛,且其和 $s \leqslant u_1$,其余项 r_n 的绝对值 $|r_n| \leqslant u_{n+1}$.

简要证明:设前 n 项部分和为 s_n,由
$s_{2n} = (u_1 - u_2) + (u_3 - u_4) + \cdots (u_{2n1} - u_{2n})$,及 $s_{2n} = u_1 - (u_2 - u_3) - (u_4 - u_5) + \cdots (u_{2n-2} - u_{2n-1}) - u_{2n}$
看出数列 $\{s_{2n}\}$ 单调增加且有界($s_{2n} < u_1$),所以级数收敛.

设 $s_{2n} \to s$ $(n\to\infty)$,则也有 $s_{2n+1} = s_{2n} + u_{2n+1} \to s$ $(n\to\infty)$,所以 $s_n \to s(n\to\infty)$,从而级数是收敛的,且 $s_n < u_1$.

因为 $|r_n| = u_{n+1} - u_{n+2} + \cdots$ 也是收敛的交错级数,所以 $|r_n| \leqslant u_{n+1}$.

例 12 证明级数 $\sum_{n=1}^{\infty}(-1)^{n-1}\frac{1}{n}$ 收敛,并估计其和及余项.

证明 这是一个交错级数,因为此级数满足

$$u_n = \frac{1}{n} > \frac{1}{n+1} = u_{n+1} \quad (n=1,2,\cdots)$$

$$\lim_{n\to\infty}u_n = \lim_{n\to\infty}\frac{1}{n} = 0$$

由莱布尼茨定理,级数是收敛的,且其和 $s < u_1$. 余项为 $|r_n| \leqslant u_{n+1} = \frac{1}{n+1}$.

三、绝对收敛与条件收敛

若级数 $\sum_{n=1}^{\infty}|u_n|$ 收敛,则称级数 $\sum_{n=1}^{\infty}u_n$ 绝对收敛;若级数 $\sum_{n=1}^{\infty}u_n$ 收敛,而级数 $\sum_{n=1}^{\infty}|u_n|$ 发散,则称级数 $\sum_{n=1}^{\infty}u_n$ 条件收敛.

例如,级数 $\sum_{n=1}^{\infty}(-1)^{n-1}\frac{1}{n^2}$ 是绝对收敛的,而级数 $\sum_{n=1}^{\infty}(-1)^{n-1}\frac{1}{n}$ 是条件收敛.

定理 8 如果级数 $\sum_{n=1}^{\infty}u_n$ 绝对收敛,则级数 $\sum_{n=1}^{\infty}u_n$ 必定收敛.

值得注意的问题是:

如果级数 $\sum_{n=1}^{\infty}|u_n|$ 发散，我们不能断定级数 $\sum_{n=1}^{\infty} u_n$ 也发散.

如果我们用比值法或根值法判定级数 $\sum_{n=1}^{\infty}|u_n|$ 发散，则我们可以断定级数 $\sum_{n=1}^{\infty} u_n$ 必定发散. 这是因为此时 $|u_n|$ 不趋向于零，从而 u_n 也不趋向于零，因此级数 $\sum_{n=1}^{\infty} u_n$ 也是发散的.

例 13 判别级数 $\sum_{n=1}^{\infty} \dfrac{\sin na}{n^2}$ 的敛散性.

解 因为 $\left|\dfrac{\sin na}{n^2}\right| < \dfrac{1}{n^2}$，而级数 $\sum_{n=1}^{\infty} \dfrac{1}{n^2}$ 是收敛的，所以级数 $\sum_{n=1}^{\infty}\left|\dfrac{\sin na}{n^2}\right|$ 也收敛，从而级数 $\sum_{n=1}^{\infty} \dfrac{\sin na}{n^2}$ 绝对收敛.

例 14 判别级数 $\sum_{n=1}^{\infty}(-1)^n \dfrac{1}{2^n}\left(1+\dfrac{1}{n}\right)^{n^2}$ 的敛散性.

解 由 $|u_n| = \dfrac{1}{2^n}\left(1+\dfrac{1}{n}\right)^{n^2}$，有

$$\lim_{n \to \infty} \sqrt[n]{|u_n|} = \dfrac{1}{2}\lim_{n \to \infty}\left(1+\dfrac{1}{n}\right)^n = \dfrac{1}{2}e > 1$$

由此可知 $\lim_{n \to \infty} u_n \neq 0$，因此级数 $\sum_{n=1}^{\infty}(-1)^n \dfrac{1}{2^n}\left(1+\dfrac{1}{n}\right)^{n^2}$ 发散.

课堂练习

1. 用比较判别法判断下列正项级数的敛散性.

(1) $\sum_{n=1}^{\infty}\left(1-\cos\dfrac{\pi}{n}\right)$； (2) $\sum_{n=1}^{\infty} \dfrac{2^{n-1}}{3 \cdot 5 \cdot \cdots \cdot (2n-1)}$.

2. 用比值判别法分析下列正项级数的敛散性.

(1) $\sum_{n=1}^{\infty} \dfrac{1}{(2n+1)!}$； (2) $\sum_{n=1}^{\infty} \dfrac{1}{2^{n-1}(2n-1)}$.

3. 判定下列级数是否收敛？如果是收敛的，是绝对收敛还是条件收敛？

(1) $1-\dfrac{1}{\sqrt{2}}+\dfrac{1}{\sqrt{3}}-\dfrac{1}{\sqrt{4}}+\cdots$； (2) $\sum_{n=1}^{\infty}(-1)^{n-1}\dfrac{n}{3^{n-1}}$.

4. 根据 p - 级数的敛散性，判定级数 $\sum_{n=1}^{\infty} \dfrac{2n+1}{(n+1)^2(n+2)^2}$ 的敛散性.

课后作业

1. 判断 $\sum_{n=1}^{\infty} \dfrac{1}{n^{1+\frac{1}{n}}}$ 的敛散性，下列说法正确的是（   ）.

A. 因为 $1+\dfrac{1}{n} > 0$，所以此级数收敛 B. 因为 $\lim_{n \to \infty} \dfrac{1}{n^{1+\frac{1}{n}}} = 0$，所以此级数收敛

C. 因为 $\frac{1}{n^{1+\frac{1}{n}}} > \frac{1}{n}$，所以此级数发散　　D. 以上说法均不对

2. 下列级数中，绝对收敛的是(　　).

   A. $\sum\limits_{n=1}^{\infty} \frac{(-1)^n}{n}$　　　　　　　　B. $\sum\limits_{n=1}^{\infty} \frac{3n+2}{n^2+1}$

   C. $\sum\limits_{n=1}^{\infty} (-1)^{n-1} \left(\frac{2}{3}\right)^n$　　　　　D. $\sum\limits_{n=1}^{\infty} \frac{(-1)^{n-1}}{\ln(1+n)}$

3. 用比较判别法判断下列正项级数的敛散性.

   (1) $\sum\limits_{n=1}^{\infty} \left(\frac{n}{2n+5}\right)^n$；　　　　(2) $\sum\limits_{n=1}^{\infty} \frac{2^n}{(2n-1)\cdot 3^n}$.

4. 用比值判别法分析下列正项级数的敛散性.

   (1) $\sum\limits_{n=1}^{\infty} \frac{5^{n-1}}{n!}$；　　　　　　(2) $\sum\limits_{n=1}^{\infty} \frac{n^2[\sqrt{3}+(-1)^n]}{3^n}$.

5. 判定下列三个交错级数是否收敛？如果是收敛的，是绝对收敛还是条件收敛？

   (1) $\frac{1}{3} \times \frac{1}{2} - \frac{1}{3} \times \frac{1}{2^2} + \frac{1}{3} \times \frac{1}{2^3} - \frac{1}{3} \times \frac{1}{2^4} + \cdots$；

   (2) $\frac{1}{\ln 2} - \frac{1}{\ln 3} + \frac{1}{\ln 4} - \frac{1}{\ln 5} + \cdots$；

   (3) $\sum\limits_{n=1}^{\infty} (-1)^{n+1} \frac{2n^2}{n!}$.

6. 判定下列级数哪些是绝对收敛，哪些是条件收敛.

   (1) $\sum\limits_{n=1}^{\infty} \frac{(-1)^{n+1}}{\ln(n+1)}$；　　　　　(2) $\sum\limits_{n=1}^{\infty} \frac{(-1)^n}{\pi^n} \sin \frac{\pi}{n}$；

   (3) $\sum\limits_{n=1}^{\infty} (-1)^{\frac{n(n-1)}{2}} \frac{(2n+1)^2}{2^{n+1}}$；　　(4) $\sum\limits_{n=1}^{\infty} \frac{(-1)^n}{n\sqrt[n]{n}}$.

8.3　幂级数

一、函数项级数的概念

1. 函数项级数

给定一个定义在区间 I 上的函数列 $\{u_n(x)\}$，由这一函数列构成的表达式

$$u_1(x) + u_2(x) + u_3(x) + \cdots + u_n(x) + \cdots$$

称为定义在区间 I 上的(函数项)级数，记为

$$\sum\limits_{n=1}^{\infty} u_n(x)$$

2. 收敛点与发散点

对于区间 I 内的一定点 x_0，若常数项级数 $\sum\limits_{n=1}^{\infty} u_n(x_0)$ 收敛，则称点 x_0 是级数

$\sum\limits_{n=1}^{\infty} u_n(x)$ 的**收敛点**；若常数项级数 $\sum\limits_{n=1}^{\infty} u_n(x_0)$ 发散，则称点 x_0 是级数 $\sum\limits_{n=1}^{\infty} u_n(x)$ 的**发散点**.

3. 收敛域与发散域

函数项级数 $\sum\limits_{n=1}^{\infty} u_n(x)$ 的所有收敛点的全体称为它的**收敛域**，所有发散点的全体称为它的**发散域**.

4. 和函数

在收敛域上，函数项级数 $\sum\limits_{n=1}^{\infty} u_n(x)$ 的和是 x 的函数 $s(x)$，$s(x)$ 称为函数项级数 $\sum\limits_{n=1}^{\infty} u_n(x)$ 的**和函数**，并写成

$$s(x) = \sum_{n=1}^{\infty} u_n(x)$$

$\sum u_n(x)$ 是函数项级数 $\sum\limits_{n=1}^{\infty} u_n(x)$ 的简便记法.

在收敛域上，函数项级数 $\sum u_n(x)$ 的和是 x 的函数 $s(x)$，$s(x)$ 称为函数项级数 $\sum u_n(x)$ 的和函数，并写成 $s(x) = \sum u_n(x)$.

这一函数的定义域就是级数的收敛域.

5. 部分和

函数项级数 $\sum u_n(x)$ 的前 n 项的部分和记作 $s_n(x)$，即

$$s_n(x) = u_1(x) + u_2(x) + u_3(x) + \cdots + u_n(x)$$

在收敛域上，有

$$\lim_{n \to \infty} s_n(x) = s(x) \quad 或 \quad s_n(x) \to s(x) \quad (n \to \infty)$$

6. 余项

函数项级数 $\sum\limits_{n=1}^{\infty} u_n(x)$ 的和函数 $s(x)$ 与该函数部分和 $s_n(x)$ 的差，即 $r_n(x) = s(x) - s_n(x)$ 叫作函数项级数 $\sum\limits_{n=1}^{\infty} u_n(x)$ 的**余项**.

函数项级数 $\sum u_n(x)$ 的余项记为 $r_n(x)$，它是和函数 $s(x)$ 与部分和 $s_n(x)$ 的差

$$r_n(x) = s(x) - s_n(x)$$

在收敛域上，有

$$\lim_{n \to \infty} r_n(x) = 0$$

二、幂级数及其收敛性

1. 幂级数

函数项级数中简单而常见的一类级数就是各项都是幂函数的函数项级数，这种形式的级数称为**幂级数**，它的形式是

$$a_0 + a_1 x + a_2 x^2 + \cdots + a_n x^n + \cdots$$

其中常数 a_0，a_1，a_2，$\cdots$，a_n，$\cdots$ 叫作幂级数的系数.

幂级数的例子

$$1 + x + x^2 + x^3 + \cdots + x^n + \cdots$$

$$1 + x + \frac{1}{2!}x^2 + \cdots + \frac{1}{n!}x^n + \cdots$$

注：幂级数的一般形式是

$$a_0 + a_1(x - x_0) + a_2(x - x_0)^2 + \cdots + a_n(x - x_0)^n + \cdots$$

经变换 $t = x - x_0$，就得

$$a_0 + a_1 t + a_2 t^2 + \cdots + a_n t^n + \cdots$$

幂级数 $1 + x + x^2 + x^3 + \cdots + x^n + \cdots$ 可以看成是公比为 x 的几何级数，当 $|x| < 1$ 时它是收敛的，当 $|x| \geq 1$ 时它是发散的. 因此，它的收敛域为 $(-1, 1)$，在收敛域内有

$$\frac{1}{1-x} = 1 + x + x^2 + x^3 + \cdots + x^n + \cdots$$

定理 1 （阿贝尔定理）如果级数 $\sum\limits_{n=0}^{\infty} a_n x^n$ 当 $x = x_0 (x_0 \neq 0)$ 时收敛，则适合不等式 $|x| < |x_0|$ 的一切 x 使这幂级数绝对收敛；反之，如果级数 $\sum\limits_{n=0}^{\infty} a_n x^n$ 当 $x = x_0$ 时发散，则适合不等式 $|x| > |x_0|$ 的一切 x 使这幂级数发散.

提示：$\sum a_n x^n$ 是 $\sum\limits_{n=0}^{\infty} a_n x^n$ 的简记形式.

证明 先设 x_0 是幂级数 $\sum\limits_{n=0}^{\infty} a_n x^n$ 的收敛点，即级数 $\sum\limits_{n=0}^{\infty} a_n x_0^n$ 收敛，根据级数收敛的必要条件，有 $\lim\limits_{n \to \infty} a_n x_0^n = 0$，于是存在一个常数 M，使

$$|a_n x_0^n| \leq M \quad (n = 0, 1, 2, \cdots)$$

这样级数 $\sum\limits_{n=0}^{\infty} a_n x^n$ 的一般项的绝对值为

$$|a_n x^n| = \left| a_n x_0^n \cdot \frac{x^n}{x_0^n} \right| = |a_n x_0^n| \cdot \left| \frac{x}{x_0} \right|^n \leq M \cdot \left| \frac{x}{x_0} \right|^n$$

因为当 $|x| < |x_0|$ 时，等比级数 $\sum\limits_{n=0}^{\infty} M \cdot \left| \frac{x}{x_0} \right|^n$ 收敛，所以级数 $\sum\limits_{n=0}^{\infty} |a_n x^n|$ 收敛，也就是级数 $\sum\limits_{n=0}^{\infty} a_n x^n$ 绝对收敛.

定理 1 的第二部分可用反证法证明：倘若幂级数当 $x = x_0$ 时发散，而有一点 x_1 适合 $|x_1| > |x_0|$ 使级数收敛，则根据本定理的第一部分，级数当 $x = x_0$ 时应收敛，这与所设矛盾，定理得证。

推论 如果级数 $\sum_{n=0}^{\infty} a_n x^n$ 不是仅在点 $x = 0$ 收敛，也不是在整个数轴上都收敛，则必有一个完全确定的正数 R 存在，使得：当 $|x| < R$ 时，幂级数绝对收敛；当 $|x| > R$ 时，幂级数发散；当 $|x| = R$ 时，幂级数可能收敛也可能发散。

2. 收敛半径与收敛区间

正数 R 通常叫作幂级数 $\sum_{n=0}^{\infty} a_n x^n$ 的收敛半径。开区间 $(-R, R)$ 叫作幂级数 $\sum_{n=0}^{\infty} a_n x^n$ 的收敛区间，再由幂级数在 $x = \pm R$ 处的收敛性就可以决定它的收敛域。幂级数 $\sum_{n=0}^{\infty} a_n x^n$ 的收敛域是 $(-R, R)$、$[R, R)$、$(-R, R]$ 或 $[-R, R]$ 之一。

规定：若幂级数 $\sum_{n=0}^{\infty} a_n x^n$ 只在 $x = 0$ 收敛，则规定收敛半径 $R = 0$；若幂级数 $\sum_{n=0}^{\infty} a_n x^n$ 对一切 x 都收敛，则规定收敛半径 $R = +\infty$，这时收敛域为 $(-\infty, +\infty)$。

定理 2 如果 $\lim_{n \to \infty} \left| \frac{a_{n+1}}{a_n} \right| = \rho$，其中 a_n，a_{n+1} 是幂级数 $\sum_{n=0}^{\infty} a_n x^n$ 的相邻两项的系数，则此幂级数的收敛半径为

$$R = +\infty \text{ 时 } \rho = 0$$
$$R = \frac{1}{\rho} \text{ 时 } \rho \neq 0$$
$$R = 0 \text{ 时 } \rho = +\infty$$

简要证明：
$$\lim_{n \to \infty} \left| \frac{a_{n+1} x^{n+1}}{a_n x^n} \right| = \lim_{n \to \infty} \left| \frac{a_{n+1}}{a_n} \right| \cdot |x| = \rho |x|$$

(1) 如果 $0 < \rho < +\infty$，则只当 $\rho |x| < 1$ 时幂级数收敛，故 $R = \frac{1}{\rho}$；

(2) 如果 $\rho = 0$，则幂级数总是收敛的，故 $R = +\infty$；

(3) 如果 $\rho = +\infty$，则只当 $x = 0$ 时幂级数收敛，故 $R = 0$。

例 1 求幂级数 $\sum_{n=1}^{\infty} (-1)^{n-1} \frac{x^n}{n} = x - \frac{x^2}{2} + \frac{x^3}{3} - \cdots + (-1)^{n-1} \frac{x^n}{n} + \cdots$ 的收敛半径与收敛域。

解 因为 $\rho = \lim_{n \to \infty} \left| \frac{a_{n+1}}{a_n} \right| = \lim_{n \to \infty} \frac{\frac{1}{n+1}}{\frac{1}{n}} = 1$，所以收敛半径为 $R = \frac{1}{\rho} = 1$。

当 $x = 1$ 时，幂级数为 $\sum_{n=1}^{\infty} (-1)^{n-1} \frac{1}{n}$，是收敛的；

当 $x = -1$ 时，幂级数为 $\sum_{n=1}^{\infty} \left(-\frac{1}{n} \right)$，是发散的。

因此，收敛域为 $(-1, 1]$.

例2 求幂级数 $\sum_{n=0}^{\infty} \dfrac{1}{n!} x^n$ 的收敛域.

解 因为 $\rho = \lim\limits_{n \to \infty} \left| \dfrac{a_{n+1}}{a_n} \right| = \lim\limits_{n \to \infty} \dfrac{\dfrac{1}{(n+1)!}}{\dfrac{1}{n!}} = \lim\limits_{n \to \infty} \dfrac{n!}{(n+1)!} = 0$，所以收敛半径为 $R = +\infty$，因而收敛域为 $(-\infty, +\infty)$.

例3 求幂级数 $\sum_{n=0}^{\infty} n! x^n$ 的收敛半径.

解 因为 $\rho = \lim\limits_{n \to \infty} \left| \dfrac{a_{n+1}}{a_n} \right| = \lim\limits_{n \to \infty} \dfrac{(n+1)!}{n!} = +\infty$，所以收敛半径为 $R = 0$，即级数仅在 $x = 0$ 处收敛.

例4 求幂级数 $\sum_{n=0}^{\infty} \dfrac{(2n)!}{(n!)^2} x^{2n}$ 的收敛半径.

解 级数缺少奇次幂的项，定理2不能适用. 可根据比值审敛法来求收敛半径.

幂级数的一般项记为 $u_n(x) = \dfrac{(2n)!}{(n!)^2} x^{2n}$.

因为 $\lim\limits_{n \to \infty} \left| \dfrac{u_{n+1}(x)}{u_n(x)} \right| = 4|x|^2$，当 $4|x|^2 < 1$ 即 $|x| < \dfrac{1}{2}$ 时，级数收敛，当 $4|x|^2 > 1$ 即 $|x| > \dfrac{1}{2}$ 时，级数发散，所以，收敛半径为 $R = \dfrac{1}{2}$.

提示： $\dfrac{u_{n+1}(x)}{u_n(x)} = \dfrac{\dfrac{[2(n+1)]!}{[(n+1)!]^2} x^{2(n+1)}}{\dfrac{(2n)!}{(n!)^2} x^{2n}} = \dfrac{(2n+2)(2n+1)}{(n+1)^2} x^2$

例5 求幂级数 $\sum_{n=1}^{\infty} \dfrac{(x-1)^n}{2^n n}$ 的收敛域.

解 令 $t = x - 1$，上述级数变为 $\sum_{n=1}^{\infty} \dfrac{t^n}{2^n n}$.

因为 $\rho = \lim\limits_{n \to \infty} \left| \dfrac{a_{n+1}}{a_n} \right| = \dfrac{2^n \cdot n}{2^{n+1} \cdot (n+1)} = \dfrac{1}{2}$，所以收敛半径 $R = 2$.

当 $t = 2$ 时，级数为 $\sum_{n=1}^{\infty} \dfrac{1}{n}$，此级数发散；当 $t = -2$ 时，级数为 $\sum_{n=1}^{\infty} \dfrac{(-1)}{n}$，此级数收敛. 因此，级数 $\sum_{n=1}^{\infty} \dfrac{t^n}{2^n n}$ 的收敛域为 $-2 \leqslant t < 2$. 因为 $-2 \leqslant x - 1 < 2$，即 $-1 \leqslant x < 3$，所以原级数的收敛域为 $[-1, 3)$.

三、幂级数的运算

设幂级数 $\sum a_n x^n$ 和 $\sum b_n x^n$ 分别在区间 $(-R, R)$ 及 $(-R', R')$ 内收敛，则在 $(-R, R)$ 与 $(-R', R')$ 中较小的区间内有：

加法 $\sum a_n x^n + \sum b_n x^n = \sum (a_n + b_n) x^n$

减法 $\sum a_n x^n - \sum b_n x^n = \sum (a_n - b_n) x^n$

乘法 $(\sum_{n=0}^{\infty} a_n x^n) \cdot (\sum_{n=0}^{\infty} b_n x^n) = a_0 b_0 + (a_0 b_1 + a_1 b_0) x + (a_0 b_2 + a_1 b_1 + a_2 b_0) x^2 + (a_0 b_n + a_1 b_{n-1} + \cdots + a_n b_0) x^n + \cdots$

性质 1 幂级数 $\sum_{n=0}^{\infty} a_n x^n$ 的和函数 $s(x)$ 在其收敛域 I 上连续. 如果幂级数在 $x = R$ (或 $x = -R$) 也收敛，则和函数 $s(x)$ 在区间 $(-R, R]$ 或 $[-R, R)$ 连续.

性质 2 幂级数 $\sum_{n=0}^{\infty} a_n x^n$ 的和函数 $s(x)$ 在其收敛域 I 上可积，并且有逐项积分公式

$$\int_0^x s(x) \mathrm{d}x = \int_0^x (\sum_{n=0}^{\infty} a_n x^n) \mathrm{d}x = \sum_{n=0}^{\infty} \int_0^x a_n x^n \mathrm{d}x = \sum_{n=0}^{\infty} \frac{a_n}{n+1} x^{n+1} \quad (x \in I)$$

则逐项积分后所得到的幂级数和原级数有相同的收敛半径.

性质 3 幂级数 $\sum_{n=0}^{\infty} a_n x^n$ 的和函数 $s(x)$ 在其收敛区间 $(-R, R)$ 内可导，并且有逐项求导公式

$$s'(x) = (\sum_{n=0}^{\infty} a_n x^n)' = \sum_{n=0}^{\infty} (a_n x^n)' = \sum_{n=1}^{\infty} n a_n x^{n-1} \quad (|x| < R)$$

则逐项求导后所得到的幂级数和原级数有相同的收敛半径.

例 6 求幂级数 $\sum_{n=0}^{\infty} \frac{1}{n+1} x^n$ 的和函数.

解 求得幂级数的收敛域为 $[-1, 1)$. 设幂级数的和函数为 $s(x)$，即

$$s(x) = \sum_{n=0}^{\infty} \frac{1}{n+1} x^n, x \in [-1, 1)$$

显然 $s(0) = 1$. 因为

$$xs(x) = \sum_{n=0}^{\infty} \frac{1}{n+1} x^{n+1} = \int_0^x \left[\sum_{n=0}^{\infty} \frac{1}{n+1} x^{n+1} \right]' \mathrm{d}x$$

$$= \int_0^x \sum_{n=0}^{\infty} x^n \mathrm{d}x = \int_0^x \frac{1}{1-x} \mathrm{d}x = -\ln(1-x) \quad (-1 < x < 1)$$

所以，当 $0 < |x| < 1$ 时，有 $s(x) = -\frac{1}{x} \ln(1-x)$. 从而

$$s(x) = \begin{cases} -\frac{1}{x} \ln(1-x), & 0 < |x| < 1, \\ 1, & x = 0. \end{cases}$$

由和函数在收敛域上的连续性，有
$$s(-1) = \lim_{x \to -1^+} s(x) = \ln 2$$
综合起来得
$$s(x) = \begin{cases} -\dfrac{1}{x}\ln(1-x), & x \in [-1, 0) \cup (0, 1) \\ 1, & x = 0 \end{cases}$$

提示：应用公式
$$\int_0^x f'(x)\,\mathrm{d}x = F(x) - F(0) \quad 即 \quad F(x) = F(0) + \int_0^x f'(x)\,\mathrm{d}x$$
$$\frac{1}{1-x} = 1 + x + x^2 + x^3 + \cdots + x^n + \cdots$$

例 7 求级数 $\sum\limits_{n=0}^{\infty} \dfrac{(-1)^n}{n+1}$ 的和.

解 考虑幂级数 $\sum\limits_{n=0}^{\infty} \dfrac{1}{n+1} x^n$，此级数在 $[-1, 1)$ 上收敛，设其和函数为 $s(x)$，则
$$s(-1) = \sum_{n=0}^{\infty} \frac{(-1)^n}{n+1}$$
在例 6 中已得到 $xs(x) = -\ln(1-x)\ (-1 < x < 1)$，于是 $-s(-1) = -\ln 2$，$s(-1) = \ln 2$，即
$$\sum_{n=0}^{\infty} \frac{(-1)^n}{n+1} = \ln 2$$

课堂练习

1. 填空题.

(1) 设幂级数 $\sum\limits_{n=0}^{\infty} a_n x^n$ 的收敛半径为 3，则幂级数 $\sum\limits_{n=1}^{\infty} n a_n (x-1)^{n+1}$ 的收敛区间为 _____.

(2) 幂级数 $\sum\limits_{n=0}^{\infty} (2n+1) x^n$ 的收敛域为 _____.

(3) 幂级数 $\sum\limits_{n=1}^{\infty} \dfrac{n}{(-3)^n + 2^n} x^{2n-1}$ 的收敛半径 $R = $ _____.

2. 求下列幂级数的收敛域.
$$\frac{2}{2}x + \frac{2^2}{5}x^2 + \frac{2^3}{10}x^3 + \cdots + \frac{2^n}{n^2+1}x^n + \cdots$$

课后作业

1. 级数 $\sum\limits_{n=0}^{\infty} \dfrac{(\ln 3)^n}{2^n}$ 的和为 _____.

2. 级数 $\sum_{n=1}^{\infty} n\left(\dfrac{1}{2}\right)^{n-1}$ 的和为 _____.

3. 级数 $\sum_{n=1}^{\infty} \dfrac{1}{n(n+1)(n+2)}$ 的和为 _____.

4. 级数 $\sum_{n=1}^{\infty} \dfrac{(x-2)^{2n}}{n \cdot 4^n}$ 的收敛域为 _____.

5. 求下列幂级数的收敛域.

(1) $x + 2x^2 + 3x^3 + \cdots + nx^n + \cdots$;

(2) $1 - x + \dfrac{x^2}{2^2} + \cdots + (-1)^n \dfrac{x^n}{2^n} + \cdots$;

(3) $\dfrac{x}{2} + \dfrac{x^2}{2 \cdot 4} + \dfrac{x^3}{2 \cdot 4 \cdot 6} + \cdots + \dfrac{x^n}{2 \cdot 4 \cdots (2n)} + \cdots$;

(4) $\dfrac{x}{1 \cdot 3} + \dfrac{x^2}{2 \cdot 3} + \dfrac{x^3}{3 \cdot 3} + \cdots + \dfrac{x^n}{n \cdot 3^n} + \cdots$.

8.4 函数展开成幂级数

一、泰勒级数

给定函数 $f(x)$，要考虑它是否能在某个区间内"展开成幂级数"，也就是说，是否能找到这样一个幂级数，它在某区间内收敛，且其和恰好就是给定的函数 $f(x)$. 如果能找到这样的幂级数，我们就可以说，函数 $f(x)$ 在该区间内能展开成幂级数，或简单地说函数 $f(x)$ 能展开成幂级数，而该级数在收敛区间内就表达了函数 $f(x)$.

1. 泰勒多项式

如果 $f(x)$ 在点 x_0 的某邻域内具有各阶导数，则在该邻域内 $f(x)$ 近似等于

$$f(x) = f(x_0) + f'(x_0)(x - x_0) + \dfrac{f'(x_0)}{2!}(x - x_0)^2 + \cdots + \dfrac{f^{(n)}(x_0)}{n!}(x - x_0)^n + R_n(x)$$

其中 $R_n(x) = \dfrac{f^{(n+1)}(\xi)}{(n+1)!}(x - x_0)^{n+1}$ （ξ 介于 x 与 x_0 之间）

2. 泰勒级数

如果 $f(x)$ 在点 x_0 的某邻域内具有各阶导数 $f'(x), f''(x), \cdots, f^{(n)}(x), \cdots$，则当 $n \to \infty$ 时，$f(x)$ 在点 x_0 的泰勒多项式

$$p_n(x) = f(x_0) + f'(x_0)(x - x_0) + \dfrac{f''(x_0)}{2!}(x - x_0)^2 + \cdots + \dfrac{f^{(n)}(x_0)}{n!}(x - x_0)^n$$

为幂级数，此时幂级数

$$f(x_0) + f'(x_0)(x - x_0) + \dfrac{f''(x_0)}{2!}(x - x_0)^2 + \dfrac{f'''(x_0)}{3!}(x - x_0)^3 + \cdots + \dfrac{f^{(n)}(x_0)}{n!}(x - x_0)^n + \cdots$$

称为函数 $f(x)$ 的**泰勒级数**. 显然，当 $x = x_0$ 时，$f(x)$ 的泰勒级数收敛于 $f(x_0)$.

衍生问题：除了 $x = x_0$ 外，$f(x)$ 的泰勒级数是否收敛？如果收敛，它是否一定收敛于 $f(x)$？

定理　设函数 $f(x)$ 在点 x_0 的某一邻域 $U(x_0)$ 内具有各阶导数，则 $f(x)$ 在该邻域内能展开成泰勒级数的充分必要条件是 $f(x)$ 的泰勒公式中的余项 $R_n(x)$ 当 $n \to \infty$ 时的极限为零，即

$$\lim_{n \to \infty} R_n(x) = 0 \quad (x \in U(x_0))$$

证明　先证必要性：设 $f(x)$ 在 $U(x_0)$ 内能展开为泰勒级数，即

$$f(x) = f(x_0) + f'(x_0)(x - x_0) + \frac{f''(x_0)}{2!}(x - x_0)^2 + \cdots + \frac{f^{(n)}(x_0)}{n!}(x - x_0)^n + \cdots$$

又设 $s_{n+1}(x)$ 是 $f(x)$ 的泰勒级数的前 $n+1$ 项的和，则在 $U(x_0)$ 内 $s_{n+1}(x) \to f(x)$ $(n \to \infty)$

而 $f(x)$ 的 n 阶泰勒公式可写成 $f(x) = s_{n+1}(x) + R_n(x)$，于是

$$R_n(x) = f(x) - s_{n+1}(x) \to 0 \quad (n \to \infty)$$

再证充分性：设 $R_n(x) \to 0 (n \to \infty)$ 对一切 $x \in U(x_0)$ 成立，因为 $f(x)$ 的 n 阶泰勒公式可写成 $f(x) = s_{n+1}(x) + R_n(x)$，于是

$$s_{n+1}(x) = f(x) - R_n(x) \to f(x)$$

即 $f(x)$ 的泰勒级数在 $U(x_0)$ 内收敛，并且收敛于 $f(x)$.

3. 麦克劳林级数

在泰勒级数中取 $x_0 = 0$，得

$$f(0) + f'(0)x + \frac{f''(0)}{2!}x^2 + \cdots + \frac{f^{(n)}(0)}{n!}x^n + \cdots$$

此级数称为 $f(x)$ 的**麦克劳林级数**.

4. 展开式的唯一性

如果 $f(x)$ 能展开成 x 的幂级数，那么这种展开式是唯一的，它一定与 $f(x)$ 的麦克劳林级数一致. 这是因为，如果 $f(x)$ 在点 $x_0 = 0$ 的某邻域 $(-R, R)$ 内能展开成 x 的幂级数，即

$$f(x) = a_0 + a_1 x + a_2 x^2 + \cdots + a_n x^n + \cdots$$

那么，根据幂级数在收敛区间内可以逐项求导，有

$$f'(x) = a_1 + 2a_2 x + 3a_3 x^2 + \cdots + na_n x^{n-1} + \cdots$$

$$f''(x) = 2! \, a_2 + 3 \cdot 2a_3 x + \cdots + n \cdot (n-1)a_n x^{n-2} + \cdots$$

$$f'''(x) = 3! \, a_3 + \cdots + n \cdot (n-1)(n-2)a_n x^{n-3} + \cdots$$

$$\vdots$$

$$f^{(n)}(x) = n! \, a_n + (n+1)n(n-1) \cdots 2 a_{n+1} x + \cdots$$

于是得

$$a_0 = f(0), \quad a_1 = f'(0), \quad a_2 = \frac{f''(0)}{2!}, \quad \cdots, \quad a_n = \frac{f^{(n)}(0)}{n!}, \quad \cdots$$

应注意的问题是，如果 $f(x)$ 能展开成 x 的幂级数，那么这个幂级数就是 $f(x)$ 的麦克劳林级数. 但是，如果 $f(x)$ 的麦克劳林级数在点 $x_0 = 0$ 的某邻域内收敛，它却不一定

收敛于$f(x)$. 因此, 如果$f(x)$在点$x_0=0$处具有各阶导数, 则$f(x)$的麦克劳林级数虽然能作出来, 但这个级数是否在某个区间内收敛以及是否收敛于$f(x)$, 却需要进一步考察.

二、函数展开成幂级数

1. 直接展开法

第一步 求出$f(x)$的各阶导数:
$$f'(x), f''(x), \cdots, f^{(n)}(x), \cdots$$

第二步 求函数及其各阶导数在$x=0$处的值:
$$f(0), f'(0), f''(0), \cdots, f^{(n)}(0), \cdots$$

第三步 写出幂级数
$$f(0) + f'(0)x + \frac{f''(0)}{2!}x^2 + \cdots + \frac{f^{(n)}(0)}{n!}x^n + \cdots$$

并求出收敛半径R.

第四步 考察在区间$(-R, R)$内时, 是否$R_n(x) \to 0$ $(n \to \infty)$;
$$\lim_{n\to\infty} R_n(x) = \lim_{n\to\infty} \frac{f^{(n+1)}(\xi)}{(n+1)!} x^{n+1}$$

是否为零.

如果$R_n(x) \to 0$ $(n \to \infty)$, 则$f(x)$在$(-R, R)$内有展开式
$$f(x) = f(0) + f'(0)x + \frac{f''(0)}{2!}x^2 + \cdots + \frac{f^{(n)}(0)}{n!}x^n + \cdots \quad (-R < x < R)$$

例1 将函数$f(x) = e^x$展开成x的幂级数.

解 所给函数的各阶导数为$f^{(n)}(x) = e^x (n=1, 2, \cdots)$, 因此$f^{(n)}(0) = 1$ $(n=1, 2, \cdots)$. 于是得级数
$$1 + x + \frac{1}{2!}x^2 + \cdots + \frac{1}{n!}x^n + \cdots$$

它的收敛半径$R = +\infty$.

对于任何有限的数x、ξ(ξ介于0与x之间), 有
$$|R_n(x)| = \left|\frac{e^\xi}{(n+1)!}x^{n+1}\right| < e^{|x|} \cdot \frac{|x|^{n+1}}{(n+1)!}$$

而$\lim_{n\to\infty} \frac{|x|^{n+1}}{(n+1)!} = 0$, 所以$\lim_{n\to\infty} |R_n(x)| = 0$, 从而有展开式
$$e^x = 1 + x + \frac{1}{2!}x^2 + \cdots + \frac{1}{n!}x^n + \cdots \quad (-\infty < x < +\infty)$$

例2 将函数$f(x) = \sin x$展开成x的幂级数.

解 因为
$$f^{(n)}(x) = \sin\left(x + n \cdot \frac{\pi}{2}\right) \quad (n=1, 2, \cdots)$$

所以$f^{(n)}(0)$顺序循环地取$0, 1, 0, -1, \cdots$, 于是得级数

$$x - \frac{x^3}{3!} + \frac{x^5}{5!} - \cdots + (-1)^{n-1} \frac{x^{2n-1}}{(2n-1)!} + \cdots$$

它的收敛半径为 $R = +\infty$.

对于任何有限的数 x、ξ（ξ 介于 0 与 x 之间），有

$$|R_n(x)| = \left| \frac{\sin\left[\xi + \frac{(n+1)\pi}{2}\right]}{(n+1)!} x^{n+1} \right| \leqslant \frac{|x|^{n+1}}{(n+1)!} \to 0 \quad (n \to \infty)$$

因此得展开式

$$\sin x = x - \frac{x^3}{3!} + \frac{x^5}{5!} - \cdots + (-1)^{n-1} \frac{x^{n-1}}{(2n-1)!} + \cdots \quad (-\infty < x < +\infty)$$

例 3 将函数 $f(x) = (1+x)^m$ 展开成 x 的幂级数，其中 m 为任意常数.

解 $f(x)$ 的各阶导数为

$$f'(x) = m(1+x)^{m-1}$$
$$f''(x) = m(m-1)(1+x)^{m-2}$$
$$\vdots$$
$$f^{(n)}(x) = m(m-1)(m-2) \cdot \cdots \cdot (m-n+1)(1+x)^{m-n}$$
$$\vdots$$

所以 $f(0) = 1$，$f'(0) = m$，$f''(0) = m(m-1)$，$\cdots$，$f^{(n)}(0) = m(m-1)(m-2) \cdot \cdots \cdot (m-n+1)$，$\cdots$. 于是得幂级数

$$1 + mx + \frac{m(m-1)}{2!} x^2 + \cdots + \frac{m(m-1) \cdot \cdots \cdot (m-n+1)}{n!} x^n + \cdots$$

可以证明

$$(1+x)^m = 1 + mx + \frac{m(m-1)}{2!} x^2 + \cdots + \frac{m(m-1) \cdot \cdots \cdot (m-n+1)}{n!} x^n + \cdots \quad (-1 < x < 1)$$

2. 间接展开法

例 4 将函数 $f(x) = \cos x$ 展开成 x 的幂级数.

解 已知

$$\sin x = x - \frac{x^3}{3!} + \frac{x^5}{5!} - \cdots + (-1)^{n-1} \frac{x^{2n-1}}{(2n-1)!} + \cdots \quad (-\infty < x < +\infty)$$

对上式两边求导得

$$\cos x = 1 - \frac{x^2}{2!} + \frac{x^4}{4!} - \cdots + (-1)^n \frac{x^{2n}}{(2n)!} + \cdots \quad (-\infty < x < +\infty)$$

例 5 将函数 $f(x) = \dfrac{1}{1+x^2}$ 展开成 x 的幂级数.

解 因为

$$\frac{1}{1-x} = 1 + x + x^2 + \cdots + x^n + \cdots \quad (-1 < x < 1)$$

把 x 换成 $-x^2$，得

$$\frac{1}{1+x^2} = 1 - x^2 + x^4 - \cdots + (-1)^n x^{2n} + \cdots \quad (-1 < x < 1)$$

例6 将函数 $f(x) = \ln(1+x)$ 展开成 x 的幂级数.

解 因为 $f'(x) = \dfrac{1}{1+x}$,而 $\dfrac{1}{1+x}$ 是收敛的等比级数 $\sum\limits_{n=0}^{\infty}(-1)^n x^n$ $(-1 < x < 1)$ 的和函数. 所以

$$\frac{1}{1+x} = 1 - x + x^2 - x^3 + \cdots + (-1)^n x^n + \cdots$$

将上式从 0 到 x 逐项积分,得

$$\ln(1+x) = x - \frac{x^2}{2} + \frac{x^3}{3} - \frac{x^4}{4} + \cdots + (-1)^n \frac{x^{n+1}}{n+1} + \cdots \quad (-1 < x \leq 1)$$

所以

$$f(x) = \ln(1+x) = \int_0^x [\ln(1+x)]' dx = \int_0^x \frac{1}{1+x} dx$$

$$= \int_0^x \left[\sum_{n=0}^{\infty}(-1)^n x^n\right] dx = \sum_{n=0}^{\infty}(-1)^n \frac{x^{n+1}}{n+1} \quad (-1 < x \leq 1)$$

上述展开式当 $x = 1$ 也成立,这是因为上式右端的幂级数当 $x = 1$ 时收敛,而 $\ln(1+x)$ 在 $x = 1$ 处有定义且连续.

例7 将函数 $f(x) = \sin x$ 展开成 $\left(x - \dfrac{\pi}{4}\right)$ 的幂级数.

解 因为

$$\sin x = \sin\left[\frac{\pi}{4} + \left(x - \frac{\pi}{4}\right)\right] = \frac{\sqrt{2}}{2}\left[\cos\left(x - \frac{\pi}{4}\right) + \sin\left(x - \frac{\pi}{4}\right)\right]$$

并且有

$$\cos\left(x - \frac{\pi}{4}\right) = 1 - \frac{1}{2!}\left(x - \frac{\pi}{4}\right)^2 + \frac{1}{4!}\left(x - \frac{\pi}{4}\right)^4 - \cdots \quad (-\infty < x < +\infty),$$

$$\sin\left(x - \frac{\pi}{4}\right) = \left(x - \frac{\pi}{4}\right) - \frac{1}{3!}\left(x - \frac{\pi}{4}\right)^3 + \frac{1}{5!}\left(x - \frac{\pi}{4}\right)^5 - \cdots \quad (-\infty < x < +\infty),$$

所以

$$\sin x = \frac{\sqrt{2}}{2}\left[1 + \left(x - \frac{\pi}{4}\right) - \frac{1}{2!}\left(x - \frac{\pi}{4}\right)^2 - \frac{1}{3!}\left(x - \frac{\pi}{4}\right)^3 + \cdots\right] \quad (-\infty < x < +\infty)$$

例8 将函数 $f(x) = \dfrac{1}{x^2 + 4x + 3}$ 展开成 $(x-1)$ 的幂级数.

解 $f(x) = \dfrac{1}{x^2 + 4x + 3} = \dfrac{1}{(x+1)(x+3)} = \dfrac{1}{2 \times (1+x)} - \dfrac{1}{2 \times (3+x)}$

$$= \frac{1}{4 \times \left(1 + \dfrac{x-1}{2}\right)} - \frac{1}{8 \times \left(1 + \dfrac{x-1}{4}\right)}$$

$$= \frac{1}{4}\sum_{n=0}^{\infty}(-1)^n \frac{(x-1)^n}{2^n} - \frac{1}{8}\sum_{n=0}^{\infty}(-1)^n \frac{(x-1)^n}{4^n}$$

$$= \sum_{n=0}^{\infty}(-1)^n \left(\frac{1}{2^{n+2}} - \frac{1}{2^{2n+3}}\right)(x-1)^n \quad (-1 < x < 3)$$

提示：$1+x = 2+(x-1) = 2\left(1+\dfrac{x-1}{2}\right)$，$3+x = 4+(x-1) = 4\left(1+\dfrac{x-1}{4}\right)$．

$$\dfrac{1}{1+\dfrac{x-1}{2}} = \sum_{n=0}^{\infty}(-1)^n\dfrac{(x-1)^n}{2^n} \quad \left(-1 < \dfrac{x-1}{2} < 1\right)$$

$$\dfrac{1}{1+\dfrac{x-1}{4}} = \sum_{n=0}^{\infty}(-1)^n\dfrac{(x-1)^n}{4^n} \quad \left(-1 < \dfrac{x-1}{4} < 1\right)$$

收敛域的确定由 $-1<\dfrac{x-1}{2}<1$ 和 $-1<\dfrac{x-1}{4}<1$ 得 $-1<x<3$．

3. 展开式小结

$\dfrac{1}{1-x} = 1+x+x^2+\cdots+x^n+\cdots \quad (-1<x<1)$

$e^x = 1+x+\dfrac{1}{2!}x^2+\cdots+\dfrac{1}{n!}x^n+\cdots \quad (-\infty<x<+\infty)$

$\sin x = x-\dfrac{x^3}{3!}+\dfrac{x^5}{5!}-\cdots+(-1)^{n-1}\dfrac{x^{2n-1}}{(2n-1)!}+\cdots \quad (-\infty<x<+\infty)$

$\cos x = 1-\dfrac{x^2}{2!}+\dfrac{x^4}{4!}-\cdots+(-1)^n\dfrac{x^{2n}}{(2n)!}+\cdots \quad (-\infty<x<+\infty)$

$\ln(1+x) = x-\dfrac{x^2}{2}+\dfrac{x^3}{3}-\dfrac{x^4}{4}+\cdots+(-1)^n\dfrac{x^{n+1}}{n+1}+\cdots \quad (-1<x\leqslant 1)$

$(1+x)^m = 1+mx+\dfrac{m(m-1)}{2!}x^2+\cdots+\dfrac{m(m-1)\cdots(m-n+1)}{n!}x^n+\cdots \quad (-1<x<1)$

课堂练习

1. 判断题．

（1）若幂级数 $\sum\limits_{n=1}^{\infty}a_n\left(\dfrac{x-3}{2}\right)^n$ 在 $x=0$ 处收敛，则在 $x=5$ 处必收敛．（   ）

（2）已知 $\sum\limits_{n=1}^{\infty}a_nx^n$ 的收敛半径为 R，则 $\sum\limits_{n=1}^{\infty}a_nx^{2n}$ 的收敛半径为 $\sqrt{R}$．（   ）

（3）$\sum\limits_{n=1}^{\infty}a_nx^n$ 和 $\sum\limits_{n=1}^{\infty}b_nx^n$ 的收敛半径分别为 R_a，R_b，则 $\sum\limits_{n=1}^{\infty}(a_n+b_n)x^n$ 的收敛半径为 $R = \min(R_a, R_b)$．（   ）

（4）函数 $f(x)$ 在 $x=0$ 处的泰勒级数 $f(0)+\dfrac{f'(0)}{1!}x+\dfrac{f''(0)}{2!}x^2+\cdots$ 必收敛于 $f(x)$．（   ）

2. $\sum\limits_{n=1}^{\infty}a_nx^n$ 在 $x=-3$ 时收敛，则 $\sum\limits_{n=1}^{\infty}a_nx^n$ 在 $|x|<3$ 时 _____．

3. 利用逐项求导数，或逐项求积分，或逐项相乘的方法，求下列级数在收敛区间上的和函数．

(1) $x + \dfrac{x^3}{3} + \dfrac{x^5}{5} + \dfrac{x^7}{7} + \cdots$;

(2) $\dfrac{x^2}{1\times 2} + \dfrac{x^3}{2\times 3} + \dfrac{x^4}{3\times 4} + \cdots$;

(3) $\dfrac{x^5}{5} + \dfrac{x^9}{9} + \dfrac{x^{13}}{13} + \cdots$.

课后作业

利用逐项求导数选或逐项求积分的方法，求下列级数的和函数.

(1) $\sum\limits_{n=1}^{\infty} nx^{n-1}$； (2) $\sum\limits_{n=1}^{\infty} \dfrac{x^{4n+1}}{4n+1}$；

(3) $x + \dfrac{x^3}{3} + \dfrac{x^5}{5} + \cdots + \dfrac{x^{2n-1}}{2n-1} \cdots$.

8.5 函数的幂级数展开式的应用

函数的幂级数展开式经常应用在近似计算中。

例1 计算 $\sqrt[5]{240}$ 的近似值(误差不超过 10^{-4}).

解 因为 $\sqrt[5]{240} = \sqrt[5]{243-3} = 3 \times \left(1 - \dfrac{1}{3^4}\right)^{\frac{1}{5}}$，所以在二项展开式中取 $m = \dfrac{1}{5}$，$x = -\dfrac{1}{3^4}$，即得

$$\sqrt[5]{240} = 3 \times \left(1 - \dfrac{1}{5} \times \dfrac{1}{3^4} - \dfrac{1\times 4}{5^2 \times 2!} \times \dfrac{1}{3^8} - \dfrac{1\times 4\times 9}{5^3 \times 3!} \times \dfrac{1}{3^{12}} - \cdots\right)$$

这个级数收敛很快，取前两项的和作为 $\sqrt[5]{240}$ 的近似值，其误差(也叫作截断误差)为

$$|r_2| = 3 \times \left(\dfrac{1\times 4}{5^2\times 2!} \times \dfrac{1}{3^8} + \dfrac{1\times 4\times 9}{5^3\times 3!} \times \dfrac{1}{3^{12}} + \dfrac{1\times 4\times 9\times 14}{5^4\times 4!} \times \dfrac{1}{3^{16}} + \cdots\right)$$

$$< 3 \times \dfrac{1\times 4}{5^2\times 2!} \times \dfrac{1}{3^8} \times \left[1 + \dfrac{1}{81} + \left(\dfrac{1}{81}\right)^2 + \cdots\right]$$

$$= \dfrac{6}{25} \times \dfrac{1}{3^8} \times \dfrac{1}{1 - \dfrac{1}{81}} = \dfrac{1}{25\times 27\times 40} < \dfrac{1}{20\,000}$$

于是取近似式为 $\sqrt[5]{240} \approx 3 \times \left(1 - \dfrac{1}{5} \times \dfrac{1}{3^4}\right)$.

为了使"四舍五入"引起的误差(叫作舍入误差)与截断误差之和不超过 10^{-4}，计算时应取5位小数，然后四舍五入. 因此最后得 $\sqrt[5]{240} \approx 2.9926$.

例2 计算 $\ln 2$ 的近似值，要求误差不超过 0.0001.

解 在8.4例6中，令 $x = 1$ 可得

$$\ln 2 = 1 - \dfrac{1}{2} + \dfrac{1}{3} - \cdots + (-1)^{n-1} \dfrac{1}{n} + \cdots$$

如果取这级数前 n 项和作为 ln2 的近似值，其误差为 $|r_n| \leq \dfrac{1}{n+1}$. 为了保证误差不超过 10^{-4}，就需要取级数的前 10 000 项进行计算. 这样做计算量太大了，我们必须用收敛较快的级数来代替它.

把 8.4 例 6 展开式
$$\ln(1+x) = x - \frac{x^2}{2} + \frac{x^3}{3} - \frac{x^4}{4} + \cdots + (-1)^n \frac{x^{n+1}}{n+1} + \cdots \quad (-1 < x \leq 1)$$
中的 x 换成 $-x$，得
$$\ln(1-x) = -x - \frac{x^2}{2} - \frac{x^3}{3} - \frac{x^4}{4} - \cdots \quad (-1 \leq x < 1)$$
以上两式相减，得到不含有偶次幂的展开式
$$\ln\frac{1+x}{1-x} = \ln(1+x) - \ln(1-x) = 2 \times \left(x + \frac{1}{3}x^3 + \frac{1}{5}x^5 + \cdots\right) \quad (-1 < x < 1)$$
令 $\dfrac{1+x}{1-x} = 2$，解出 $x = \dfrac{1}{3}$，以 $x = \dfrac{1}{3}$ 代入最后一个展开式，得
$$\ln 2 = 2 \times \left(\frac{1}{3} + \frac{1}{3} \times \frac{1}{3^3} + \frac{1}{5} \times \frac{1}{3^5} + \frac{1}{7} \times \frac{1}{3^7} + \cdots\right)$$
如果取其前四项作为 ln2 的近似值，则误差为
$$|r_4| = 2 \times \left(\frac{1}{9} \times \frac{1}{3^9} + \frac{1}{11} \times \frac{1}{3^{11}} + \frac{1}{13} \times \frac{1}{3^{13}} + \cdots\right) < \frac{2}{3^{11}} \times \left[1 + \frac{1}{9} + \left(\frac{1}{9}\right)^2 + \cdots\right]$$
$$= \frac{2}{3^{11}} \times \frac{1}{1 - \dfrac{1}{9}} = \frac{1}{4 \times 3^9} < \frac{1}{700\,000}$$

于是取 $\ln 2 \approx 2 \times \left(\dfrac{1}{3} + \dfrac{1}{3} \times \dfrac{1}{3^3} + \dfrac{1}{5} \times \dfrac{1}{3^5} + \dfrac{1}{7} \times \dfrac{1}{3^7}\right)$.

同样地，考虑到舍入误差，计算时应取 5 位小数，即有 $\dfrac{1}{3} \approx 0.333\,33$，$\dfrac{1}{3} \times \dfrac{1}{3^3} \approx 0.012\,35$，$\dfrac{1}{5} \times \dfrac{1}{3^5} \approx 0.000\,82$，$\dfrac{1}{7} \times \dfrac{1}{3^7} \approx 0.000\,07$.

因此得 $\ln 2 \approx 0.693\,1$.

例 3 利用 $\sin x \approx x - \dfrac{1}{3!}x^3$ 求 $\sin 9°$ 的近似值，并估计误差.

解 首先把角度化成弧度：由于 $9° = \dfrac{\pi}{180} \times 9 \,(弧度) = \dfrac{\pi}{20}\,(弧度)$，从而
$$\sin\frac{\pi}{20} \approx \frac{\pi}{20} - \frac{1}{3!}\left(\frac{\pi}{20}\right)^3$$

其次估计这个近似值的精确度：在 $\sin x$ 的幂级数展开式中，令 $x = \dfrac{\pi}{20}$，得
$$\sin\frac{\pi}{20} = \frac{\pi}{20} - \frac{1}{3!}\left(\frac{\pi}{20}\right)^3 + \frac{1}{5!}\left(\frac{\pi}{20}\right)^5 - \frac{1}{7!}\left(\frac{\pi}{20}\right)^7 + \cdots$$
等式右端是一个收敛的交错级数，且各项的绝对值单调减少，取它的前两项之和作为

$\sin\dfrac{\pi}{20}$ 的近似值,其误差为

$$|r_2| \leqslant \dfrac{1}{5!}\left(\dfrac{\pi}{20}\right)^5 < \dfrac{1}{120} \times (0.2)^5 < \dfrac{1}{300\,000}$$

因此取 $\dfrac{\pi}{20} \approx 0.157\,080$,$\left(\dfrac{\pi}{20}\right)^3 \approx 0.003\,876$.

于是得

$$\sin 9° \approx 0.156\,43$$

这时误差不超过 10^{-5}.

例 4 计算定积分 $\dfrac{2}{\sqrt{\pi}}\displaystyle\int_0^{\frac{1}{2}} e^{-x^2}\,dx$ 的近似值,要求误差不超过 $0.000\,1$(取 $\dfrac{1}{\sqrt{\pi}} \approx 0.564\,19$).

解 将 e^x 的幂级数展开式中的 x 换成 $-x^2$,得到被积函数的幂级数展开式

$$e^{-x^2} = 1 + \dfrac{(-x^2)}{1!} + \dfrac{(-x^2)^2}{2!} + \dfrac{(-x^2)^3}{3!} + \cdots = \sum_{n=0}^{\infty}(-1)^n \dfrac{x^{2n}}{n!} \quad (-\infty < x < +\infty)$$

于是,根据幂级数在收敛区间内逐项可积,得

$$\dfrac{2}{\sqrt{\pi}}\int_0^{\frac{1}{2}} e^{-x^2}\,dx = \dfrac{2}{\sqrt{\pi}}\int_0^{\frac{1}{2}}\left[\sum_{n=0}^{\infty}(-1)^n\dfrac{x^{2n}}{n!}\right]dx = \dfrac{2}{\sqrt{\pi}}\sum_{n=0}^{\infty}\dfrac{(-1)^n}{n!}\int_0^{\frac{1}{2}}x^{2n}\,dx$$

$$= \dfrac{1}{\sqrt{\pi}}\left(1 - \dfrac{1}{2^2 \times 3} + \dfrac{1}{2^4 \times 5 \times 2!} - \dfrac{1}{2^6 \times 7 \times 3!} + \cdots\right)$$

前四项的和作为近似值,其误差为

$$|r_4| \leqslant \dfrac{1}{\sqrt{\pi} \times 2^8 \times 9 \times 4!} < \dfrac{1}{90\,000}$$

所以

$$\dfrac{2}{\sqrt{\pi}}\int_0^{\frac{1}{2}} e^{-x^2}\,dx \approx \dfrac{1}{\sqrt{\pi}}\left(1 - \dfrac{1}{2^2 \times 3} + \dfrac{1}{2^4 \times 5 \times 2!} - \dfrac{1}{2^6 \times 7 \times 3!}\right) \approx 0.529\,5$$

例 5 计算积分 $\displaystyle\int_0^1 \dfrac{\sin x}{x}\,dx$ 的近似值,要求误差不超过 $0.000\,1$.

解 由于 $\lim\limits_{x \to 0}\dfrac{\sin x}{x} = 1$,因此所给积分不是**反常积分**. 如果定义被积函数在 $x = 0$ 处的值为 1,则它在积分区间 $[0, 1]$ 上连续.

展开被积函数,有

$$\dfrac{\sin x}{x} = 1 - \dfrac{x^2}{3!} + \dfrac{x^4}{5!} - \dfrac{x^6}{7!} + \cdots \quad (-\infty < x < +\infty)$$

在区间 $[0, 1]$ 上逐项积分,得

$$\int_0^1 \dfrac{\sin x}{x}\,dx = 1 - \dfrac{1}{3 \times 3!} + \dfrac{1}{5 \times 5!} - \dfrac{1}{7 \times 7!} + \cdots$$

因为第四项 $\dfrac{1}{7 \times 7!} < \dfrac{1}{30\,000}$,所以取前三项的和作为积分的近似值,即有

$$\int_0^1 \dfrac{\sin x}{x}\,dx \approx 1 - \dfrac{1}{3 \times 3!} + \dfrac{1}{5 \times 5!} = 0.946\,1$$

例6 求 π 的近似值.

解 因 $$\frac{1}{1+x^2} = 1 - x^2 + x^4 - \cdots + (-1)^{n-1}x^{2n-2} + \cdots$$

而 $(\arctan x)' = \dfrac{1}{1+x^2}$,所以

$$\arctan x = x - \frac{x^3}{3} + \frac{x^5}{5} - \cdots + (-1)^{n-1}\frac{x^{2n-1}}{2n-1} + \cdots$$

把 $x=1$ 代入上式,有

$$\frac{\pi}{4} = 1 - \frac{1}{3} + \frac{1}{5} - \cdots + (-1)^{n-1}\frac{1}{2n-1} + \cdots$$

课堂练习

1. 利用函数的幂级数展开式求下列各数的近似值.
(1) $\cos 2°$(误差不超过 0.000 1);
(2) $\ln 2$(误差不超过 0.001).

2. 求幂级数 $\sum\limits_{n=1}^{\infty} \dfrac{1}{3^n + (-2)^n} \dfrac{x^n}{n}$ 的收敛区间,并讨论该区间端点处的收敛性.

课后作业

1. 利用函数的幂级数展开式求下列各数的近似值.
(1) $\ln 3$(误差不超过 0.000 1);
(2) $\sqrt{e}$(误差不超过 0.000 1).

2. 利用被积函数的幂级数展开式求下列定积分的近似值.
(1) $\int_0^{0.5} \dfrac{1}{1+x^4} dx$ (误差不超过 0.000 1).
(2) $\int_0^{0.5} \dfrac{\arctan x}{x} dx$ (误差不超过 0.000 1).

8.6 数学建模案例 购房贷款问题

1. 问题

小王夫妇计划贷款 20 万元购买一套房子,他们打算用 20 年的时间还清贷款. 目前,银行的利率是 0.6%/月. 他们采用等额还款的方式(即每月的还款额相同)偿还贷款.

2. 问题分析

从数学角度看,本题是等比级数知识的一个实际运用,因此在解决这一问题时,首先应弄清以下几方面的问题:
① 在银行按揭分期付款中,每月的利息按复利计算;
② 付款中每期付款金额相等;
③ 付款时,本金和每期所付款额在贷款全部付清前随时间推移而不断增值;

④各期所付款额连同最后一次付款时所产生的利息之和等于本金从购买到最后一次付款时的利息之和.

本题计算贷款在分期付款时每期应付款额的方案,并说明数列在分期付款中的应用. 有些人认为购房付款一次性付清较好,有些人认为分期付款比较好,因为有很多人一次支付较高的款额有一定的困难,还有不少开发商在不断改进营销策略,方便人们消费和付款,所以采取分期付款容易被不同阶层的人接受. 现对购房分期付款做以下分析,并做出最优的决策方案.

3. 模型假设

(1)除去一定的政策原因.
(2)在还款过程中,贷款人月收入稳定.
(3)银行利率保持稳定.

4. 模型建立与求解

(1)按分期付款中的规定,各期所付的金额连同到最后一次付贷款的利息之和,等于房子售价以及从购买到最后一次付款时的利息之和. 设每月还 x 元,一共还了 n 个月,本金为 a,利率为 b,利息为 m 元,得到如下关系式:

$$x + (1+b)x + x(1+b)^2 + x(1+b)^3 + \cdots + x(1+b)^{(n-1)} = a(1+b)^n$$

即

$$x[1 + (1+b) + (1+b)^2 + (1+b)^3 + \cdots + (1+b)^{(n-1)}] = a \times 1.006^n$$

式中,括号内是一个首项为 1、公比为 $(1+b)$ 的等比级数的前 n 项和.

根据:$S_n = \dfrac{a_1(1-q^n)}{1-q}$ 得

$$\dfrac{x[1-(1+b)^n]}{[1-(1+b)]} = a(1+b)^n$$

则

$$x = \dfrac{a(1+b)^n[(1+b)-1]}{[(1+b)^n - 1]}$$

利息:
$$m = nx - a$$

此时

$n = 240$,$a = 200\,000$,$b = 0.006$,应用 Matlab 算出结果:

```
>> clear, clc
>> format long
>> n = 240; a = 200000; b = 0.006;
>> x = a * (1+b) ^ n * ((1+b) -1) / ((1+b) ^ n -1)
x =
    1.574698597928022e+003
>> m = n * x - a
m =
    1.779276635027254e+005
```

结果得：$x = 1\,574.7$（元），$m = 177\,927.7$（元）.

所以，小王夫妇每月的还款额是 $1\,574.7$ 元，共计付了利息 $177\,927.7$ 元.

（2）设第 n 个月还完 x 元后还欠银行 r 元，有关系式

$$r = a(1+b)^n - [1 + (1+b) + (1+b)^2 + \cdots + (1+b)^{(n-1)}]x$$

$$r = a(1+b)^n - \frac{1-(1+b)^n}{[1-(1+b)]}x$$

此时 $n = 60$，$x = 1\,574.7$，$a = 200\,000$，$b = 0.006$，应用 Matlab 算出结果：

```
>> n=60; x=1574.7; a=200000; b=0.006;
>> r=a*(1+b)^n-((1-(1+b)^n))/(1-(1+b))*x
r =
    1.730348856340145e+005
```

结果得：$r = 173\,034.9$（元）.

所以，他们在第 6 年初应一次性付给银行 $173\,034.9$ 元，才能将余下的全部贷款还清.

（3）由（1）知：$x = \dfrac{a(1+b)^n[(1+b)-1]}{[(1+b)^n - 1]}$

此时 $b = 0.008$，$n = 180$，$a = 173\,034.9$，应用 Matlab 算出结果：

```
>> b=0.008; n=180; a=173034.9;
>> x=a*(1+b)^n*[(1+b)-1]/[(1+b)^n-1]
x =
    1.817328914671054e+003
```

结果得：$x = 1\,817.3$（元）.

所以，第 6 年后，每月的还款额应是 $1\,817.3$ 元.

（4）设第一年每月还 Y_1 元，以后每年依次为 Y_2，Y_3，$\cdots$，Y_{20}.

假设：还款总额为 a，月利率为 r，总期数为 n，递增间隔为 m，递增金额为 t，开始递增期数为 k.

余数 $w = (n - k + 1) \bmod m$，取整 $v = \operatorname{int}\left(\dfrac{n-k+1}{m}\right)$.

等额递增还款法每月还款金额为 Y：

$$Z_1 = \frac{t}{[(1+r)^n - 1]}$$

$$Z_2 = \frac{(1+r)^w[(1+r)^{(v+1)m} - 1]}{(1+r)^{(m-1)}}$$

$$Y = x - Z_1[Z_2 - (v+1)]$$

此时，$a = 200\,000$，$r = 0.006$，$n = 240$，$m = 1$，$k = 20$，$t = 500$. 将数据分别代入以上相关各式得：

$w = 221$

$Z_1 = 156.1244$

$Z_2 = 462.2607$

$Y_1 = 200\,000 - 156.1244 \times [462.2607 - 222] \approx 162\,489$

$\vdots$

第 12 个月应付 $Y_{20} = 162\,489 + 500 \times 20 = 172\,489$ 元.

总利息：$(162\,489 + 172\,489) \times 20/2 - 200\,000 = 314\,980$ 元.

所以，第 1 个月应该还款 1 624.9 元，共计利息为 314 980 元.

(5) 设贷款总额为 a，第一个月还 x 元，月利率 b，还款间隔为 m，每月递增 y 元，还款的总期数为 n，剩余的钱为 r，得级数

$$x + (1+b)x + (1+b)^2 x + (1+b)^3 x + \cdots + (1+b)^{11} x = x\frac{1-(1+b)^{12}}{1-(1+b)}$$

$$(x+y) + (1+b)(x+y) + (1+b)^2(x+y) + (1+b)^3(x+y) + \cdots + (1+b)^{11}(x+y) = \frac{(x+y)[1-(1+b)^{12}]}{1-(1+b)}$$

$$(x+my) + (1+b)(x+my) + (1+b)^2(x+my) + (1+b)^3(x+my) + \cdots + (1+b)^{11}(x+my) = \frac{(x+my)[1-(1+b)^{12}]}{1-(1+b)}$$

$$1 - (1+b)^{12}[x + (x+y) + \cdots + (x+my)] = a(1+b)^n[1-(1+b)]$$

此时，$b = 0.006$，$a = 200\,000$，$n = 60$，$m = 5$，$y = 500$.

$$x(m+1) + \frac{(1+m)m}{2}y = \frac{a(1+b)^n[1-(1+b)]}{1-(1+b)^{12}}$$

$$x = \frac{\frac{[a(1+b)^n][1-(1+b)]}{1-(1+b)^{12}} - \frac{(1+m)m}{2}y}{m+1}$$

$$= \frac{\frac{[200\,000 \times (1+0.006)^{60}] \times [1-(1+0.006)]}{1-(1+0.006)^{12}} - \frac{(1+5) \times 5}{2} \times 500}{5+1} \approx 2\,500$$

剩余贷款 $r = a(1+b)^n - \left[x(m+1) + \frac{(1+m)m}{2}y\right] \times 12$

$= 200\,000 \times (1+0.006)^{60} - (2\,500 \times 6 + 7\,500) \times 12$

$\approx 16\,360$

因此，6 年后每月还款约 2 500 元，剩余贷款约 16 360 元.

(6) 综合上述分析，相比较而言，等额还款是一种比较好的还款方式.

特点：每月还款金额相等.

每月贷款利息按月初剩余贷款本金计算并逐月结清. 由于每月的还款额相等，因此，在贷款初期每月的还款中，剔除按月结清的利息后，所还的贷款本金就较少；而在贷款后期因贷款本金不断减少，每月的还款额中贷款利息也不断减少，每月所还的贷款本金就较多. 该还款方式适合月收入比较固定、额外支出较小的家庭.

由上述计算，我们可以知道等额递增还款法与等额本金还款法相反，每月还款额逐

月递增,适合目前还款能力较弱,但是已经预期到未来会逐渐增加的人群. 其缺点就是还款压力逐步变大.

5. 模型结果分析与检验

(1) 在上面的计算过程中,结果都精确到小数点后一位,存在一定的误差,但并不影响数据的总体情况.

(2) 将数据与实际情况进行比对,数据合理,不存在较大的误差.

(3) 针对以上数据进行各方面的分析比较,在首期、月供、总利息之间找到一个平衡点. 根据实际得到一些结论,除去政策原因,首期应付越多越好,尽量减少贷款额;贷款额一定,还款期限应根据实际月收入而定,期限越短,付银行总利息越少;月供中利息成分逐年减少,本金成分逐年增多. 月薪2 000元以内者,最好选择10年以上期限供楼;月薪3 000元以上者,最好选择10年以内期限供楼.

6. 模型优缺点及改进方向

(1) 优点:比较精确地计算出还款金额与总利息金额,可提供购房贷款的人们参考,使他们在面对还贷时,可选择最优的还款方式.

(2) 缺点:没有考虑政策原因、家庭月收入是否稳定以及银行利率是否会改变等因素. 现实生活中存在着很多不确定的因素可能影响结果,所以这种模型在实际应用中需要加以改进.

(3) 解决购房贷款中分期付款的问题后,还可以尝试解决购买其他商品(如汽车、家电)中的分期付款问题.

8.7 Matlab 在级数中的应用

【函数格式】

symsum(通项,指标变量,初指标,末指标)

【作用】有限项求和返回求和公式.

无穷项求和,若收敛,返回和;若发散但趋向于正无穷大(负无穷大),返回 inf (-inf);若发散且不趋向于无穷大,返回 NaN.

例1 求 $\sum_{k=1}^{n} k^3$.

【代码和运行结果】

```
>> syms n k
>> symsum(k^3, k, 1, n)
ans =
      1/4*(n+1)^4 -1/2*(n+1)^3 +1/4*(n+1)^2
>> factor(ans)                              % 对结果做因式分解
ans =
      1/4*n^2*(n+1)^2
```

$$\sum_{k=1}^{n} k^3 = \frac{1}{4}n^2(n+1)^2$$

练习1 求 $\sum_{k=1}^{n} k(k-1)$.

例2 判断下列级数是否收敛.

(1) $\sum_{n=1}^{\infty} \frac{1}{n^2+3n}$； (2) $\sum_{n=1}^{\infty} \frac{1}{n}$； (3) $\sum_{n=1}^{\infty} (-1)^n$.

【代码和运行结果】

```
>> syms n
>> symsum(1/(n^2+3*n), n, 1, inf)     % 第(1)题
ans =
    11/18                              % 收敛, 且和为 11/18
>> symsum(1/n, n, 1, inf)              % 第(2)题
ans =
    Inf                                % 发散但趋向于正无穷大
>> symsum((-1)^n, n, 1, inf)           % 第(3)题
ans =
    NaN                                % 发散且不趋向于无穷大
```

练习2 判断下列级数是否收敛.

(1) $\sum_{n=1}^{\infty} \frac{n^2}{2^n}$； (2) $\sum_{n=1}^{\infty} \frac{n+1}{n^2+1}$； (3) $\sum_{n=1}^{\infty} (-1)^n n$.

例3 求级数 $s_1 = \sum_{n=1}^{\infty} nx^n$ 的和.

【代码和运行结果】

```
>> syms n x
>> symsum(n*x^n, n, 1, inf)
ans =
x/(x+1)^2
```

例4 求级数 $f_1 = \frac{2(n-1)}{2^n}$, $f_2 = \frac{1}{2n(n+1)}$ 的和.

【代码】

```
clear                                  % 清屏
syms   n;                              % 定义符号变量 n
f1 = (2*n-1)/2^n;                      % 级数 f1 的表达式
f2 = 1/(n*(2*n+1));                    % 级数 f2 的表达式
s3 = symsum(f1, n, 1, inf)             % 求 s3, 变量 n 从 1 到无穷
s4 = symsum(f2, n, 1, inf)             % 求 s4, 变量 n 从 1 到无穷
```

【运行结果】

```
s3 = 3
s4 = 2 - 2 * log(2)
```

【说明】本例是收敛的情况,如果发散,则得到的和为 inf. 因此,本方法可以同时用来解决求和问题和收敛性问题.

例5 求解级数 $f3 = \dfrac{\sin(x)}{n^2}$,$f4 = (-1)^{n-1}\dfrac{x^n}{n}$ 的和.

【代码】

```
clear
syms n x ;                          % 定义符号变量 n, x
f3 = sin(x)/n^2;                    % 级数 f3 的表达式
f4 = (-1)^(n-1)*x^n/n;              % 级数 f4 的表达式
s5 = symsum(f3, n, 1, inf)          % 变量 n 从 1 到无穷
s6 = symsum(f4, n, 1, inf)          % 变量 n 从 1 到无穷
```

【运行结果】

```
s5 = 1/6 * sin(x) * pi^2
s6 = log(1 + x)
```

【说明】从这个例子可以看出,symsum( ) 这个函数不但可以处理常数项级数,也可以处理函数项级数.

例6 将函数 $f(x) = e^x$ 展开成 x 的幂级数.

【代码和运行结果】

```
x = sym('x');                       % 定义符号变量 x
f3 = exp(x);                        % 函数 f3 的表达式
taylor(f3, x)                       % 将 f3 在 x = 0 处展开,n 的默
                                      认值为 6
ans =
    1 + x + 1/2 * x^2 + 1/6 * x^3 + 1/24 * x^4 + 1/120 * x^5
```

例7 将函数 $f(x) = (1+x)^m$ 展开为 $x = 0$ 的幂级数,x 为任意常数,展开至 4 次幂.

【代码和运行结果】

```
clear                          % 清屏
syms x m;                      % 定义符号变量 x, m
f4 = (1 + x)^m;                % 函数 f4 的表达式
taylor(f4, 5)                  % 将 f4 在 x = 0 处展开至 4 次幂
ans =
    1 + m*x + 1/2*m*(m-1)*x^2 + 1/6*m*(m-1)*(m-2)*x^3 +
1/24*m*(m-1)*(m-2)*(m-3)*x^4
```

思考与练习

一、选择题

1. 设常数 $\lambda > 0$，而级数 $\sum_{n=1}^{\infty} a_n^2$ 收敛，则级数 $\sum_{n=1}^{\infty} (-1)^n \dfrac{|a_n|}{\sqrt{n^2+\lambda}}$ 是（　　）.

   A. 发散　　　B. 条件收敛　　　C. 绝对收敛　　　D. 收敛与 λ 有关

2. 设 $p_n = \dfrac{a_n + |a_n|}{2}$，$q_n = \dfrac{a_n - |a_n|}{2}$，$n = 1, 2, \cdots$，则下列命题中正确的是（　　）.

   A. 若 $\sum_{n=1}^{\infty} a_n$ 条件收敛，则 $\sum_{n=1}^{\infty} p_n$ 与 $\sum_{n=1}^{\infty} q_n$ 都收敛

   B. 若 $\sum_{n=1}^{\infty} a_n$ 绝对收敛，则 $\sum_{n=1}^{\infty} p_n$ 与 $\sum_{n=1}^{\infty} q_n$ 都收敛

   C. 若 $\sum_{n=1}^{\infty} a_n$ 条件收敛，则 $\sum_{n=1}^{\infty} p_n$ 与 $\sum_{n=1}^{\infty} q_n$ 的敛散性都不定

   D. 若 $\sum_{n=1}^{\infty} a_n$ 绝对收敛，则 $\sum_{n=1}^{\infty} p_n$ 与 $\sum_{n=1}^{\infty} q_n$ 的敛散性都不定

3. 设 $a_n > 0$，$n = 1, 2, \cdots$，若 $\sum_{n=1}^{\infty} a_n$ 发散，$\sum_{n=1}^{\infty} (-1)^{n-1} a_n$ 收敛，则下列结论正确的是（　　）.

   A. $\sum_{n=1}^{\infty} a_{2n-1}$ 收敛，$\sum_{n=1}^{\infty} a_{2n}$ 发散　　　B. $\sum_{n=1}^{\infty} a_{2n}$ 收敛，$\sum_{n=1}^{\infty} a_{2n-1}$ 发散

   C. $\sum_{n=1}^{\infty} (a_{2n-1} + a_{2n})$ 收敛　　　D. $\sum_{n=1}^{\infty} (a_{2n-1} - a_{2n})$ 收敛

4. 设 α 为常数，则级数 $\sum_{n=1}^{\infty} \left[\dfrac{\sin(n\alpha)}{n^2} - \dfrac{1}{\sqrt{n}} \right]$ 是（　　）.

   A. 绝对收敛　　　　　　　　B. 条件收敛
   C. 发散　　　　　　　　　　D. 收敛性与 α 取值有关

5. 级数 $\sum_{n=1}^{\infty}(-1)^n\left(1-\cos\dfrac{\alpha}{n}\right)$ 是( ).

   A. 发散   B. 条件收敛   C. 绝对收敛   D. 收敛性与 α 有关

6. 设 $u_n=(-1)^n\ln\left(1+\dfrac{1}{\sqrt{n}}\right)$，则级数( ).

   A. $\sum_{n=1}^{\infty}u_n$ 与 $\sum_{n=1}^{\infty}u_n^2$ 都收敛   B. $\sum_{n=1}^{\infty}u_n$ 与 $\sum_{n=1}^{\infty}u_n^2$ 都发散

   C. $\sum_{n=1}^{\infty}u_n$ 收敛，而 $\sum_{n=0}^{\infty}u_n^2$ 发散   D. $\sum_{n=1}^{\infty}u_n$ 发散，而 $\sum_{n=1}^{\infty}u_n^2$ 收敛

7. 已知级数 $\sum_{n=1}^{\infty}(-1)^{n-1}a_n=2$，$\sum_{n=1}^{\infty}a_{2n-1}=5$，则级数 $\sum_{n=1}^{\infty}a_n$ 等于( ).

   A. 3   B. 7   C. 8   D. 9

8. 设函数 $f(x)=x^2 (0\leqslant x\leqslant 1)$，而

$$S(x)=\sum_{n=1}^{\infty}b_n\sin n\pi x \quad (-\infty<x<\infty)$$

其中 $b_n=2\int_0^1 f(x)\sin n\pi x\,dx, n=1,2,3,\cdots$，则 $S\left(-\dfrac{1}{2}\right)$ 等于( ).

   A. $-\dfrac{1}{2}$ B. $-\dfrac{1}{4}$ C. $\dfrac{1}{4}$ D. $\dfrac{1}{2}$

9. 设 $f(x)=\begin{cases}x & \left(0\leqslant x\leqslant\dfrac{1}{2}\right),\\ 2-2x & \left(\dfrac{1}{2}<x<1\right).\end{cases}$ 而 $S(x)=\dfrac{a_0}{2}+\sum_{n=1}^{\infty}a_n\cos n\pi x(-\infty<x<+\infty)$，

其中 $a_n=2\int_0^1 f(x)\cos n\pi x\,dx \quad (n=0,1,2,\cdots)$，则 $S\left(-\dfrac{5}{2}\right)$ 等于( ).

   A. $\dfrac{1}{2}$ B. $-\dfrac{1}{2}$ C. $\dfrac{3}{4}$ D. $-\dfrac{3}{4}$

10. 设级数 $\sum_{n=1}^{\infty}u_n$ 收敛，则下列必收敛的级数为( ).

   A. $\sum_{n=1}^{\infty}(-1)^n\dfrac{u_n}{n}$ B. $\sum_{n=1}^{\infty}u_n^2$

   C. $\sum_{n=1}^{\infty}(u_{2n-1}-u_{2n})$ D. $\sum_{n=1}^{\infty}(u_n+u_{n+1})$

二、解答题

1. 判断下列级数的敛散性.

(1) $\sum_{n=1}^{\infty}(-1)^{n-1}\arcsin\dfrac{1}{3n}$ ；   (2) $\sum_{n=1}^{\infty}\left(\dfrac{n}{1+n}\right)^n$ ；

(3) $\dfrac{1}{a+b}+\dfrac{1}{2a+b}+\dfrac{1}{3a+b}+\cdots \quad (a,b>0)$ ；

(4) $\sqrt{2}+\sqrt{\dfrac{3}{2}}+\sqrt{\dfrac{4}{3}}+\cdots+\sqrt{\dfrac{n+1}{n}}+\cdots$.

2. 已知级数 $\sum\limits_{n=1}^{\infty} \dfrac{2^n n!}{n^n}$ 收敛,试求极限 $\lim\limits_{n \to \infty} \dfrac{2^n n!}{n_n}$.

3. 根据级数性质,判定级数 $\sum\limits_{n=1}^{\infty} \left(\dfrac{1}{5n} + 2^n \right)$ 的敛散性.

4. 设数列 $\{a_n\}$ 为单调增加的有界正数列,证明级数 $\sum\limits_{n=2}^{\infty} \left(1 - \dfrac{a_n}{a_{n+1}} \right)$ 收敛.

5. 判定级数 $\sum\limits_{n=1}^{\infty} \sqrt{\dfrac{n+1}{n}}$ 的敛散性.

6. 根据级数性质判定级数 $\dfrac{1}{\sqrt{2}-1} - \dfrac{1}{\sqrt{2}+1} + \dfrac{1}{\sqrt{3}-1} - \dfrac{1}{\sqrt{3}+1} + \cdots$ 的敛散性.

三、判别下列级数的敛散性

(1) $\sum\limits_{n=1}^{\infty} \left(\dfrac{1}{n} - \ln \dfrac{n+1}{n} \right)$; (2) $\sum\limits_{n=1}^{\infty} \dfrac{1}{n^2 - \ln n}$;

(3) $\sum\limits_{n=1}^{\infty} \left(\dfrac{n}{2n+1} \right)^n$; (4) $\sum\limits_{n=1}^{\infty} \dfrac{1! + 2! + \cdots + n!}{(2n)!}$;

(5) $\sum\limits_{n=1}^{\infty} \dfrac{x^n}{(1+x)(1+x^2) \cdots (1+x^n)} \quad (x \geqslant 0)$; (6) $\sum\limits_{n=1}^{\infty} \dfrac{1}{3^{\ln n}}$.

四、求下列幂级数的收敛域

(1) $\sum\limits_{n=1}^{\infty} \dfrac{x^n}{n 2^n}$; (2) $\sum\limits_{n=2}^{\infty} \left(\sin \dfrac{1}{2n} \right) \left(\dfrac{1+2x}{2-x} \right)^n$; (3) $\sum\limits_{n=2}^{\infty} \dfrac{3^n + (-2)^n}{n} (x+1)^n$.

五、求下列级数的和函数

(1) $\sum\limits_{n=0}^{\infty} \dfrac{2n+1}{n!} x^{2n+1}$; (2) $\sum\limits_{n=1}^{\infty} \dfrac{2n-1}{2^n} x^{2n-2}$; (3) $\sum\limits_{n=0}^{\infty} \dfrac{(-1)^n (n+1)}{(2n+3)!} x^{2n}$.

六、按以下要求解答

(1) 把级数 $\sum\limits_{n=1}^{\infty} \dfrac{(-1)^{n-1}}{(2n-1)! 2^{2n-2}} x^{2n-1}$ 的和函数展开成 $x-1$ 的幂级数.

(2) 求级数 $\sum\limits_{n=2}^{\infty} \dfrac{1}{(n^2-1) 2^n}$ 的和.

七、求下列级数的收敛域

(1) $\sum\limits_{n=0}^{\infty} \dfrac{x^n}{\sqrt{n+1}}$; (2) $\sum\limits_{n=1}^{\infty} (-1) \dfrac{x^{2n+1}}{2n+1}$;

(3) $\sum\limits_{n=1}^{\infty} \dfrac{(x-2)^{2n}}{n 4^n}$; (4) $\sum\limits_{n=1}^{\infty} \dfrac{(x-5)^n}{n}$.

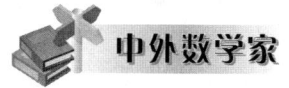

傅里叶
(1768—1830)

让·巴普蒂斯·约瑟夫·傅里叶(Baron Jean Baptiste Joseph Fourier)生于法国中部欧塞尔(Auxerre)的一个裁缝家庭,9岁时沦为孤儿,被当地一主教收养. 他1780年起就读于地方军校,1795年任巴黎综合工科大学助教,1798年随拿破仑军队远征埃及,受到拿破仑器重,回国后于1801年被任命为伊泽尔省格伦诺布尔地方长官.

傅里叶早在1807年就写成关于热传导的论文《热的传播》,向巴黎科学院呈交,但经拉格朗日、拉普拉斯和勒让德审阅后被科学院拒绝. 他1811年又提交了修改后的论文,该论文获科学院大奖,却未正式发表. 傅里叶在论文中推导出著名的热传导方程,并在求解该方程时发现解函数可以由三角函数构成的级数形式表示,从而提出任一函数都可以展开成三角函数的无穷级数. 傅里叶级数(即三角级数)、傅里叶分析等理论均由此创始.

傅里叶由于对传热理论的贡献,于1817年当选为巴黎科学院院士.

1822年,傅里叶终于出版了专著《热的解析理论》(Theorieanalytique de la Chaleur, Didot, Paris, 1822). 这部经典著作将欧拉、伯努利等人在一些特殊情形下应用的三角级数方法发展成内容丰富的一般理论,三角级数后来就以傅里叶的名字命名. 傅里叶应用三角级数求解热传导方程,为了处理无穷区域的热传导问题又导出了当前所称的"傅里叶积分",这一切都极大地推动了偏微分方程边值问题的研究. 然而,傅里叶的工作意义远不止于此,他迫使人们对函数概念做修正、推广,特别是引起了对不连续函数的探讨,三角级数收敛性问题更推进了集合论的诞生. 因此,《热的解析理论》影响了整个19世纪分析严格化的进程. 傅里叶于1822年成为科学院终身秘书.

第九章 空间解析几何初步

○ **知识目标**

1. 理解空间直角坐标系，理解向量的概念及其表示，了解向量的模和方向余弦的坐标表示方式.
2. 掌握向量的数量积和向量积的概念及计算，了解向量的数量积和向量积的物理意义.
3. 掌握平面和直线的方程，掌握平面、直线间夹角的概念.
4. 掌握常见的曲面及其方程，熟悉二次曲面.
5. 了解空间曲线及其在坐标平面上的投影.

○ **能力目标**

1. 会进行向量的线性运算，会求向量的数量积和向量积.
2. 会求平面和直线的方程，会求平面、直线间夹角，会求点到平面的距离.
3. 会利用平面、直线的相互关系（平行、垂直、相交等）解决有关问题.
4. 会利用 Matlab 软件画曲线和曲面.

与平面解析几何一样，空间解析几何通过建立空间直角坐标系，把空间的点与三元有序数组对应起来，用三元方程及方程组来表示空间几何图形，从而可以用代数的方法来研究空间几何问题，这是学习多元函数微积分学的基础. 向量是解决许多工程技术问题的有力工具，本章介绍如何在空间直角坐标系中建立向量的坐标表示式，用代数方法讨论向量的运算，并以向量为工具讨论平面和直线，然后介绍常见的曲面和曲线. 掌握这些内容对于学习多元函数微积分有十分重要的作用.

9.1 向量及其线性运算

一、空间直角坐标系

过空间一个点 O，作三条两两相互垂直的数轴 x 轴（横轴）、y 轴（纵轴）、z 轴（竖轴），这样就建立了空间直角坐标系 $O-xyz$，点 O 称为坐标原点，这三条数轴统称为坐标轴. 通常规定 x 轴、y 轴、z 轴的正向遵循右手法则，即以右手握住 z 轴，当右手的四

个手指从正向 x 轴以 $\dfrac{\pi}{2}$ 角度转向正向 y 轴时,大拇指的指向是 z 轴的正向(见图 9-1).

三条坐标轴中的任意两条可以确定一个平面,这样定出的三个平面称为坐标面.其中 x 轴与 y 轴所确定的平面叫作 xOy 面,y 轴与 z 轴所确定的平面叫作 yOz 面,z 轴与 x 轴所确定的平面叫作 zOx 面.三个坐标面把空间分成八个部分,每一部分叫作卦限.含 x 轴、y 轴、z 轴正半轴的那个卦限叫作第 Ⅰ 卦限,其他第 Ⅱ,Ⅲ,Ⅳ 卦限,在 xOy 坐标面的上方,按逆时针方向确定.第 Ⅴ 到第 Ⅷ 卦限分别在第 Ⅰ 到第 Ⅳ 卦限的下方(见图 9-2).

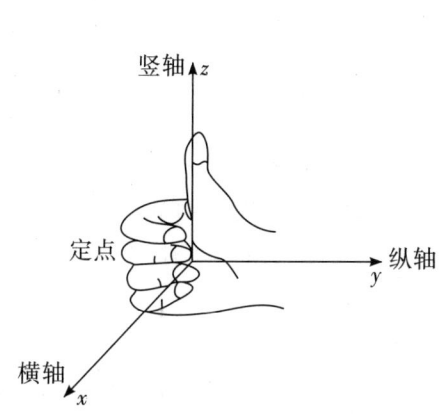 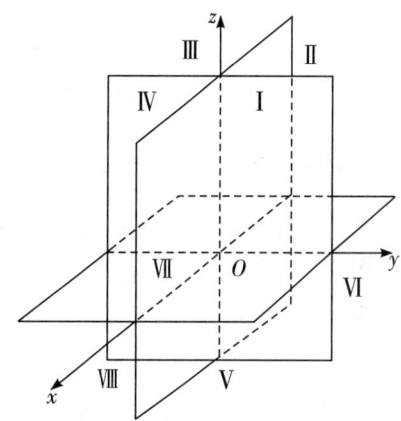

图 9-1　空间直角坐标系　　　　图 9-2　坐标面及其 8 个卦限

设 P 为空间一点,过点 P 分别作垂直 x 轴、y 轴、z 轴的平面,顺次与 x 轴、y 轴、z 轴交于 P_x,P_y,P_z,这三点分别在各自的轴上对应的实数值 x,y,z 称为点 P 在 x 轴、y 轴、z 轴上的坐标,由此唯一确定的有序数组 (x,y,z) 称为点 P 的坐标.依次称 x、y 和 z 为点 P 的横坐标、纵坐标和竖坐标,并通常记为 $P(x,y,z)$.

坐标面上和坐标轴上的点,其坐标各有一定的特征.例如:点 M 在 yOz 面上,则 $x=0$;同样,在 zOx 面上的点,$y=0$;在 xOy 面上的点,$z=0$.如果点 M 在 x 轴上,则 $y=z=0$;同样在 y 轴上,有 $z=x=0$;在 z 轴上的点,有 $x=y=0$.如果点 M 为原点,则 $x=y=z=0$.

二、空间两点间的距离公式

设 $M_1(x_1,y_1,z_1)$、$M_2(x_2,y_2,z_2)$ 为空间两点,过 M_1、M_2 各作三个分别垂直于三条坐标轴的平面,这六个平面围成一个以 M_1M_2 为对角线的长方体(见图 9-3).

根据立体几何知识,有

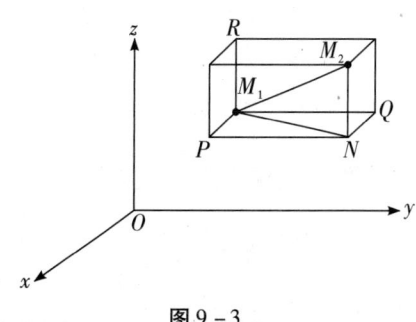

图 9-3

$$
\begin{aligned}
|M_1M_2|^2 &= |M_1N|^2 + |NM_2|^2 \\
&= |M_1P|^2 + |PN|^2 + |NM_2|^2 \\
&= (x_2-x_1)^2 + (y_2-y_1)^2 + (z_2-z_1)^2
\end{aligned}
$$

所以，M_1，M_2 两点间的距离 d 为

$$d = |M_1M_2| = \sqrt{(x_2-x_1)^2 + (y_2-y_1)^2 + (z_2-z_1)^2}$$

例 1　在 xOy 坐标面上求一点 M，使它的 x 坐标为 1，且与点(1，-2，2)和点(2，-1，-4)的距离相等.

解　设该点为$(1,\ y,\ 0)$，由题意得

$$\sqrt{(1-1)^2+(y+2)^2+(0-2)^2} = \sqrt{(1-2)^2+(y+1)^2+(0+4)^2}$$

解得 $y=5$. 于是，所求点坐标为(1，5，0).

三、向量的概念

在日常生活中，经常会遇到两类不同的量：一类是只有大小的量，如长度、面积、体积、质量等，称为数量或标量；另一类量，既有大小又有方向，如速度、加速度、位移、力等，称为向量或矢量.

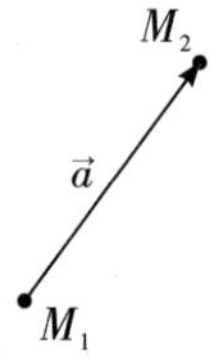

图 9－4

1. 向量的表示

通常用一条有向线段来表示向量. 有向线段的长度表示向量的大小，有向线段的方向表示向量的方向（见图 9－4）.

向量的表示方法有两种：$\vec{a}$，$\overrightarrow{M_1M_2}$（以 M_1 为起点，以 M_2 为终点）.

2. 向量的模

向量的大小叫作向量的模. 向量 $\vec{a}$，$\overrightarrow{M_1M_2}$的模分别记为$|\vec{a}|$，$|\overrightarrow{M_1M_2}|$.

单位向量：模等于 1 的向量叫作单位向量，记为 $\vec{e}$.

零向量：模等于 0 的向量叫作零向量，记作 $\vec{0}$.规定：$\vec{0}$ 可以看作是任意方向的向量.

3. 相等向量

方向相同、大小相等的向量称为相等向量.

4. 平行向量

平行向量亦称共线向量. 如果两个非零向量的方向相同或相反，则称这两个向量平行（或共线），记作 $\vec{a}/\!/\vec{b}$. 规定：零向量与任何向量都平行.

四、向量的线性运算

1. 向量的加、减法

(1) 向量的加法. 设有两个向量 $\vec{a}$ 与 $\vec{b}$，平移向量使 $\vec{b}$ 的起点与 $\vec{a}$ 的终点重合，此

时从 $\vec{a}$ 的起点到 $\vec{b}$ 的终点的向量 $\vec{c}$ 称为向量 $\vec{a}$ 与 $\vec{b}$ 的和,记作 $\vec{a}+\vec{b}$,即 $\vec{c}=\vec{a}+\vec{b}$,如图 9-5 所示.

当向量 $\vec{a}$ 与 $\vec{b}$ 不平行时,平移向量使 $\vec{a}$ 与 $\vec{b}$ 的起点重合,以 $\vec{a}$,$\vec{b}$ 为邻边作一平行四边形,从公共起点到对角的向量等于向量 $\vec{a}$ 与 $\vec{b}$ 的和,即 $\vec{a}+\vec{b}$,如图 9-6 所示.

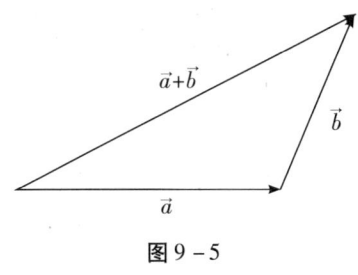
图 9-5

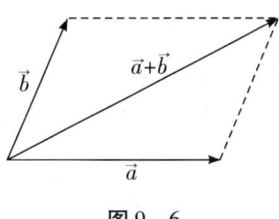
图 9-6

对于任意向量 $\vec{a}$,$\vec{b}$,$\vec{c}$,向量的加法满足以下运算规律:

① 交换律:$\vec{a}+\vec{b}=\vec{b}+\vec{a}$;

② 结合律:$(\vec{a}+\vec{b})+\vec{c}=\vec{a}+(\vec{b}+\vec{c})$.

(2)向量的减法. 设有两个向量 $\vec{a}$ 与 $\vec{b}$,平移向量使 $\vec{b}$ 的起点与 $\vec{a}$ 的起点重合,此时连接两个向量的终点且指向被减数的向量就是差向量,如图 9-7 所示.

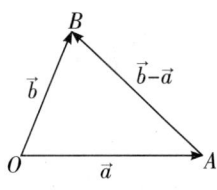
图 9-7

$$\vec{AB}=\vec{AO}+\vec{OB}=\vec{OB}-\vec{OA}.$$

2. 向量与数的乘法

向量 $\vec{a}$ 与实数 λ 的乘积记作 $\lambda\vec{a}$,规定 $\lambda\vec{a}$ 是一个向量,它的模 $|\lambda\vec{a}|=|\lambda||\vec{a}|$. 它的方向:当 $\lambda>0$ 时与 $\vec{a}$ 相同,当 $\lambda<0$ 时与 $\vec{a}$ 相反.

对于任意向量 $\vec{a}$,向量的数乘满足以下运算规律:

(1)结合律:$\lambda(\mu\vec{a})=\mu(\lambda\vec{a})=(\lambda\mu)\vec{a}$.

(2)分配律:$(\lambda+\mu)\vec{a}=\lambda\vec{a}+\mu\vec{a}$;$\lambda(\vec{a}+\vec{b})=\lambda\vec{a}+\lambda\vec{b}$.

例 2 在平行四边形 $ABCD$ 中,设 $\vec{AB}=\vec{a}$,$\vec{AD}=\vec{b}$,试用 $\vec{a}$ 和 $\vec{b}$ 表示向量 $\vec{MA}$、$\vec{MB}$、$\vec{MC}$、$\vec{MD}$(其中 M 是平行四边形对角线的交点),如图 9-8 所示.

解 $\vec{a}+\vec{b}=\vec{AC}=2\vec{AM}$,于是

$$\vec{MA}=-\frac{1}{2}(\vec{a}+\vec{b})$$

因为 $\vec{MC}=-\vec{MA}$,所以

$$\vec{MC}=\frac{1}{2}(\vec{a}+\vec{b})$$

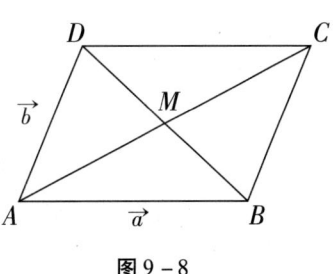
图 9-8

又因 $-\vec{a}+\vec{b}=\vec{BD}=2\vec{MD}$,所以

$$\overrightarrow{MD} = -\frac{1}{2}(\vec{a} - \vec{b})$$

由于 $\overrightarrow{MB} = -\overrightarrow{MD}$，所以

$$\overrightarrow{MB} = \frac{1}{2}(\vec{a} - \vec{b})$$

定理1 设向量 $\vec{a} \neq 0$，那么，向量 $\vec{b}$ 平行于 $\vec{a}$ 的充分必要条件是：存在唯一的实数 λ，使 $\vec{b} = \lambda \vec{a}$.

3. 向量的坐标表示

在空间直角坐标系 $O-xyz$ 中，取与 Ox 轴、Oy 轴、Oz 轴同向的单位向量 $\vec{i}$、$\vec{j}$、$\vec{k}$. 将向量 $\vec{a}$ 平移，使其起点与坐标原点重合，将其终点坐标设为 (a_x, a_y, a_z)，则根据向量的数乘与平行四边形法则有

$$\vec{a} = a_x \vec{i} + a_y \vec{j} + a_z \vec{k}$$

上式称为向量 $\vec{a}$ 的分解式，也可记为

$$\vec{a} = (a_x, a_y, a_z)$$

此式称为向量 $\vec{a}$ 的坐标式.

利用向量的坐标，可得向量的加法、减法以及向量的数乘的运算如下：
设 $\vec{a} = a_x \vec{i} + a_y \vec{j} + a_z \vec{k}$，$\vec{b} = b_x \vec{i} + b_y \vec{j} + b_z \vec{k}$ 则有

$$\vec{a} \pm \vec{b} = (a_x \pm b_x)\vec{i} + (a_y \pm b_y)\vec{j} + (a_z \pm b_z)\vec{k}$$

$$\lambda \vec{a} = (\lambda a_x)\vec{i} + (\lambda a_y)\vec{j} + (\lambda a_z)\vec{k}$$

即对向量进行加、减、数乘运算，就是对向量的各个坐标分别进行相应的数量运算.

向量 $\vec{a}$ 与三条坐标轴 x 轴、y 轴、z 轴正向的夹角 α、β、γ，称为方向角（$0 \leq \alpha \leq \pi$，$0 \leq \beta \leq \pi$，$0 \leq \gamma \leq \pi$）（见图9-9）；方向角的余弦值称为方向余弦. 其计算公式为：

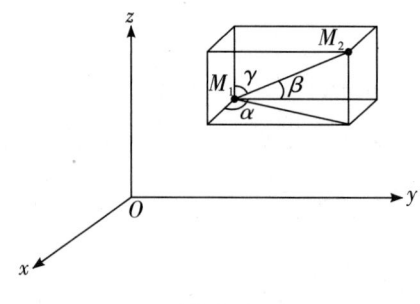

图9-9

$$\cos\alpha = \frac{a_x}{|\vec{a}|} = \frac{a_x}{\sqrt{a_x^2 + a_y^2 + a_z^2}}$$

$$\cos\beta = \frac{a_y}{|\vec{a}|} = \frac{a_y}{\sqrt{a_x^2 + a_y^2 + a_z^2}}$$

$$\cos\gamma = \frac{a_z}{|\vec{a}|} = \frac{a_z}{\sqrt{a_x^2 + a_y^2 + a_z^2}}$$

显然

$$\cos^2\alpha + \cos^2\beta + \cos^2\gamma = 1$$

例3 已知点 $A(1, 2, 3)$ 和 $B(2, 1, -1)$，求向量 $\overrightarrow{AB}$ 的模、方向余弦及与 $\overrightarrow{AB}$ 方向相同的单位向量.

解 $\overrightarrow{AB} = (1, -1, -4)$，故

$$|\overrightarrow{AB}| = \sqrt{1^2 + (-1)^2 + (-4)^2} = 3\sqrt{2}$$

$$\cos\alpha = \frac{1}{3\sqrt{2}} = \frac{\sqrt{2}}{6} \quad \cos\beta = \frac{-1}{3\sqrt{2}} = -\frac{\sqrt{2}}{6} \quad \cos\gamma = \frac{-4}{3\sqrt{2}} = -\frac{2\sqrt{2}}{3}$$

向量 $\vec{e} = (\cos\alpha, \cos\beta, \cos\gamma)$ 是与 $\overrightarrow{AB}$ 方向相同的单位向量，所以与 $\overrightarrow{AB}$ 方向相同的单位向量为

$$\vec{e} = \left(\frac{\sqrt{2}}{6}, -\frac{\sqrt{2}}{6}, -\frac{2\sqrt{2}}{3}\right)$$

课堂练习

1. 在空间直角坐标系中，指出下列各点在哪个卦限.
   (1) $A(1, -2, 3)$；   (2) $B(2, 3, -4)$；
   (3) $C(2, -3, 4)$；   (4) $D(-2, -2, 1)$.

2. 在坐标面上和坐标轴上的点的坐标各有什么特征？指出下列各点的位置.
   (1) $A(3, 4, 0)$；   (2) $B(0, 4, 3)$；
   (3) $C(2, 0, 0)$；   (4) $D(0, -1, 0)$.

课后作业

1. 在 y 轴上找一点，使它与点 $A(3, 1, 0)$ 和 $B(-2, 4, 1)$ 等距.

2. 已知点 $A(3, 2, 1)$ 和 $B(5, -3, 0)$，分别求 A、B 关于各坐标面、各坐标轴以及原点的对称点的坐标.

3. 已知两点 $M_1(0, 1, 2)$ 和 $M_2(1, -1, 0)$，试用坐标表示式表示向量 $\overrightarrow{M_1M_2}$ 及 $-2\overrightarrow{M_1M_2}$.

4. 已知 $\overrightarrow{OA}$ 为 $(4, -1, 5)$ 与 $\overrightarrow{OB}$ 为 $(-1, 8, 0)$，求 $|\overrightarrow{AB}|$ 及向量 $\overrightarrow{AB}$ 与 $\overrightarrow{OA} + \overrightarrow{OB}$ 的坐标.

9.2 向量的数量积与向量积

一、向量的数量积

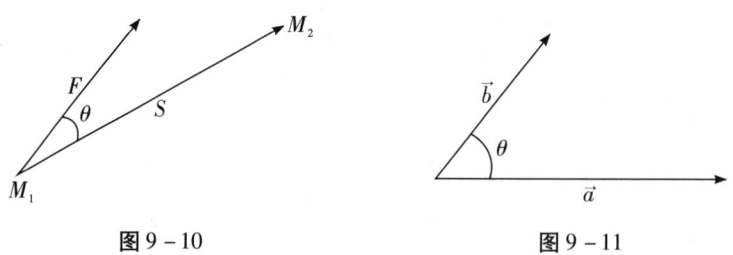

图 9-10　　　　　　　图 9-11

引例　设一物体在常力 F 作用下沿直线从点 M_1 移动到 M_2，以 S 表示位移 $\overrightarrow{M_1M_2}$，由物理学知识知道，力 F 所做的功为 $W = |F||s|\cos\theta$（其中 θ 为 F 与 S 之间的夹角），如图 9-10 所示.

从这个问题看出，我们对两个向量 $\vec{a}$ 和 $\vec{b}$ 作上述运算的结果是一个实数.

设有两个非零向量 $\vec{a}, \vec{b}$，如图 9-11 所示，让 $\vec{a}$ 和 $\vec{b}$ 的起点重合，我们将有向线段 $\vec{a}$ 与 $\vec{b}$ 所成不超过 π 的角称为向量 $\vec{a}$ 与 $\vec{b}$ 的夹角，记作 $\angle(\vec{a}, \vec{b})$. 特别地，当 $\angle(\vec{a}, \vec{b}) = \dfrac{\pi}{2}$ 时，称 $\vec{a}$ 与 $\vec{b}$ 垂直，记作 $\vec{a} \perp \vec{b}$. 显然，$\angle(\vec{a}, \vec{b}) = 0$ 或 π 时，$\vec{a} // \vec{b}$.

定义 1　任意两向量 $\vec{a}, \vec{b}$ 的数量积（或内积）是一个数量，它等于 $\vec{a}$ 和 $\vec{b}$ 的模与它们的夹角的余弦的乘积，记为 $\vec{a} \cdot \vec{b}$，即 $\vec{a} \cdot \vec{b} = |\vec{a}||\vec{b}|\cos(\vec{a}, \vec{b})$. 两个向量的数量积也等于它们对应坐标的乘积的和.

由数量积的定义可以得出：

(1) 等式 $\vec{a} \cdot \vec{a} = |\vec{a}|^2$；

(2) 两个非零向量 $\vec{a} \perp \vec{b} \Leftrightarrow \vec{a} \cdot \vec{b} = 0$.

对于任意向量 $\vec{a}, \vec{b}, \vec{c}$ 及实数 λ，数量积满足下列运算规律：

(1) 交换律：$\vec{a} \cdot \vec{b} = \vec{b} \cdot \vec{a}$；

(2) 结合律：$(\lambda \vec{a}) \cdot \vec{b} = \lambda(\vec{a} \cdot \vec{b})$；

(3) 分配律：$(\vec{a} + \vec{b}) \cdot \vec{c} = \vec{a} \cdot \vec{c} + \vec{b} \cdot \vec{c}$.

例 1　设 $|\vec{a}| = 2$，$|\vec{b}| = 3$，$\angle(\vec{a}, \vec{b}) = \dfrac{\pi}{3}$，求 $(\vec{a} + \vec{b}) \cdot (\vec{a} - \vec{b})$ 与 $(\vec{a} + \vec{b}) \cdot (\vec{a} + \vec{b})$.

解　$(\vec{a} + \vec{b}) \cdot (\vec{a} - \vec{b}) = \vec{a} \cdot \vec{a} - \vec{b} \cdot \vec{b} = |\vec{a}|^2 - |\vec{b}|^2 = -5$

因为 $\vec{a}\cdot\vec{b}=|\vec{a}||\vec{b}|\cos\angle(\vec{a},\vec{b})=2\times3\cos\dfrac{\pi}{3}=3$，所以

$$(\vec{a}+\vec{b})\cdot(\vec{a}+\vec{b})=\vec{a}\cdot\vec{a}+2\vec{a}\cdot\vec{b}+\vec{b}\cdot\vec{b}=2^2+2\times3+3^2=19$$

例 2 一质点在力 $F=4\vec{i}+2\vec{j}+2\vec{k}$ 的作用下，从点 $A(2,1,0)$ 移动到点 $B(5,-2,6)$，求 F 所做的功及 F 与 $\overrightarrow{AB}$ 间的夹角.

解 由数量积的定义知，F 所做的功是 $W=F\cdot S$，其中 $S=\overrightarrow{AB}=3\vec{i}-3\vec{j}+6\vec{k}$，是路程向量，故

$$W=F\cdot S=(4\vec{i}+2\vec{j}+2\vec{k})\cdot(3\vec{i}-3\vec{j}+6\vec{k})=18$$

如果力的单位是牛顿（N），位移的单位是米（m），则 F 所做的功是 18 焦耳（J）. 所以，有

$$\cos\theta=\dfrac{F\cdot S}{|F||S|}=\dfrac{18}{\sqrt{4^2+2^2+2^2}\sqrt{3^2+(-3)^2+6^2}}=\dfrac{1}{2}$$

因此，F 与 S 的夹角为 $\theta=\dfrac{\pi}{3}$.

二、向量的向量积

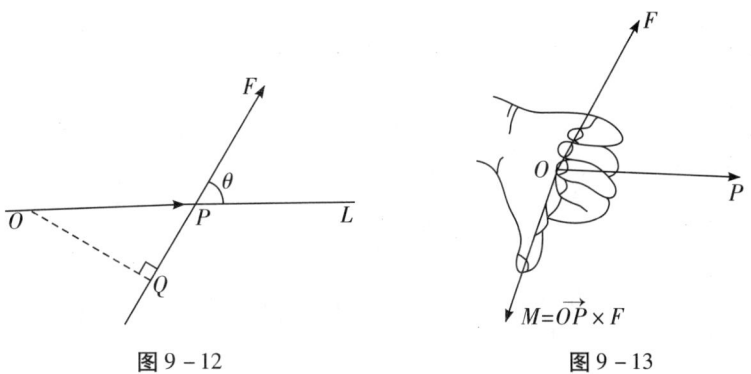

图 9 - 12　　　　　　图 9 - 13

引例 设点 O 为一根杠杆 L 的支点，力 F 与 $\overrightarrow{OP}$ 的夹角为 θ，如图 9 - 12 所示. 根据力学规定，力 F 对支点 O 的力矩是一向量 M，它的模

$$|M|=|OQ||F|=|\overrightarrow{OP}||F|\cos\theta$$

而 M 的方向垂直于 F 与 $\overrightarrow{OP}$ 所确定的平面，M 的指向是按右手规则从 $\overrightarrow{OP}$ 不超过 π 的角转向 F 来确定的. 即当右手四个手指从 $\overrightarrow{OP}$ 不超过 π 的角转向 F 握拳时，大拇指的指向就是 M 的指向，如图 9 - 13 所示.

这种由两个已知向量按以上规则来确定另一个向量的情况，在其他力学和物理问题中也会遇到，从而可以得出两个向量的向量积的概念.

定义 2 给定两个向量 $\vec{a}$ 和 $\vec{b}$，$\vec{a}$ 与 $\vec{b}$ 的向量积（或外积）仍是一个向量，记为 $\vec{a}\times\vec{b}$，其大小 $|\vec{a}\times\vec{b}|=|\vec{a}||\vec{b}|\sin\angle(\vec{a},\vec{b})$. 其中，方向规定为：与 $\vec{a}$ 和 $\vec{b}$ 都垂直，且

$\vec{a}$, $\vec{b}$, $\vec{a} \times \vec{b}$ 构成右手系.

由定义,若 $\vec{a}$ 与 $\vec{b}$ 不共线时,$|\vec{a} \times \vec{b}|$ 的几何意义就是以 $\vec{a}$,$\vec{b}$ 为邻边的平行四边形的面积.

向量积的运算律:

(1)反交换律:$\vec{a} \times \vec{b} = -\vec{b} \times \vec{a}$;

(2)分配律:$(\vec{a} + \vec{b}) \times \vec{c} = \vec{a} \times \vec{c} + \vec{b} \times \vec{c}$;

(3)结合律:$(\lambda \vec{a}) \times \vec{b} = \vec{a} \times (\lambda \vec{b}) = \lambda (\vec{a} \times \vec{b})$ (λ 为数量).

向量积的坐标表示:若 $\vec{a} = a_x \vec{i} + a_y \vec{j} + a_z \vec{k}$,$\vec{b} = b_x \vec{i} + b_y \vec{j} + b_z \vec{k}$,则

$$\vec{a} \times \vec{b} = \begin{vmatrix} \vec{i} & \vec{j} & \vec{k} \\ a_x & a_y & a_z \\ b_x & b_y & b_z \end{vmatrix}$$

$$= \begin{vmatrix} a_y & a_z \\ b_y & b_z \end{vmatrix} \vec{i} - \begin{vmatrix} a_x & a_z \\ b_x & b_z \end{vmatrix} \vec{j} + \begin{vmatrix} a_x & a_y \\ b_x & b_y \end{vmatrix} \vec{k}$$

$$= (a_y b_z - a_z b_y) \vec{i} + (a_z b_x - a_x b_z) \vec{j} + (a_x b_y - a_y b_x) \vec{k}$$

例3 设 $\vec{a} = (1, 2, -2)$,$\vec{b} = (-2, 1, 0)$,求 $\vec{a} \times \vec{b}$ 及与 $\vec{a}$,$\vec{b}$ 都垂直的单位向量.

解 $\vec{a} \times \vec{b} = \begin{vmatrix} \vec{i} & \vec{j} & -\vec{k} \\ 1 & 2 & -2 \\ -2 & 1 & 0 \end{vmatrix} = \begin{vmatrix} 2 & -2 \\ 1 & 0 \end{vmatrix} \vec{i} - \begin{vmatrix} 1 & -2 \\ -2 & 0 \end{vmatrix} \vec{j} + \begin{vmatrix} 1 & 2 \\ -2 & 1 \end{vmatrix} \vec{k}$

$= 2\vec{i} + 4\vec{j} + 5\vec{k}$

所求的单位向量为

$$\pm \frac{1}{\sqrt{2^2 + (4)^2 + 5^2}} (2\vec{i} + 4\vec{j} + 5\vec{k}) = \pm \frac{\sqrt{5}}{15} (2\vec{i} + 4\vec{j} + 5\vec{k})$$

例4 已知三角形 ABC 的顶点分别是 $A(1, 2, 3)$、$B(3, 4, 5)$、$C(2, 4, 7)$,求三角形 ABC 的面积.

解 根据向量积的定义,可知三角形 ABC 的面积

$$S_{\triangle ABC} = \frac{1}{2} |\overrightarrow{AB}| |\overrightarrow{AC}| \sin \angle A = \frac{1}{2} |\overrightarrow{AB} \times \overrightarrow{AC}|$$

由于 $\overrightarrow{AB} = (2, 2, 2)$,$\overrightarrow{AC} = (1, 2, 4)$,因此

$$\overrightarrow{AB} \times \overrightarrow{AC} = \begin{vmatrix} \vec{i} & \vec{j} & \vec{k} \\ 2 & 2 & 2 \\ 1 & 2 & 4 \end{vmatrix} = 4\vec{i} - 6\vec{j} + 2\vec{k}$$

于是

$$S_{\triangle ABC} = \frac{1}{2} |4\vec{i} - 6\vec{j} + 2\vec{k}| = \frac{1}{2} \sqrt{4^2 + (-6)^2 + 2^2} = \sqrt{14}$$

课堂练习

1. 求 $\vec{a} \cdot \vec{b}$，其中向量 $\vec{a}$，$\vec{b}$ 的坐标如下：

   (1) $\vec{a} = (3, 5, 7)$，$\vec{b} = (-2, 6, 1)$；　　(2) $\vec{a} = (3, 0, -6)$，$\vec{b} = (2, -4, 0)$.

2. $|\vec{a}| = 3$，$|\vec{b}| = 4$，$\angle(\vec{a}, \vec{b}) = \dfrac{\pi}{6}$，求 $\vec{a} \cdot \vec{b}$ 与 $(2\vec{a} + \vec{b}) \cdot (\vec{a} - \vec{b})$.

3. 已知向量 $\vec{a} = (3, -1, -2)$，$\vec{b} = (1, 2, -1)$，试求下列向量.

   (1) $\vec{a} \times \vec{b}$；　　(2) $(2\vec{a} + \vec{b}) \times \vec{b}$；　　(3) $(2\vec{a} - \vec{b}) \times (2\vec{a} + \vec{b})$.

课后作业

1. 已知 $\vec{a} = (2, -2, 1)$，$\vec{b} = (3, 2, 2)$，求：

   (1) 垂直于 $\vec{a}$ 和 $\vec{b}$ 的单位向量；

   (2) 以 $\vec{a}$，$\vec{b}$ 为边的平行四边形的面积以及夹角余弦.

2. 设 $\vec{a} + \vec{b} + \vec{c} = 0$，$|\vec{a}| = 3$，$|\vec{b}| = 2$，$|\vec{c}| = 4$，求 $\vec{a} \cdot \vec{b} + \vec{b} \cdot \vec{c} + \vec{c} \cdot \vec{a}$.

9.3　平面与直线

一、平面方程

1. 平面的点法式方程

在空间中通过一定点且与非零向量 $\vec{n}$ 垂直的平面 Π 是唯一的，此时称向量 $\vec{n}$ 为平面 Π 的法向量. 易知，平面上任意一向量均与该平面的法向量垂直.

已知平面 Π 上一点 $M_0(x_0, y_0, z_0)$ 和它的一个法向量 $\vec{n} = (A, B, C)$，在平面 Π 上任取一点 $M(x, y, z)$，由 $\vec{n} \cdot \overrightarrow{M_0M} = 0$，得平面 Π 的方程为

$$A(x - x_0) + B(y - y_0) + C(z - z_0) = 0$$

这就是平面 Π 上任一点 $M(x, y, z)$ 所满足的方程，称之为**点法式方程**.

例1　求过点 $(2, -3, 0)$ 且以 $\vec{n} = (1, -2, 3)$ 为法向量的平面的方程.

解　所求平面的方程为

$$(x - 2) - 2(y + 3) + 3z = 0,$$

即

$$x - 2y + 3z - 8 = 0.$$

例2　求过三点 $M_1(2, -1, 4)$、$M_2(-1, 3, -2)$ 和 $M_3(0, 2, 3)$ 的平面的方程.

解　可以用 $\overrightarrow{M_1M_2} \times \overrightarrow{M_1M_3}$ 作为平面的法线向量 $\vec{n}$. 因为 $\overrightarrow{M_1M_2} = (-3, 4, -6)$，$\overrightarrow{M_1M_3} = (-2, 3, -1)$，所以

$$\vec{n} = \overrightarrow{M_1M_2} \times \overrightarrow{M_1M_3} = \begin{vmatrix} \vec{i} & \vec{j} & \vec{k} \\ -3 & 4 & -6 \\ -2 & 3 & -1 \end{vmatrix} = 14\vec{i} + 9\vec{j} - \vec{k}$$

根据平面的点法式方程，得所求平面的方程为
$$14(x-2) + 9(y+1) - (z-4) = 0$$
即
$$14x + 9y - z - 15 = 0$$

2. 平面的一般方程

由平面的点法式方程 $A(x-x_0) + B(y-y_0) + C(z-z_0) = 0$ 知，任一平面都可用 x，y，z 的一次方程来表示．方程
$$Ax + By + Cz + D = 0$$
称为平面的一般方程，其中 x，y，z 的系数就是该平面的一个法线向量 $\vec{n}$ 的坐标，即 $\vec{n} = (A, B, C)$．

例如，方程 $3x - 4y + z - 9 = 0$ 表示一个平面，$\vec{n} = (3, -4, 1)$ 就是这个平面的一个法线向量．

例 3 求通过 x 轴和点 $(4, -3, -1)$ 的平面的方程．

解 平面通过 x 轴，一方面表明它的法线向量垂直于 x 轴，即 $A = 0$；另一方面表明它必通过原点，即 $D = 0$．因此，可设这个平面的方程为
$$By + Cz = 0$$
又因为这平面通过点 $(4, -3, -1)$，所以有 $-3B - C = 0$，将其代入所设方程并除以 $B(B \neq 0)$，便得所求平面的方程为
$$y - 3z = 0$$

二、直线的方程

直线是两平面的交线，即直线的一般式方程为
$$\begin{cases} A_1x + B_1y + C_1z + D_1 = 0, \\ A_2x + B_2y + C_2z + D_2 = 0. \end{cases}$$

已知直线上一点 $M_0(x_0, y_0, z_0)$ 和方向向量 $\vec{s} = (m, n, p)$，在直线上任取一点 $M(x, y, z)$，则向量 $\overrightarrow{M_0M}$ 与直线的方向向量 $\vec{s}$ 平行，则得直线的对称式方程为
$$\frac{x - x_0}{m} = \frac{y - y_0}{n} = \frac{z - z_0}{p}$$

例 4 将直线的一般式 $\begin{cases} x + y + z + 1 = 0, \\ 2x - y + 3z + 4 = 0 \end{cases}$ 以对称式方程表示．

解 取 $x_0 = 1$，代入方程组得 $y_0 = 0$，$z_0 = -2$，即点 $(1, 0, -2)$ 在直线上．

两平面的法向量分别为 $\vec{n_1} = (1, 1, 1)$ 和 $\vec{n_2} = (2, 1, 3)$，则

$$\vec{s} = \vec{n_1} \times \vec{n_2} = \begin{vmatrix} \vec{i} & \vec{j} & \vec{k} \\ 1 & 1 & 1 \\ 2 & -1 & 3 \end{vmatrix} = 4\vec{i} - \vec{j} - 3\vec{k}$$

所求对称式方程为

$$\frac{x-1}{4} = \frac{y}{-1} = \frac{z+2}{-3}$$

三、直线与平面的相互位置关系

1. 两平面的位置关系

两平面的位置关系不外是相交、平行与重合,利用两平面法线向量位置关系就可判定.

两平面法线向量的夹角中的锐角称为两平面的夹角(见图9-14).

设两平面的法线向量分别为 $\vec{n_1} = (A_1, B_1, C_1)$ 和 $\vec{n_2} = (A_2, B_2, C_2)$,由于

$$\cos\theta = |\cos\angle(\vec{n_1}, \vec{n_2})| = \frac{\vec{n_1} \cdot \vec{n_2}}{|\vec{n_1}||\vec{n_2}|}$$

$$= \frac{|A_1 A_2 + B_1 B_2 + C_1 C_2|}{\sqrt{A_1^2 + B_1^2 + C_1^2} \cdot \sqrt{A_2^2 + B_2^2 + C_2^2}}$$

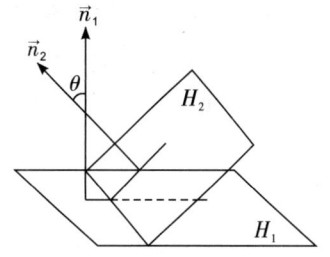

图 9-14 两平面的夹角

其中 θ 是两平面夹角,则有

(1) 两平面重合或平行的充要条件为 $\frac{A_1}{A_2} = \frac{B_1}{B_2} = \frac{C_1}{C_2}$;

(2) 两平面垂直的充要条件为 $A_1 A_2 + B_1 B_2 + C_1 C_2 = 0$.

例5 求两平面 $x - y + 2z - 6 = 0$ 和 $2x + y + z - 5 = 0$ 的夹角.

解 $\vec{n_1} = (A_1, B_1, C_1) = (1, -1, 2)$ $\vec{n_2} = (A_2, B_2, C_2) = (2, 1, 1)$

$$\cos\theta = \frac{|A_1 A_2 + B_1 B_2 + C_1 C_2|}{\sqrt{A_1^2 + B_1^2 + C_1^2} \cdot \sqrt{A_2^2 + B_2^2 + C_2^2}} = \frac{|1 \times 2 + (-1) \times 1 + 2 \times 1|}{\sqrt{1^2 + (-1)^2 + 2^2} \cdot \sqrt{2^2 + 1^2 + 1^2}} = \frac{1}{2}$$

所以,所求夹角为 $\theta = \frac{\pi}{3}$.

例6 一平面通过两点 $M_1(1, 1, 1)$ 和 $M_2(0, 1, -1)$ 且垂直于平面 $x + y + z = 0$,求它的方程.

解法一 由点 M_1 到点 M_2 的向量为 $\vec{n_1} = (-1, 0, -2)$,平面 $x + y + z = 0$ 的法线向量为 $\vec{n_2} = (1, 1, 1)$.

设所求平面的法线向量为 $\vec{n} = (A, B, C)$, $\vec{n} \perp \vec{n_1}$,即 $-A - 2C = 0$,故 $A = -2C$.

又因为所求平面垂直于平面 $x + y + z = 0$,所以 $\vec{n} \perp \vec{n_2}$,即 $A + B + C = 0$,故 $B = C$.

所求平面为
$$-2C(x-1) + C(y-1) + C(z-1) = 0 \quad 即 \quad 2x - y - z = 0$$

解法二 从点 M_1 到点 M_2 的向量为 $\vec{n_1} = (-1, 0, -2)$，平面 $x + y + z = 0$ 的法线向量为 $\vec{n_2} = (1, 1, 1)$.

设所求平面的法线向量 $\vec{n}$ 可取为 $\vec{n_1} \times \vec{n_2}$. 因为

$$\vec{n} = \vec{n_1} \times \vec{n_2} = \begin{vmatrix} \vec{i} & \vec{j} & \vec{k} \\ -1 & 0 & -2 \\ 1 & 1 & 1 \end{vmatrix} = 2\vec{i} - \vec{j} - \vec{k}$$

所以，所求平面方程为

$$2x - y - z = 0$$

2. 两直线间的位置关系

空间两直线间的位置关系有共面与异面，其中共面又分为平行、相交和重合．
若空间两直线的对称式方程为

$$l_1 : \frac{x - x_1}{m_1} = \frac{y - y_1}{n_1} = \frac{z - z_1}{p_1}$$

$$l_2 : \frac{x - x_2}{m_2} = \frac{y - y_2}{n_2} = \frac{z - z_2}{p_2}$$

则

(1) l_1 与 l_2 异面 $\Leftrightarrow \begin{vmatrix} x_2 - x_1 & y_2 - y_1 & z_2 - z_1 \\ m_1 & n_1 & p_1 \\ m_2 & n_2 & p_2 \end{vmatrix} \neq 0$；

(2) l_1 与 l_2 共面 $\Leftrightarrow \begin{vmatrix} x_2 - x_1 & y_2 - y_1 & z_2 - z_1 \\ m_1 & n_1 & p_1 \\ m_2 & n_2 & p_2 \end{vmatrix} = 0$.

且两条直线平行或重合的充分必要条件为 $\frac{m_1}{m_2} = \frac{n_1}{n_2} = \frac{p_1}{p_2}$，两条直线垂直的充分必要条件为 $m_1 m_2 + n_1 n_2 + p_1 p_2 = 0$.

设直线 l_1 和 l_2 为两条相交直线，它们的方向向量分别为 $\vec{S_1} = (m_1, n_1, p_1)$、$\vec{S_2} = (m_2, n_2, p_2)$，则规定两条直线的夹角为它们方向向量夹角中的锐角 ω. 则有

$$\cos \omega = |\cos \angle (\vec{S_1}, \vec{S_2})| = \frac{|m_1 m_2 + n_1 n_2 + p_1 p_2|}{\sqrt{m_1^2 + n_1^2 + p_1^2} \cdot \sqrt{m_2^2 + n_2^2 + p_2^2}}$$

3. 直线与平面的位置关系

空间直线与平面的位置关系有直线与平面相交、直线与平面平行及直线在平面上三种情形．设直线 l 的对称式方程为 $\frac{x - x_0}{m} = \frac{y - y_0}{n} = \frac{z - z_0}{p}$，平面 Π 的方程为 $Ax + By + Cz +$

$D=0$,则：

直线 l 与平面 Π 相交的充要条件为
$$Am+Bn+Cp \neq 0$$
直线 l 与平面 Π 平行或在平面 Π 上的充要条件为
$$Am+Bn+Cp = 0$$

若直线 l 与平面 Π 相交，直线 l 与平面 Π 的夹角 φ 规定为：当 l 与平面 Π 垂直时，$\varphi = \dfrac{\pi}{2}$；当 l 与平面 Π 不垂直时，φ 等于 l 与其在平面 Π 上的投影直线 l_1 的夹角（见图 9-15）.

设直线 l 的方向向量 $\vec{s}=(m,n,p)$，平面 Π 的法向量 $\vec{n}=(A,B,C)$，则
$$\varphi = \left| \frac{\pi}{2} - \angle(\vec{s},\vec{n}) \right|$$

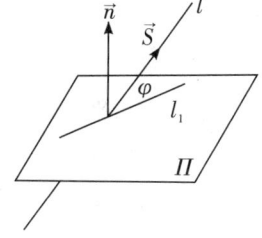

图 9-15 直线与平面相交

于是
$$\sin\varphi = |\cos\angle(\vec{s},\vec{n})| = \frac{|\vec{s}\cdot\vec{n}|}{|\vec{s}||\vec{n}|} = \frac{|Am+Bn+Cp|}{\sqrt{A^2+B^2+C^2}\cdot\sqrt{m^2+n^2+p^2}}$$

四、点到平面的距离

设 $P_0(x_0,y_0,z_0)$ 是平面 Π：$Ax+By+Cz+D=0$ 外一点，在平面 Π 上任取一点 $P_1(x_1,y_1,z_1)$ 并作向量 $\overrightarrow{P_1P_0}$（见图 9-16），可以看到点 P_0 到平面 Π 的距离
$$d = |\overrightarrow{P_1P_0}||\cos\theta|$$
其中 θ 是 $\overrightarrow{P_1P_0}$ 与平面 Π 法向量 $\vec{n}$ 的夹角.
$$\begin{aligned}\overrightarrow{P_1P_0}\cdot\vec{n} &= A(x_0-x_1)+B(y_0-y_1)+C(z_0-z_1)\\ &= Ax_0+By_0+Cz_0-(Ax_1+By_1+Cz_1)\end{aligned}$$
点 P_1 在平面 Π 上，故 $Ax_1+By_1+Cz_1+D=0$，即有 $Ax_1+By_1+Cz_1=-D$，于是
$$\overrightarrow{P_1P_0}\cdot\vec{n} = Ax_0+By_0+Cz_0+D$$

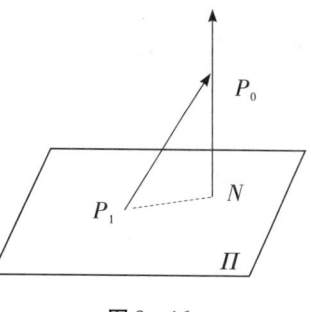

图 9-16

从而
$$|\cos\theta| \frac{|\overrightarrow{P_1P_0}\cdot\vec{n}|}{|\overrightarrow{P_1P_0}||\vec{n}|} = \frac{|Ax_0+By_0+Cz_0+D|}{|\overrightarrow{P_1P_0}|\sqrt{A^2+B^2+C^2}}$$

所以点 P_0 到平面 Π 的距离
$$d = \frac{|Ax_0+By_0+Cz_0+D|}{\sqrt{A^2+B^2+C^2}}$$

课堂练习

1. 已知平面平行于 y 轴，且过点 $P(1, -5, 1)$ 和 $Q(3, 2, -1)$，求平面的方程.
2. 求过点 $M(1, 2, 1)$，且垂直于已知两平面 $x+y=0$ 与 $5y+z-1=0$ 的平面的方程.
3. 求过点 $(0, 2, 4)$ 且与平面 $x+2z=1$ 及 $y-3z=2$ 都平行的直线方程.

课后作业

1. 已知平面过 $O(0, 0, 0)$、$A(1, 0, 1)$、$B(2, 1, 0)$ 三点，求该平面的方程.
2. 一直线过点 $A(2, -3, 4)$ 且和 y 轴垂直相交，求其方程.
3. 填空题.

(1) 过原点，且与直线 $\dfrac{x-1}{3} = \dfrac{y}{1} = \dfrac{z}{-1}$ 垂直的平面方程为 _____；

(2) 过点 $M(4, -1, 0)$，且与向量 $(1, 2, 1)$ 平行的直线方程是 _____；

(3) 平面 $x+y+kz+5=0$ 与直线 $\dfrac{x-4}{2} = \dfrac{y+1}{-1} = \dfrac{z}{1}$ 平行，则 k _____；

(4) 平面 $4x-2y-2z-1=0$ 与直线 $\dfrac{x-3}{-2} = \dfrac{y+1}{-7} = \dfrac{z-1}{3}$ 的位置关系是 _____；

(5) 点 $(1, 2, 1)$ 到平面 $x-2y-2z-10=0$ 的距离是 _____.

9.4 曲面与曲线

一、曲面的方程

与平面解析几何中把平面曲线看成动点的轨迹一样，在空间解析几何中，任何曲面都看作点的几何轨迹，在这样的意义下，如果曲面 S 与三元方程 $F(x, y, z) = 0$ 有如下关系：

(1) 曲面 S 上任意一点的坐标都满足方程 $F(x, y, z) = 0$，

(2) 不在曲面 S 上的点的坐标都不满足方程 $F(x, y, z) = 0$，

那么，方程 $F(x, y, z) = 0$ 就称为曲面 S 的方程，而曲面 S 就称为方程 $F(x, y, z) = 0$ 的图象. 一般地，三元方程 $F(x, y, z) = 0$ 的图象都是空间曲面.

二、常见的二次曲面及其方程

1. 柱面

动直线 L 沿给定曲线 C 平移所形成的曲面称为柱面. 曲线 C 称为柱面的准线，平移的动直线 L 叫柱面的母线.

如方程 $f(x, y) = 0$ 在 xOy 平面上表示一条曲线 C，则方程 $f(x, y) = 0$ 在空间表示以 xOy 坐标面上的曲线为准线，平行于 z 轴的直线为母线的柱面.

类似地,方程 $f(y,z)=0$ 在空间表示以 yOz 坐标面上的曲线为准线,平行于 x 轴的直线为母线的柱面;方程 $f(x,z)=0$ 在空间表示以 xOz 坐标面上的曲线为准线,平行于 y 轴的直线为母线的柱面.

另外,我们把以二次曲线 $\dfrac{x^2}{a^2}+\dfrac{y^2}{b^2}=1$,$\dfrac{x^2}{a^2}-\dfrac{y^2}{b^2}=1$,$x^2=2py$ 为准线,平行于 z 轴的直线为母线的柱面,分别称为椭圆柱面、双曲柱面和抛物柱面,如图 9-17 至图 9-19 所示.

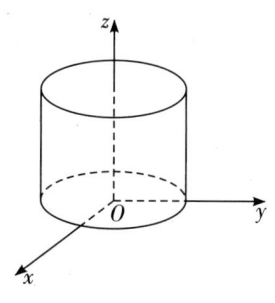 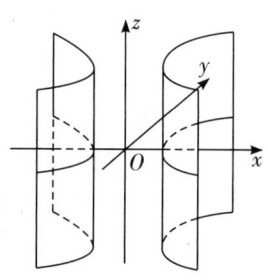 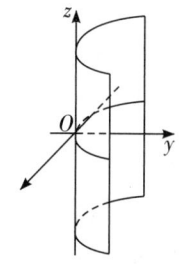

图 9-17 椭圆柱面　　　图 9-18 双曲柱面　　　图 9-19 抛物柱面

2. 椭球面

由方程

$$\frac{x^2}{a^2}+\frac{y^2}{b^2}+\frac{z^2}{c^2}=1 \quad (a,b,c\text{ 为正数})$$

所确定的曲面称为椭球面,如图 9-20 所示.

(1)范围:$|x|\leqslant a$,$|y|\leqslant b$,$|z|\leqslant c$.

(2)椭球面与坐标面的交线都是椭圆.

(3)截痕(就是用特殊平面来截曲面所得到的平面曲线):椭球面与平面 $z=z_1(|z_1|\leqslant c)$ 的交线一般为椭圆,与平面 $y=y_1$($|y_1|\leqslant b$)及平面 $x=x_1(|x_1|\leqslant a)$ 的交线一般也为椭圆.

(4)当 $a=b$ 时,为旋转椭球面.

(5)当 $a=b=c$ 时,为球面.

如果 $a=b=c=r$,那么方程变为

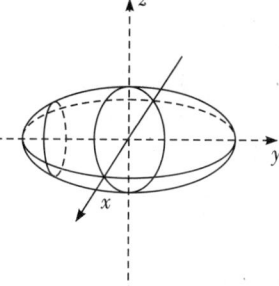

图 9-20 椭球面

$$x^2+y^2+z^2=R^2$$

它表示的是以原点 $(0,0,0)$ 为球心、R 为半径的球面,所以,我们可以说球面是椭球面的一种特殊情况. 以点 $O(x_0,y_0,z_0)$ 为球心、R 为半径的球面方程为

$$(x+x_0)^2+(y+y_0)^2+(z+z_0)^2=R^2$$

上式称为球面的标准方程. 将上式化简可得球面的一般方程

$$x^2+y^2+z^2+Ax+By+Cz+D=0$$

3. 双曲面

(1)单叶双曲面.

由方程

$$\frac{x^2}{a^2}+\frac{y^2}{b^2}-\frac{z^2}{c^2}=1$$

所确定的曲面称为单叶双曲面，如图9-21所示.

下面我们用截痕法考察它的形状：

用坐标面 $xOy(z=0)$ 及平行于坐标面 xOy 的平面 $(z=z_1\neq 0)$ 截此曲面所得截痕为中心在原点 O 的椭圆

$$\begin{cases}\frac{x^2}{a^2}+\frac{y^2}{b^2}=1,\\ z=0.\end{cases}$$

及中心在 z 轴上的椭圆

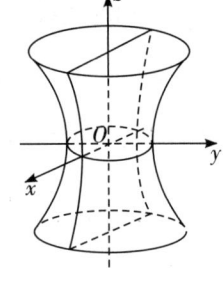

图9-21 单叶双曲面

$$\begin{cases}\frac{x^2}{a^2}+\frac{y^2}{b^2}=1+\frac{z_1^2}{c^2},\\ z=z_1.\end{cases}$$

用坐标面 $xOz(y)$ 及平行于坐标面 xOz 的平面 $(y=y_1\neq 0)$ 截此曲面，所得截痕为中心在原点 O 的双曲线

$$\begin{cases}\frac{x^2}{a^2}-\frac{z^2}{c}=1,\\ y=0.\end{cases}$$

及中心在 y 轴上的双曲线

$$\begin{cases}\frac{x^2}{a^2}-\frac{z^2}{c^2}=1-\frac{y_1^2}{b^2},\\ y=y_1\neq \pm b.\end{cases}$$

用坐标面 $yOz(x=0)$ 及平行于坐标面 yOz 的平面 $(x=x_1\neq 0)$ 截此曲面所得截痕为中心在原点 O 的双曲线

$$\begin{cases}\frac{y^2}{b^2}-\frac{z^2}{c}=1,\\ x=0.\end{cases}$$

及中心在轴上的双曲线

$$\begin{cases}\frac{y^2}{b^2}-\frac{z^2}{c^2}=1-\frac{x_1^2}{a^2},\\ x=x_1\neq \pm a.\end{cases}$$

(2) 双叶双曲面.

由方程

$$\frac{x^2}{a^2}+\frac{y^2}{b^2}-\frac{z^2}{c^2}=-1$$

所确定的曲面称为双叶双曲面，如图9-22所示.

同样可以用截痕法来考察它的形状.

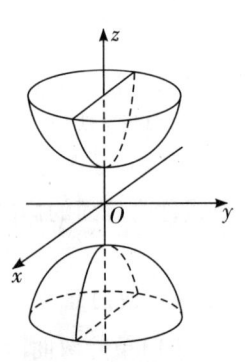

图9-22 双叶双曲面

4. 抛物面

(1)椭圆抛物面.

由方程

$$\frac{x^2}{2p} + \frac{y^2}{2q} = Z \quad (p,q \text{ 同号})$$

所确定的曲面叫作椭圆抛物面，如图 9 – 23 所示.

设 $p > 0$, $q > 0$，下面我们来考察它的形状：

用坐标面 $xOy(z=0)$ 与曲面相截得坐标原点 $O(0,0,0)$，原点也叫椭圆抛物面的顶点；用平面 $z = z_1 > 0$ 截此曲面所得截痕为中心在 z 轴上的椭圆

$$\begin{cases} \dfrac{x^2}{2pz_1} + \dfrac{y^2}{2qz_1} = 1, \\ z = z_1. \end{cases}$$

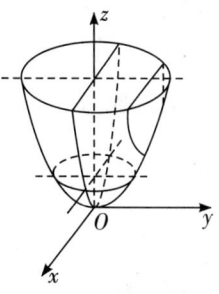

图 9 – 23　椭圆抛物面

用平面 $x = x_1$ 及 $y = y_1$ 截此曲面所得截痕均为抛物线.

当 $p = q$ 时，椭圆抛物面的方程变为

$$x^2 + y^2 = 2qz$$

此时的曲面称为旋转抛物面.

(2)双曲抛物面(马鞍面).

由方程

$$\frac{x^2}{a^2} - \frac{y^2}{b^2} = z$$

所确定的曲面叫作双曲抛物面或马鞍面，如图 9 – 24 所示.

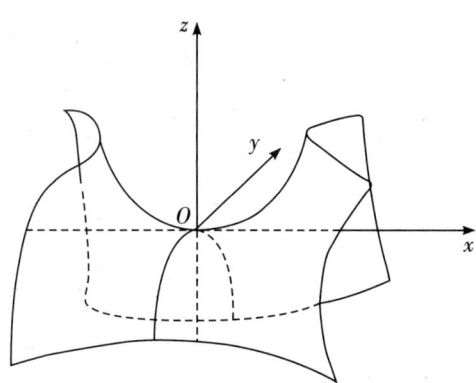

图 9 – 24　双曲抛物面

下面我们用截痕法考察它的形状：

用平面 $x = t$ 截此曲面，所得截痕 l 为平面 $x = t$ 上的抛物线

$$-\frac{y^2}{b^2} = z - \frac{t^2}{a^2}$$

此抛物线开口朝下，其顶点坐标为 $\left(t, 0, \dfrac{t^2}{a^2}\right)$，当 t 变化时，l 的形状不变，位置只作平移，而 l 的顶点的轨迹 L 为平面 $y=0$ 上的抛物线

$$z = \dfrac{x^2}{a^2}$$

因此，以 l 为母线、L 为准线，母线 l 的顶点在准线 L 上滑动，且母线 l 作平行移动，这样得到的曲面便是双曲抛物面.

课堂练习

1. 方程 $\dfrac{x^2}{a^2} + \dfrac{y^2}{b^2} = z$ 所确定的图象应为什么曲面？
2. 球面 $2x^2 + 2y^2 + 2z^2 - z = 0$ 的球心为 _____，半径为 _____.

课后作业

1. 指出下列方程在空间直角坐标系中所表示的曲面名称.
 (1) $x^2 + y^2 = 1$； (2) $z = y^2$； (3) $x^2 + y^2 = z$.
2. 指出下列方程组表示什么曲线.
 (1) $\begin{cases} 4x^2 + 9y^2 + z^2 = 25, \\ z = 1; \end{cases}$ (2) $\begin{cases} z = x^2 + y^2, \\ y = 1. \end{cases}$

9.5　Matlab 在空间解析几何中的应用

一、常用向量运算

表 9-1　Matlab 中的常用向量运算符

函数	norm(A)	dot(A, B)	cross(A, B)
含义	长度、模	数量积	向量积

例 1　已知向量 $\vec{A} = [3, 2, 1]$ 和 $\vec{B} = [2, 5, 3]$，求 $\vec{A}$ 的模，$\vec{A}$ 与 $\vec{B}$ 的数量积和向量积.

【代码和运行结果】

```
>> A = [3, 2, 1]; B = [2, 5, 3];
>> norm(A), dot(A, B), cross(A, B)
ans =
        3.7417
ans =
        19
ans =
        1    -7    11
```

所以，A 的 $|\vec{A}|$ 模等于 3.741 7(单精度)，$\vec{A} \cdot \vec{B} = 19$，$\vec{A} \times \vec{B} = [1, -7, 11]$.

二、画空间曲线

【函数格式】

```
ezplot3(x, y, z, [tmin tmax], 'animate')
```

【作用】'animate' 是可选项，表示动画演示.

例2 绘制三维曲线，如图 9-25 所示.

$$\begin{cases} x = t\cos t, \\ y = t\sin t, \\ z = 2t. \end{cases} \quad (0 \leqslant t \leqslant 12\pi)$$

【代码和运行结果】

```
>> syms t
   >> ezplot3(t*cos(t), t*sin(t), 2*t, [0, 12*pi])
```

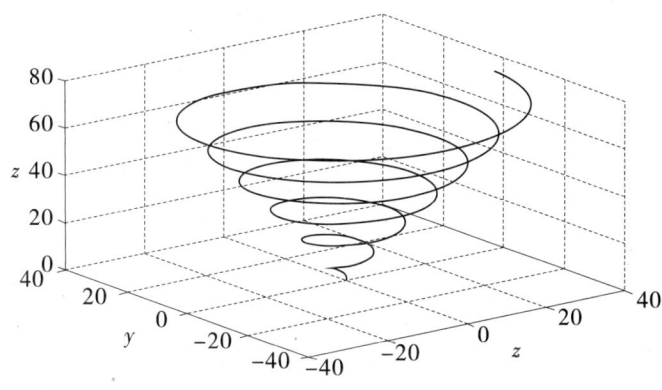

图 9-25 绘制三维曲线

【说明】添加参数 'animate' 可查看动画演示.

```
>> ezplot3(t*cos(t), t*sin(t), 2*t, [0, 10*pi], 'animate')
```

三、画空间曲面

【函数格式】

```
ezsurfc(f(x, y), [a b c d])
```

【作用】绘制函数 $z = f(x, y)$ 在矩形 $(a \leqslant x \leqslant b, c \leqslant y \leqslant d)$ 上的曲面图与等高线图.

例3 绘制函数 $z = x^2 - y^2$ 在矩形 $(-3 \leqslant x \leqslant 3, -3 \leqslant y \leqslant 3)$ 上的曲面图与等高线图，如图 9-26 所示.

【代码和运行结果】

```
>> syms x y
>> ezsurfc(x^2 - y^2), [-3 3 -3 3]
```

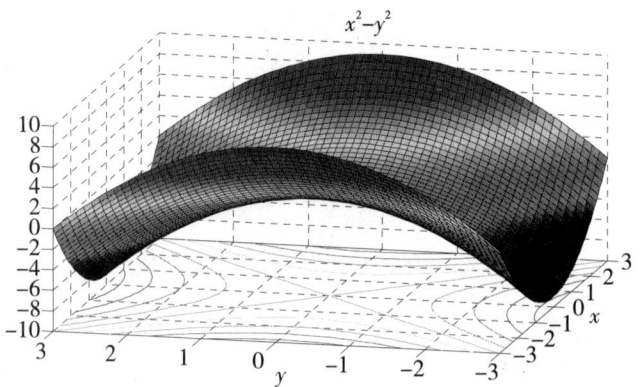

图 9-26　绘制曲面图与等高线图

【函数格式】

```
ezmesh(f(x, y), [a b c d])
```

【作用】绘制函数 $z = f(x, y)$ 在矩形 ($a \leqslant x \leqslant b$，$c \leqslant y \leqslant d$) 上的曲面网格图.

例 4　绘制函数 $z = x^2 - y^2$ 在矩形 ($-3 \leqslant x \leqslant 3$，$-3 \leqslant y \leqslant 3$) 上的曲面网格图，如图 9-27 所示.

【代码和运行结果】

```
>> syms x y
>> ezmesh (x^2 - y^2), [-3 3 -3 3])
```

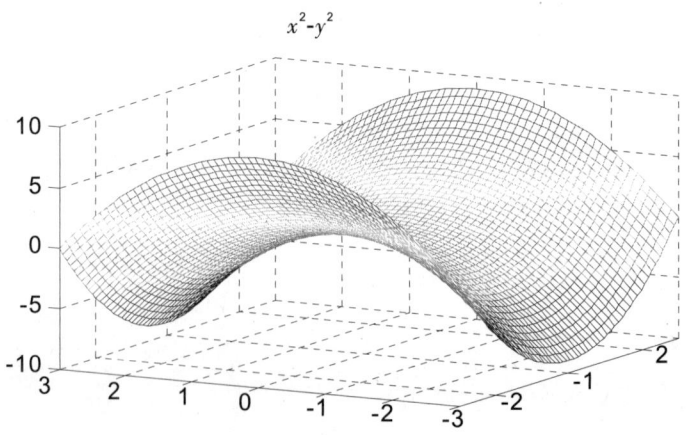

图 9-27　绘制曲面网格图

课堂练习

1. 已知向量 $\vec{A}=[3,-1,-2]$ 和 $\vec{B}=[1,2,-1]$，求 $\vec{A}$ 的模，$\vec{A}$ 与 $\vec{B}$ 的数量积和向量积.

2. 绘制三维曲线 $\begin{cases} x=t\cos t, \\ y=t\sin t, \\ z=t\cos t\sin t. \end{cases}$

课后作业

1. 绘制函数 $z=x^2+y^2$ 在矩形（$-3\leqslant x\leqslant 3$，$-3\leqslant y\leqslant 3$）上的曲面图与等高线图.
2. 绘制函数 $z=x^2+y^2$ 在矩形（$-3\leqslant x\leqslant 3$，$-3\leqslant y\leqslant 3$）上的曲面网格图.

思考与练习

一、单项选择题

1. 向量 $\vec{a}=(a_x,a_y,a_z)$ 与 x 轴垂直，则（　　）.

 A. $a_x=0$ 　　B. $a_y=0$ 　　C. $a_z=0$ 　　D. $a_x=a_y=0$

2. 设 $\vec{a}=(1,1,-1)$，$\vec{b}=(-1,-1,1)$，则有（　　）.

 A. $\vec{a}//\vec{b}$ 　　B. $\vec{a}\perp\vec{b}$ 　　C. $\angle(\vec{a},\vec{b})=\dfrac{\pi}{3}$ 　　D. $\angle(\vec{a},\vec{b})=\dfrac{2\pi}{3}$

3. 平面 $2x-y=1$ 的位置是（　　）.

 A. 与 x 轴平行　　B. 与 z 轴垂　　C. 与 xOy 面垂直　　D. 与 xOy 面平行

4. 直线 $\begin{cases} x+2y=1, \\ 2y+z=1 \end{cases}$ 与直线 $\dfrac{x}{1}=\dfrac{y-1}{0}=\dfrac{z-1}{-1}$ 的关系是（　　）.

 A. 平行　　B. 重合　　C. 垂直　　D. 既不平行也不垂直

5. 柱面 $x^2+z=0$ 的母线平行于（　　）.

 A. x 轴　　B. y 轴　　C. z 轴　　D. xOy 平面

二、填空题

1. 空间直角坐标系把空间分为_____卦限.
2. $x=0$，$y=0$，$z=0$ 分别表示_____平面、_____平面和_____平面.
3. 向量 $\vec{a}=(1,2,3)$，则向量 $\vec{a}$ 在 x 轴上的分向量为_____，在 y 轴的分向量是_____.
4. 与 $\vec{a}$ 同方向的单位向量为_____.
5. 已知 $M_1=(5,1,2)$，$M_2=(6,-2,3)$，则 $|\overrightarrow{M_1M_2}|$ _____.
6. 点 $(1,-1,2)$ 到平面 $2x+y-2z+1=0$ 的距离为_____.
7. 已知向量 $\vec{a}=(2,-1,1)$，$\vec{b}=(4,k,2)$. 当 $k=$ _____时，$\vec{a}\perp\vec{b}$；当

$k =$ _____ 时，$\vec{a} \mathbin{/\mkern-6mu/} \vec{b}$.

8. 方程 $\dfrac{x^2}{4} + \dfrac{y^2}{9}$ 在空间直角坐标系中表示_____.

9. $x^2 + y^2 + z^2 + 2x - 2y - 2 = 0$ 表示球心在_____，半径为_____的球面.

三、判断题

1. 数量只有大小没有方向，而向量既有大小又有方向. （　）
2. 数量积和向量积的结果都表现为一个向量. （　）
3. 零向量的方向是任意的. （　）
4. 数量积和向量积都满足交换律. （　）
5. 几何上，向量积的模 $|\vec{a} \times \vec{b}|$ 表示以 $\vec{a}$，$\vec{b}$ 为邻边的平行四边形的面积. （　）

四、计算题

1. 设 $\vec{a} = (1, -2, 3)$，$\vec{b} = (0, 1, -2)$，求 $\vec{a} \cdot \vec{b}$，$\vec{a} \times \vec{b}$.
2. 求过点 $M(4, -1, 2)$ 且与向量 $\vec{a} = (1, 2, 1)$ 平行的直线方程.
3. 求过点 $(1, 1, 1)$ 且与平面 $3x - y + 2z - 1 = 0$ 平行的平面.
4. 求过点 $(0, 2, 4)$ 且与平面 $x + 2z = 1$ 及 $y - 3z = 2$ 都平行的直线方程.
5. 指出下列方程在平面解析几何中和空间解析几何中分别表示什么图形？
   (1) $x = 2$；　　(2) $y = x + 1$；　　(3) $x^2 + y^2 = 4$；　　(4) $x^2 - y^2 = 1$.

笛卡尔

（1596—1650）

1596 年 3 月 31 日，勒内·笛卡尔（René Descartes）出生于法国安德尔 - 卢瓦尔省的图赖讷拉海（现为笛卡尔）一个地位较低的贵族家庭.

1616 年 12 月毕业后，笛卡尔遵从父亲希望他成为律师的愿望，进入普瓦捷大学学习法律与医学，对各种知识特别是数学深感兴趣. 毕业后，笛卡尔一直对职业选择犹豫不决，又想游历欧洲各地，专心寻求"世界这本大书"中的智慧.

1618 年，笛卡尔加入荷兰拿骚的毛里茨的军队. 但是荷兰和西班牙之间签订了停战协定，于是笛卡尔利用这段空闲时间学习数学. 在军队服役和周游欧洲期间，他继续注意"收集各种知识"，"随处对遇见的种种事物注意思考". 在笛卡尔所处的时代，拉丁文是学者的语言. 他也如当时的习惯，在他的著作上签上他的拉丁化的名字——Renatus Cartesius（瑞那图斯·卡提修斯）. 正因为如此，由他首创的笛卡尔坐标系也称为卡提修坐标系.

笛卡尔对结合数学与物理学的兴趣是在荷兰当兵期间产生的.

1618年11月10日,笛卡尔偶然在路旁公告栏上,看到用佛莱芒语提出的数学问题征答. 这引起了他的兴趣,于是他让身旁的人将他不懂的佛莱芒语翻译成拉丁语. 这位身旁的人就是大他8岁的以撒·贝克曼(Isaac Beeckman). 贝克曼在数学和物理学方面有很高造诣,很快成了他的导师. 4个月后,笛卡尔写信给贝克曼:"你是将我从冷漠中唤醒的人……"并且告诉他,自己在数学上有了4个重大发现.

1628年笛卡尔移居荷兰,在那里住了20多年. 在此期间,笛卡尔对哲学、数学、天文学、物理学、化学和生理学等领域进行了深入的研究,且出版了多部重要的文集,并通过数学家梅森神父与欧洲主要学者保持着密切联系.

1637年,笛卡尔发表了《几何学》,创立了平面直角坐标系. 他用平面上的一点到两条固定直线的距离来确定点的位置,用坐标来描述空间上的点. 他进而又创立了解析几何学. 解析几何的出现,改变了自古希腊以来代数和几何分离的趋向,把相互对立着的"数"与"形"统一了起来,使几何曲线与代数方程相结合. 笛卡尔的这一天才创见,更为微积分的创立奠定了基础,从而开拓了变量数学的广阔领域. 最为可贵的是,笛卡尔用运动的观点把曲线看成点的运动的轨迹,不仅建立了点与实数的对应关系,而且把形(包括点、线、面)和"数"两个对立的对象统一起来,建立了曲线和方程的对应关系. 这种对应关系的建立,不仅标志着函数概念的萌芽,而且标志变数进入了数学,使数学在思想方法上发生了伟大的转折——由常量数学进入变量数学的时期. 笛卡尔的这些成就,为后来牛顿、莱布尼茨发现微积分,以及一大批数学家的新发现开辟了道路.

第十章 多元函数微积分学

○ 知识目标

1. 理解多元函数的概念.
2. 了解二元函数的极限与连续性的概念,以及有界闭区域上连续函数的性质.
3. 理解偏导数和全微分的概念,了解全微分存在的必要条件和充分条件,以及全微分在近似计算中的应用.
4. 掌握复合函数一阶、二阶偏导数的求法.
5. 会求隐函数(包括由方程组确定的隐函数)的偏导数.
6. 了解曲线的切线与法平面及曲面的切平面与法线,并掌握它们的方程的求法.
7. 理解多元函数极值的概念,会求函数的极值.了解条件极值的概念,会用拉格朗日乘数法求条件极值.
8. 理解二重积分的概念,了解二重积分的几何意义和物理意义.
9. 掌握二重积分的主要性质.
10. 熟练掌握直角坐标下二重积分的计算方法;会在极坐标系下计算简单的二重积分.

○ 能力目标

1. 会求多元函数和隐函数的偏导数,会求二元函数的极值.
2. 会求解一些较简单的最大值和最小值的应用问题.
3. 会用二重积分计算某些立体的体积、空间曲面面积.
4. 利用 Matlab 软件求复杂函数的偏导数、极值和重积分.

我们以前学习的函数只有一个自变量,这种函数我们称为一元函数. 一元函数的微积分解决了很多初等数学无法解决的问题. 但是,在实际问题中往往涉及多方面的因素,解决这类问题必须引进多元函数. 本章将在一元函数微积分学的基础上,讨论多元函数的微积分及其应用. 从一元函数的情形推广到二元函数时会产生一些新的问题,而从二元函数推广到二元以上的多元函数则可以类推. 通过本章的学习,学生要掌握多元函数微积分学的基本原理以及解决几何、经济与管理、工程等领域的实际问题的具体方法.

10.1 多元函数的基本概念

一、平面点集

为了介绍二元函数的概念，有必要介绍一些关于平面点集的知识. 在一元函数微积分中，区间的概念是很重要的，大部分问题是在区间上讨论的. 在平面上，与区间这一概念相对应的是邻域.

1. 邻域

设 $P_0(x_0, y_0)$ 是 xOy 平面上的一点，δ 是某一正数，与点 $P_0(x_0, y_0)$ 的距离小于 δ 的点 $P(x, y)$ 的全体，称为点 $P_0(x_0, y_0)$ 的 δ **邻域**，记为 $U(P_0, \delta)$，即

$$U(P_0, \delta) = \{P \mid |P_0P| < \delta\},$$

亦即
$$U(P_0, \delta) = \{(x, y) \mid \sqrt{(x-x_0)^2 + (y-y_0)^2} < \delta\}$$

$U(P_0, \delta)$ 在几何上表示以 $P_0(x_0, y_0)$ 为中心，δ 为半径的圆的内部(不含圆周).

上述邻域 $U(P_0, \delta)$ 去掉中心 $P_0(x_0, y_0)$ 后，称为 $P_0(x_0, y_0)$ 的**去心邻域**，记作 $\overset{\circ}{U}(P_0, \delta)$，即

$$\overset{\circ}{U}(P_0, \delta) = \{(x, y) \mid 0 < \sqrt{(x-x_0)^2 + (y-y_0)^2} < \delta\}$$

如果不需要强调邻域的半径 δ，则用 $U(P_0)$ 表示点 $P_0(x_0, y_0)$ 的邻域，用 $\overset{\circ}{U}(P_0)$ 表示 $P_0(x_0, y_0)$ 的去心邻域.

2. 区域

下面用邻域来描述平面上的点与点集之间的关系.

设 E 是 xOy 平面上的一个点集，P 是 xOy 平面上的一点，则 P 与 E 的关系有以下三种情形：

(1) 内点：如果存在 P 的某个邻域 $U(P)$，使得 $U(P) \subset E$，则称点 P 为 E 的内点.

(2) 外点：如果存在 P 的某个邻域 $U(P)$，使得 $U(P) \cap E = \varnothing$，则称 P 为 E 的外点.

(3) 边界点：如果在点 P 的任何邻域内，既有属于 E 的点，也有不属于 E 的点，则称点 P 为 E 的边界点. E 的边界点的集合称为 E 的边界，记作 ∂E.

例如：点集 $E_1 = \{(x, y) \mid 0 < x^2 + y^2 < 1\}$，除圆心与圆周上各点外圆的内部的点都是 E_1 的内点，圆外部的点都是 E_1 的外点，圆心及圆周上的点为 E_1 的边界点[见图10 - 1(a)]；又如平面点集 $E_2 = \{(x, y) \mid x + y \geq 1\}$，直线上方的点都是 E_2 的内点，直线下方的点都是 E_2 的外点，直线上的点都是 E_2 的边界点[见图10 - 1(b)].

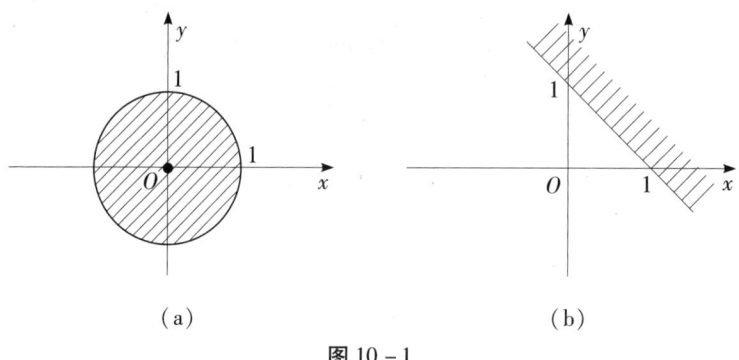

(a)   (b)

图 10 – 1

显然，点集 E 的内点一定属于 E；点集 E 的外点一定不属于 E；E 的边界点可能属于 E，也可能不属于 E.

如果点集 E 的每一点都是 E 的内点，则称 E 为**开集**，点集 $E_1 = \{(x, y) \mid 0 < x^2 + y^2 < 1\}$ 是开集，$E_2 = \{(x, y) \mid x + y \geq 1\}$ 不是开集.

如果对于点集 E 中的任何两点，都可用完全含于 E 的折线连接起来，则称点集 E 是连通集[见图 10 – 2(a)]，否则就称 E 是不连通的[见图 10 – 2(b)]. 上述点集 E_1 和 E_2 是连通的，点集 $E_3 = \{(x, y) \mid xy > 0\}$ 不是连通的[见图 10 – 2(c)].

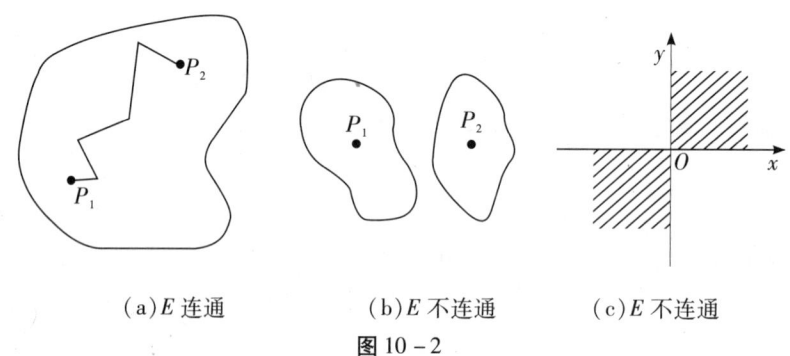

(a) E 连通   (b) E 不连通   (c) E 不连通

图 10 – 2

连通的开集称为**开区域**(**开域**).

从几何上看，开区域是连成一片的且不包括边界的平面点集，如 E_1 是开区域. 开区域是数轴上的开区间这一概念在平面上的推广.

开区域 E 连同它的边界 ∂E 构成的点集，称为**闭区域**(**闭域**)，记作 $\overline{E}$ (即 $\overline{E} = E + \partial E$).

闭区域是数轴上的闭区间这一概念在平面上的推广. 如 E_2 及 $E_4 = \{(x, y) \mid x^2 + y^2 \leq 1\}$ 都是闭域，而 $E_5 = \{(x, y) \mid 1 \leq x^2 + y^2 < 2\}$ 既非闭域，又非开域. 闭域是连成一片的且包含边界的平面点集.

本书把开区域与闭区域统称为**区域**.

如果区域 E 可包含在以原点为中心的某个圆内，即存在正数 r，使 $E \subset U(O, r)$，则称 E 为**有界区域**，否则，称 E 为**无界区域**. 例如 E_1 是有界区域，E_2 是无界区域.

记 E 是平面上的一个点集，P 是平面上的一个点. 如果点 P 的任一邻域内总有无限多个点属于点集 E，则称 P 为 E 的**聚点**. 显然，E 的内点一定是 E 的聚点. 此外，E 的边界点也可能是 E 的聚点. 例如，设 $E_6 = \{(x, y) \mid 0 < x^2 + y^2 \leq 1\}$，那么点 $(0, 0)$ 既是 E_6 的边界点又是 E_6 的聚点，但 E_6 的这个聚点不属于 E_6；又如，圆周 $x^2 + y^2 = 1$ 上的每个点既是 E_6 的边界点，也是 E_6 的聚点，而这些聚点都属于 E_6. 由此可见，点集 E 的聚点可以属于 E，也可以不属于 E. 再如点 $E_7 = \left\{ (1, 1), \left(\frac{1}{2}, \frac{1}{2}\right), \left(\frac{1}{3}, \frac{1}{3}\right), \cdots, \left(\frac{1}{n}, \frac{1}{n}\right), \cdots \right\}$，原点 $(0, 0)$ 是它的聚点，但 E_7 中的每一个点都不是聚点.

3. n 维空间 $\boldsymbol{R}^n$

一般地，由 n 元有序实数组 $(x_1, x_2, \cdots, x_n)$ 的全体组成的集合称为 $\boldsymbol{n}$ **维空间**，记作 $\boldsymbol{R}^n$. 即

$$\boldsymbol{R}^n = \{(x_1, x_2, \cdots, x_n) \mid x_i \in \boldsymbol{R}, i = 1, 2, \cdots, n\}.$$

n 元有序数组 $(x_1, x_2, \cdots, x_n)$ 称为 n 维空间中的一个点，数 x_i 称为该点的第 i 个坐标.

类似地，规定 n 维空间中任意两点 $P(x_1, x_2, \cdots, x_n)$ 与 $Q(y_1, y_2, \cdots, y_n)$ 之间的距离为

$$|PQ| = \sqrt{(y_1 - x_1)^2 + (y_2 - x_2)^2 + \cdots + (y_n - x_n)^2}$$

前面关于平面点集的一系列概念，均可推广到 n 维空间中去. 例如，$P_0 \in \boldsymbol{R}^n$，δ 是某一正数，则点 P_0 的 δ 邻域为

$$U(P_0, \delta) = \left\{ P \mid \|PP_0\| < \delta, P \in \boldsymbol{R}^n \right\}$$

以邻域为基础，还可以定义 n 维空间中内点、边界点、区域等一系列概念.

二、多元函数的概念

1. n 元函数的定义

定义 1 设 D 是 $\boldsymbol{R}^n$ 中的一个非空点集，如果存在一个对应法则 f，使得对于 D 中的每一个点 $P(x_1, x_2, \cdots, x_n)$，都能由 f 唯一地确定一个实数 y，则称 f 为定义在 D 上的 n 元函数，记为

$$y = f(x_1, x_2, \cdots, x_n), \quad (x_1, x_2, \cdots, x_n) \in D.$$

其中 $x_1, x_2, \cdots, x_n$ 叫作**自变量**，y 叫作**因变量**，点集 D 叫作**函数的定义**域，常记作 $D(f)$.

取定 $(x_1, x_2, \cdots, x_n) \in D$，对应的 $f(x_1, x_2, \cdots, x_n)$ 叫作 $(x_1, x_2, \cdots, x_n)$ 所对应的函数值. 全体函数值的集合叫作函数 f 的**值域**，常记为 $f(D)$ [或 $R(f)$]，即

$$f(D) = \{y \mid y = f(x_1, x_2, \cdots, x_n), (x_1, x_2, \cdots, x_n) \in D(f)\}.$$

当 $n = 1$ 时，D 为实数轴上的一个点集，可得一元函数的定义，即一元函数一般记作 $y = f(x)$，$x \in D$，$D \subset R^1$；当 $n = 2$ 时，D 为 xOy 平面上的一个点集，可得二元函数的定义，即二元函数一般记作 $z = f(x, y)$，$(x, y) \in D$，$D \subset R^2$，若记 $P = (x, y)$，则二元函数也记作 $z = f(P)$.

二元及二元以上的函数统称为**多元函数**. 多元函数的概念与一元函数一样, 包含对应法则和定义域这两个要素.

多元函数的定义域的求法, 与一元函数类似. 若函数的自变量具有某种实际意义, 则根据它的实际意义来决定其取值范围, 从而确定函数的定义域. 对一般的用解析式表示的函数, 使表达式有意义的自变量的取值范围, 就是函数的定义域.

例1 在生产中, 设产量 Y 与投入资金 K 和劳动力 L 之间的关系为
$$Y = AK^\alpha L^\beta (其中 A, \alpha, \beta 均为常数).$$
这是以 K, L 为自变量的二元函数, 在西方经济学中称为生产函数. 该函数的定义域为 $\{(K, L) \mid K > 0, L > 0\}$.

例2 求函数 $z = \ln(y - x) + \dfrac{\sqrt{x}}{\sqrt{1 - x^2 - y^2}}$ 的定义域 D, 并画出 D 的图形.

解 要使函数的解析式有意义, 必须满足
$$\begin{cases} y - x > 0, \\ x \geq 0, \\ 1 - x^2 - y^2 > 0. \end{cases}$$
即 $D = \{(x, y) \mid x \geq 0, x < y, x^2 + y^2 < 1\}$, 如图 10-3 所示画斜线的部分.

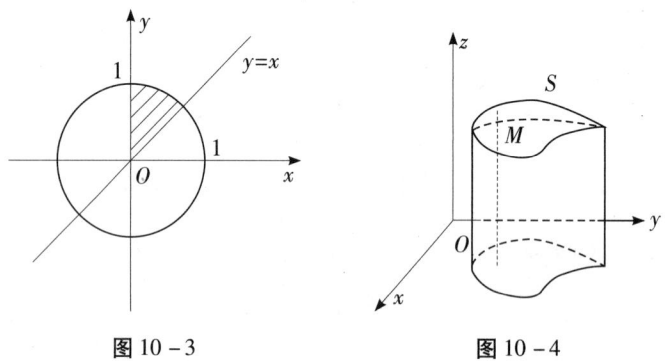

图 10-3   图 10-4

2. 二元函数的几何表示

设函数 $z = f(x, y)$ 的定义域为平面区域 D, 对于 D 中的任意一点 $P(x, y)$, 对应一确定的函数值 $z(z = f(x, y))$. 这样便得到一个三元有序数组 (x, y, z), 相应地在空间可得到一点 $M(x, y, z)$. 当点 P 在 D 内变动时, 相应的点 M 就在空间中变动, 当点 P 取遍整个定义域 D 时, 点 M 就在空间描绘出一个曲面 S(见图 10-4). 其中
$$S = \{(x, y, z) \mid z = f(x, y), (x, y) \in D\}$$
而函数的定义域 D 就是曲面 S 在 xOy 面上的投影区域.

例如 $z = ax + by + c$ 表示一平面; $z = \sqrt{1 - x^2 - y^2}$ 表示球心在原点, 半径为 1 的上半球面.

三、二元函数的极限

二元函数的极限概念是一元函数极限概念的推广.

定义 2 设二元函数 $z=f(x,y)$ 在点 $P_0(x_0,y_0)$ 的某邻域内有定义，$P(x,y)$ 是该邻域内异于 P_0 的任一点，若当点 P 以任何方式无限趋于 P_0 时，函数值 $f(x,y)$ 无限趋于某一常数 A，则称 A 是函数 $f(x,y)$ 当 P 趋于 P_0 时的(二重)极限. 记为

$$\lim_{(x,y)\to(x_0,y_0)} f(x,y) = A$$

或

$$f(x,y) \to A(x\to x_0, y\to y_0).$$

此时也称当 $P\to P_0$ 时 $f(P)$ 的极限存在，否则称 $f(P)$ 的极限不存在.

注：①注意到平面上的点 P 趋近于 P_0 的方式可以多种多样：P 可以从四面八方趋近于 P_0，也可以沿曲线或点列趋近于 P_0. 定义 2 指出：只有当 P 以任何方式趋近于 P_0，相应的 $f(P)$ 都趋近于同一常数 A 时，才称 A 为 $f(P)$ 当 $P\to P_0$ 时的极限. 如果 $P(x,y)$ 以某些特殊方式(如沿某几条直线或几条曲线)趋近于 $P_0(x_0,y_0)$ 时，即使函数值 $f(P)$ 趋近于同一常数 A，我们也不能由此断定函数的极限存在. 但是反过来，当 P 在 D 内沿不同的路径趋近于 P_0 时，$f(P)$ 趋近于不同的值，则可以断定函数的极限不存在.

②二元函数极限有与一元函数极限相似的运算性质和法则，这里不再叙述.

例 3 设 $f(x,y) = \begin{cases} \dfrac{xy}{x^2+y^2}, & x^2+y^2 \neq 0, \\ 0, & x^2+y^2 = 0, \end{cases}$ 判断极限 $\lim\limits_{(x,y)\to(0,0)} f(x,y)$ 是否存在？

解 当 $P(x,y)$ 沿 x 轴趋近于 $(0,0)$ 时，有 $y=0$，于是

$$\lim_{\substack{(x,y)\to(x,y)\\y=0}} f(x,y) = \lim_{x\to 0}\frac{0}{x^2+0^2} = 0$$

当 $P(x,y)$ 沿 y 轴趋近于 $(0,0)$ 时，有 $x=0$，于是

$$\lim_{\substack{(x,y)\to(0,0)\\x=0}} f(x,y) = \lim_{y\to 0}\frac{0}{0^2+y^2} = 0$$

但不能因为 $P(x,y)$ 以上述两种特殊方式趋近于 $(0,0)$ 时的极限存在且相等，就断定所考察的二重极限存在.

因为当 $P(x,y)$ 沿直线 $y=kx(k\neq 0)$ 趋于 $(0,0)$ 时，有

$$\lim_{\substack{(x,y)\to(0,0)\\y=kx}} f(x,y) = \lim_{x\to 0}\frac{kx^2}{(1+k)^2 x^2} = \frac{k}{1+k^2}$$

这个极限值随 k 不同而变化，故 $\lim\limits_{(x,y)\to(0,0)} f(x,y)$ 不存在.

例 4 求 $\lim\limits_{(x,y)\to(0,2)} \dfrac{\sin xy}{x}$.

解
$$\begin{aligned}
\lim_{(x,y)\to(0,2)} \frac{\sin xy}{x} &= \lim_{(x,y)\to(0,2)} \frac{\sin xy}{xy}\cdot y \\
&= \lim_{(x,y)\to(0,2)} \frac{\sin xy}{xy}\cdot \lim_{(x,y)\to(0,2)} y \\
&= 1\times 2 \\
&= 2
\end{aligned}$$

例 5 求下列函数的极限.

(1) $\lim\limits_{(x,y)\to(0,0)}\dfrac{2-\sqrt{xy+4}}{xy}$；(2) $\lim\limits_{(x,y)\to(0,0)}\dfrac{xy^2}{x^2+y^2}$；(3) $\lim\limits_{(x,y)\to(1,0)}\dfrac{\ln(1+xy)}{y\sqrt{x^2+y^2}}$.

解

(1) $\lim\limits_{(x,y)\to(0,0)}\dfrac{2-\sqrt{xy+4}}{xy} = \lim\limits_{(x,y)\to(0,0)}\dfrac{-xy}{xy(2+\sqrt{xy+4})} = -\lim\limits_{(x,y)\to(0,0)}\dfrac{1}{2+\sqrt{xy+4}} = -\dfrac{1}{4}$.

(2) 当 $x\to 0$，$y\to 0$ 时，$x^2+y^2 \neq 0$，有 $x^2+y^2 \geq 2|xy|$.

这时，函数 $\dfrac{xy}{x^2+y^2}$ 有界，而 y 是当 $x\to 0$ 且 $y\to 0$ 时无穷小，根据无穷小量与有界函数的乘积仍为无穷小量，得

$$\lim_{(x,y)\to(0,0)}\dfrac{xy^2}{x^2+y^2} = 0.$$

(3) $\lim\limits_{(x,y)\to(1,0)}\dfrac{\ln(1+xy)}{y\sqrt{x^2+y^2}} = \lim\limits_{(x,y)\to(1,0)}\dfrac{xy}{y\sqrt{x^2+y^2}} = \lim\limits_{(x,y)\to(1,0)}\dfrac{x}{\sqrt{x^2+y^2}} = 1$.

从上例可看到求二元函数极限的很多方法与一元函数相同.

四、二元函数的连续性

类似于一元函数的连续性定义，我们用二元函数的极限概念来定义二元函数的连续性.

定义 3 设二元函数 $z=f(x,y)$ 在点 $P_0(x_0,y_0)$ 的某邻域内有定义，如果

$$\lim_{(x,y)\to(x_0,y_0)} f(x,y) = f(x_0,y_0)$$

则称函数 $f(x,y)$ 在点 $P_0(x_0,y_0)$ 处连续，$P_0(x_0,y_0)$ 称为 $f(x,y)$ 的连续点；否则称 $f(x,y)$ 在 $P_0(x_0,y_0)$ 处间断(不连续)，$P_0(x_0,y_0)$ 称为 $f(x,y)$ 的间断点.

与一元函数相仿，二元函数 $z=f(x,y)$ 在点 $P_0(x_0,y_0)$ 处连续，必须满足三个条件：①函数在点 $P_0(x_0,y_0)$ 有定义；②函数在 $P_0(x_0,y_0)$ 处的极限存在；③函数在 $P_0(x_0,y_0)$ 处的极限与 $P_0(x_0,y_0)$ 处的函数值相等. 三个条件中只要有一个不满足，函数在 $P_0(x_0,y_0)$ 处就不连续.

由例 3 可知，$f(x,y) = \begin{cases} \dfrac{xy}{x^2+y^2}, & x^2+y^2 \neq 0 \\ 0, & x^2+y^2 = 0 \end{cases}$ 在 $(0,0)$ 处间断；函数 $z = \dfrac{1}{x+y}$ 在直线 $x+y=0$ 上每一点处间断.

如果 $f(x,y)$ 在平面区域 D 内每一点处都连续，则称 $f(x,y)$ 在区域 D 内连续，也称 $f(x,y)$ 是 D 内的连续函数，记为 $f(x,y) \in C(D)$. 在区域 D 上连续函数的图形是一张既没有"洞"也没有"裂缝"的曲面.

一元函数中关于极限的运算法则对于多元函数仍适用，故二元连续函数经过四则运算后仍为二元连续函数(在商的情形要求分母不为零)；二元连续函数的复合函数也是连续函数.

与一元初等函数类似，二元初等函数是可用含 x，y 的一个解析式所表示的函数，

而这个式子是由常数、x 的基本初等函数、y 的基本初等函数经过有限次四则运算及复合所构成的,例如 $\sin(x+y)$,$\dfrac{xy}{x^2+y^2}$,$\arcsin\dfrac{x}{y}$ 等都是二元初等函数. 二元初等函数在其定义域的区域内处处连续.

与闭区间上一元连续函数的性质相类似,有界闭区域上的连续函数有如下性质.

性质 1 (最值定理)若 $f(x,y)$ 在有界闭区域 D 上连续,则 $f(x,y)$ 在 D 上必取得最大值与最小值.

推论 若 $f(x,y)$ 在有界闭区域 D 上连续,则 $f(x,y)$ 在 D 上有界.

性质 2 (介值定理)若 $f(x,y)$ 在有界闭区域 D 上连续,M 和 m 分别是 $f(x,y)$ 在 D 上的最大值与最小值,则对于介于 M 与 m 之间的任意一个数 C,必存在一点 $(x_0, y_0) \in D$,使得 $f(x_0, y_0) = C$.

以上关于二元函数的极限与连续性的概念,以及有界闭区域上连续函数的性质,可类推到三元以上的函数中去.

课堂练习

1. 判断下列平面点集哪些是开集、闭集、区域、有界集、无界集,并分别指出它们的聚点组成的点集和边界.

    (1) $\{(x,y) \mid x \neq 0, y \neq 0\}$;
    (2) $\{(x,y) \mid 1 < x^2 + y^2 \leq 4\}$;
    (3) $\{(x,y) \mid y > x^2\}$.

2. 求下列函数的定义域,并画出其示意图.

    (1) $z = \sqrt{1 - \dfrac{x^2}{a^2} - \dfrac{y^2}{b^2}}$;
    (2) $z = \dfrac{1}{\ln(x-y)}$;
    (3) $z = \sqrt{x} - \sqrt{y}$;
    (4) $u = \arccos \dfrac{z}{\sqrt{x^2+y^2}}$.

3. 设函数 $f(x,y) = x^3 - 2xy + 3y^2$,求

    (1) $f(-2, 3)$;
    (2) $f\left(\dfrac{1}{x}, \dfrac{2}{y}\right)$;
    (3) $f(x+y, x-y)$.

4. 讨论下列函数在点 $(0,0)$ 处的极限是否存在.

    (1) $z = \dfrac{xy}{x^2 + y^4}$;
    (2) $z = \dfrac{x+y}{x-y}$.

课后作业

1. 求下列极限.

    (1) $\lim\limits_{(x,y) \to (0,0)} \dfrac{\sin xy}{x}$;
    (2) $\lim\limits_{(x,y) \to (0,1)} \dfrac{1-xy}{x^2+y^2}$;
    (3) $\lim\limits_{(x,y) \to (1,0)} \dfrac{\ln(x+e^y)}{\sqrt{x^2+y^2}}$;
    (4) $\lim\limits_{(x,y) \to (0,0)} \dfrac{\sqrt{xy+1}-1}{xy}$.

2. 设二元函数 $f(x,y) = \begin{cases} (x+y)\sin\dfrac{1}{x}\sin\dfrac{1}{y}, & xy \neq 0 \\ 0, & xy = 0 \end{cases}$,试判断 $f(x,y)$ 在点 $(0,0)$

处的连续性.

3. 函数 $z = \dfrac{y^2 + 2x}{y^2 - 2x}$ 在何处是间断的?

10.2 偏导数与全微分

一、偏导数的概念

1. 偏导数的定义

在研究一元函数时,我们从研究函数的变化率入手引入了导数概念. 由于二元函数的自变量有两个,关于某点处函数的变化率问题相当复杂,因此我们不能笼统地讲二元函数在某点的变化率. 在这一节,我们考虑二元函数关于某一个自变量的变化率,这就是偏导数的概念.

设函数 $z = f(x, y)$ 在点 (x_0, y_0) 的某邻域内有定义,x 在 x_0 有改变量 $\Delta x (\Delta x \neq 0)$,而 $y = y_0$ 保持不变,这时函数的改变量为

$$\Delta_x z = f(x_0 + \Delta x, y_0) - f(x_0, y_0)$$

$\Delta_x z$ 称为函数 $f(x, y)$ 在 (x_0, y_0) 处关于 x 的偏改变量(或偏增量). 类似地可定义 $f(x, y)$ 关于 y 的偏增量为

$$\Delta_y z = f(x_0, y_0 + \Delta y) - f(x_0, y_0)$$

有了偏增量的概念,下面给出偏导数的定义.

定义 1 设函数 $z = f(x, y)$ 在 (x_0, y_0) 的某邻域内有定义,如果

$$\lim_{\Delta x \to 0} \frac{\Delta_x z}{\Delta x} = \lim_{\Delta x \to 0} \frac{f(x_0 + \Delta x, y_0) - f(x_0, y_0)}{\Delta x}$$

存在,则称此极限值为函数 $z = f(x, y)$ 在 (x_0, y_0) 处关于 x 的**偏导数**,并称函数 $z = f(x, y)$ 在点 (x_0, y_0) 处关于 x **可偏导**. 记作

$$\left. \frac{\partial z}{\partial x} \right|_{\substack{x=x_0 \\ y=y_0}}, \left. \frac{\partial f}{\partial x} \right|_{\substack{x=x_0 \\ y=y_0}}, \left. z'_x \right|_{\substack{x=x_0 \\ y=y_0}}, f'_x(x_0, y_0)$$

类似地,可定义函数 $z = f(x, y)$ 在点 (x_0, y_0) 处关于自变量 y 的偏导数为

$$\lim_{\Delta y \to 0} \frac{\Delta_y z}{\Delta y} = \lim_{\Delta y \to 0} \frac{f(x_0, y_0 + \Delta y) - f(x_0, y_0)}{\Delta y}$$

记作

$$\left. \frac{\partial z}{\partial y} \right|_{\substack{x=x_0 \\ y=y_0}}, \left. \frac{\partial f}{\partial y} \right|_{\substack{x=x_0 \\ y=y_0}}, \left. z'_y \right|_{\substack{x=x_0 \\ y=y_0}}, f'_y(x_0, y_0)$$

如果函数 $z = f(x, y)$ 在区域 D 内每一点 (x, y) 处的偏导数都存在,即

$$f'_x(x, y) = \lim_{\Delta x \to 0} \frac{f(x + \Delta x, y) - f(x, y)}{\Delta x}$$

$$f'_y(x, y) = \lim_{\Delta y \to 0} \frac{f(x, y + \Delta y) - f(x, y)}{\Delta y}$$

存在，则上述两个偏导数还是关于 x，y 的二元函数，分别称为 z 对 x，y 的偏导函数（简称为偏导数），并记作

$$\frac{\partial z}{\partial x}, \frac{\partial z}{\partial y} \text{或} \frac{\partial f}{\partial x}, \frac{\partial f}{\partial y} \text{或} z'_x, z'_y \text{或} f'_x(x, y), f'_y(x, y)$$

不难看出，$z = f(x, y)$ 在 (x_0, y_0) 关于 x 的偏导数 $f'_x(x_0, y_0)$ 就是偏导函数 $f'_x(x, y)$ 在 (x_0, y_0) 处的函数值，而 $f'_y(x_0, y_0)$ 就是偏导函数 $f'_y(x, y)$ 在 (x_0, y_0) 处的函数值.

由于偏导数是将二元函数中的一个自变量固定不变，只让另一个自变量变化，相应的偏增量与另一个**自变量的增量的比值的极限**；因此，求偏导数问题仍然是求一元函数的导数问题. 求 $\frac{\partial f}{\partial x}$ 时，把 y 看作常量，将 $z = f(x, y)$ 看作 x 的一元函数对 x 求导；求 $\frac{\partial f}{\partial y}$ 时，把 x 看作常量，将 $z = f(x, y)$ 看作 y 的一元函数对 y 求导.

三元及三元以上的多元函数的偏导数，完全可以类似地定义和计算，这里不再讨论.

例 1 求函数 $z = x^2 + 2xy$ 在点 $(1, 3)$ 处的偏导数.

解 将 y 看作常量，对 x 求导得

$$\frac{\partial z}{\partial x} = 2x + 2y$$

将 x 看作常量，对 y 求导得

$$\frac{\partial z}{\partial y} = 2x$$

再将 $x = 1$，$y = 3$ 代入上式得

$$\left.\frac{\partial z}{\partial x}\right|_{\substack{x=1\\y=3}} = 8, \left.\frac{\partial z}{\partial y}\right|_{\substack{x=1\\y=3}} = 2$$

例 2 求函数 $z = \sin(x+y)e^{xy}$ 在点 $(1, -1)$ 处的偏导数.

解 将 y 看作常量，对 x 求导得

$$\frac{\partial z}{\partial x} = e^{xy}[\cos(x+y) + y\sin(x+y)]$$

将 x 看作常量，对 y 求导得

$$\frac{\partial z}{\partial y} = e^{xy}[\cos(x+y) + x\sin(x+y)]$$

再将 $x = 1$，$y = -1$ 代入上式得

$$\left.\frac{\partial z}{\partial x}\right|_{\substack{x=1\\y=-1}} = e^{-1}, \left.\frac{\partial z}{\partial y}\right|_{\substack{x=1\\y=-1}} = e^{-1}$$

例 3 求函数 $z = x^2 y + y^2 \ln x + 4$ 的偏导数.

解 $\frac{\partial z}{\partial x} = 2xy + \frac{y^2}{x}, \frac{\partial z}{\partial y} = x^2 + 2y\ln x$

2. 二元函数偏导数的几何意义

由于偏导数实质上就是一元函数的导数，而一元函数的导数在几何上表示曲线上切

线的斜率,因此,二元函数的偏导数也有类似的几何意义.

设 $z=f(x,y)$ 在点 (x_0,y_0) 处的偏导数存在,由于 $f'_x(x_0,y_0)$ 就是一元函数 $f(x,y)$ 在 x_0 处的导数值,即 $f'_x(x_0,y_0)=\left[\dfrac{\mathrm{d}}{\mathrm{d}x}f(x,y_0)\right]_{x=x_0}$,故只需弄清楚一元函数 $f(x,y_0)$ 的几何意义,再根据一元函数的导数的几何意义,就可以得到 $f'_x(x_0,y_0)$ 的几何意义. $z=f(x,y)$ 在几何上表示一曲面,过点 (x_0,y_0) 作平行于 xOz 面的平面 $y=y_0$,该平面与曲面 $z=f(x,y)$ 相截得到截线

$$\Gamma_1:\begin{cases}z=f(x,y),\\ y=y_0.\end{cases}$$

若将 $y=y_0$ 代入第一个方程,得 $z=f(x,y_0)$.可见截线 Γ_1 是平面 $y=y_0$ 上一条平面曲线,Γ_1 在 $y=y_0$ 上的方程就是 $z=f(x,y_0)$.从而 $f'_x(x_0,y_0)=\left[\dfrac{\mathrm{d}}{\mathrm{d}x}f(x,y_0)\right]_{x=x_0}$ 表示 Γ_1 在点 $M_0=(x_0,y_0,f(x_0,y_0))\in\Gamma_1$ 处的切线对 x 轴的斜率(见图 10-5).

同理,$f'_y(x_0,y_0)=\left[\dfrac{\mathrm{d}}{\mathrm{d}y}f(x_0,y)\right]_{y=y_0}$ 表示平面 $x=x_0$ 与 $z=f(x,y)$ 的截线

$$\Gamma_2:\begin{cases}z=f(x,y),\\ x=x_0.\end{cases}$$

在 $M_0=(x_0,y_0,f(x_0,y_0))\in\Gamma_2$ 处的切线对 y 轴的斜率(见图 10-5).

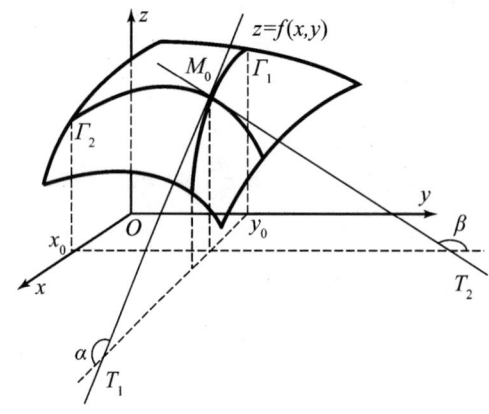

图 10-5

例 4 讨论函数

$$f(x,y)=\begin{cases}\dfrac{xy}{x^2+y^2},&x^2+y^2\neq 0,\\ 0,&x^2+y^2=0\end{cases}$$

在点 $(0,0)$ 处的两个偏导数是否存在.

解 $f'_x(0,0)=\lim\limits_{\Delta x\to 0}\dfrac{f(0+\Delta x,0)-f(0,0)}{\Delta x}=\lim\limits_{\Delta x\to 0}\dfrac{\dfrac{(0+\Delta x)\times 0}{(0+\Delta x)^2+0^2}-0}{\Delta x}=0$

同样有 $f'_y(0, 0) = 0$. 这表明 $f(x, y)$ 在 $(0, 0)$ 处对 x 和对 y 的偏导数存在,即在 $(0, 0)$ 处两个偏导数都存在.

由 10.1 例 3 可知:该函数在 $(0, 0)$ 处不连续. 本例指出,对于二元函数而言,函数在某点的偏导数存在,不能保证函数在该点连续. 但在一元函数中,我们有结论:可导必连续. 这并不奇怪,因为偏导数只刻画函数沿 x 轴与 y 轴方向的变化率,$f'_x(x_0, y_0)$ 存在,只能保证一元函数 $f(x, y_0)$ 在 x_0 处连续,即 $y = y_0$ 与 $z = f(x, y)$ 的截线 Γ_1 在 $M_0(x_0, y_0, z_0)$ 处连续,同时 $f'_y(x_0, y_0)$ 存在只能保证 Γ_2 在 $M_0(x_0, y_0, z_0)$ 处连续,但两曲线 Γ_1,Γ_2 在 $M_0(x_0, y_0, z_0)$ 处连续并不能保证曲面 $z = f(x, y)$ 在 $M_0(x_0, y_0, z_0)$ 处连续.

二、高阶偏导数

设函数 $z = f(x, y)$ 在区域 D 内具有偏导数 $\dfrac{\partial z}{\partial x} = f'_x(x, y)$,$\dfrac{\partial z}{\partial y} = f'_y(x, y)$,那么在 D 内 $f'_x(x, y)$ 及 $f'_y(x, y)$ 都是 x,y 的二元函数. 如果这两个函数的偏导数存在,则称它们是函数 $z = f(x, y)$ 的二阶偏导数. 按照对变量求导次序的不同有下列四个二阶偏导数:

$$\frac{\partial}{\partial x}\left(\frac{\partial z}{\partial x}\right) = \frac{\partial^2 z}{\partial x^2} = f''_{xx}(x, y), \quad \frac{\partial}{\partial y}\left(\frac{\partial z}{\partial x}\right) = \frac{\partial^2 z}{\partial x \partial y} = f''_{xy}(x, y),$$

$$\frac{\partial}{\partial x}\left(\frac{\partial z}{\partial y}\right) = \frac{\partial^2 z}{\partial y \partial x} = f''_{yx}(x, y), \quad \frac{\partial}{\partial y}\left(\frac{\partial z}{\partial y}\right) = \frac{\partial^2 z}{\partial y^2} = f''_{yy}(x, y),$$

其中 f''_{xy}(或 f''_{12})与 f''_{yx}(或 f''_{21})称为 $f(x, y)$ 的二阶混合偏导数. 同样可定义三阶,四阶,…阶,n 阶偏导数. 二阶及二阶以上的偏导数统称为**高阶偏导数**.

例 5 求函数 $z = xy + x^2 \sin y$ 的所有二阶偏导数和 $\dfrac{\partial^3 z}{\partial y \partial x^2}$.

解 因为 $\dfrac{\partial z}{\partial x} = y + 2x \sin y$,$\dfrac{\partial z}{\partial y} = x + x^2 \cos y$,

所以

$$\frac{\partial^2 z}{\partial x^2} = 2\sin y, \quad \frac{\partial^2 z}{\partial x \partial y} = 1 + 2x\cos y,$$

$$\frac{\partial^2 z}{\partial y \partial x} = 1 + 2x\cos y, \quad \frac{\partial^2 z}{\partial y^2} = x^2 \sin y, \quad \frac{\partial^3 z}{\partial y \partial x^2} = 2\cos y.$$

从本例我们看到 $\dfrac{\partial^2 z}{\partial x \partial y} = \dfrac{\partial^2 z}{\partial y \partial x}$,即两个二阶混合偏导数相等,这并非偶然.

事实上,有如下定理.

定理 1 如果函数 $z = f(x, y)$ 的两个二阶混合偏导数 $\dfrac{\partial^2 z}{\partial x \partial y}$ 和 $\dfrac{\partial^2 z}{\partial y \partial x}$ 在区域 D 内连续,则在该区域内有

$$\frac{\partial^2 z}{\partial x \partial y} = \frac{\partial^2 z}{\partial y \partial x}$$

定理1表明：二阶混合偏导数在连续的条件下与求导的次序无关．对于二元以上的函数，也可以类似地定义高阶偏导数，而且高阶混合偏导数在偏导数连续的条件下也与求导的次序无关．

例6 验证函数 $z = \ln\sqrt{x^2+y^2}$ 满足方程 $\dfrac{\partial^2 z}{\partial x^2} + \dfrac{\partial^2 z}{\partial y^2} = 0$.

解 $z = \ln\sqrt{x^2+y^2} = \dfrac{1}{2}\ln(x^2+y^2)$

所以

$$\frac{\partial z}{\partial x} = \frac{x}{x^2+y^2}, \quad \frac{\partial z}{\partial y} = \frac{y}{x^2+y^2}$$

$$\frac{\partial^2 z}{\partial x^2} = \frac{(x^2+y^2) - x \cdot 2x}{(x^2+y^2)^2} = \frac{y^2 - x^2}{(x^2+y^2)^2}$$

$$\frac{\partial^2 z}{\partial y^2} = \frac{(x^2+y2) - y \cdot 2y}{(x^2+y^2)^2} = \frac{x^2 - y^2}{(x^2+y^2)^2}$$

故

$$\frac{\partial^2 z}{\partial x^2} + \frac{\partial^2 z}{\partial y^2} = \frac{y^2 - x^2}{(x^2+y^2)^2} + \frac{x^2 - y^2}{(x^2+y^2)^2} = 0$$

三、全微分

我们知道，一元函数 $y = f(x)$ 如果可微，则函数的增量 Δy 可用自变量的增量 Δx 的线性函数近似求得．在实际问题中，我们会遇到求二元函数 $z = f(x, y)$ 的全增量的问题，一般说来，计算二元函数的全增量 Δz 更为复杂，为了能像一元函数一样，用自变量的增量 Δx 与 Δy 的线性函数近似代替全增量，所以我们引入二元函数的全微分的概念．

定义2 设函数 $z = f(x, y)$ 在 $P_0(x_0, y_0)$ 的某邻域内有定义，如果函数 z 在 P_0 处的全增量 $\Delta z = f(x_0 + \Delta x, y_0 + \Delta y) - f(x_0, y_0)$ 可表示成

$$\Delta z = A\Delta x + B\Delta y + o(\rho)$$

其中 A，B 是与 Δx，Δy 无关，仅与 x_0，y_0 有关的常数，$\rho = \sqrt{(\Delta x)^2 + (\Delta y)^2}$，$o(\rho)$ 表示当 $\Delta x \to 0$，$\Delta y \to 0$ 时关于 ρ 的高阶无穷小量，则称函数 $z = f(x, y)$ 在 $P_0(x_0, y_0)$ 处**可微**，而称 $A\Delta x + B\Delta y$ 为 $f(x, y)$ 在点 $P_0(x_0, y_0)$ 处的全微分，记作 $\mathrm{d}z\Big|_{\substack{x=x_0\\y=y_0}}$ 或 $\mathrm{d}f\Big|_{\substack{x=x_0\\y=y_0}}$，即

$$\mathrm{d}z\Big|_{\substack{x=x_0\\y=y_0}} = A\Delta x + B\Delta y$$

若 $z = f(x, y)$ 在区域 D 内处处可微，则称 $f(x, y)$ 在 D 内可微，也称 $f(x, y)$ 是 D 内的可微函数．$z = f(x, y)$ 在 (x, y) 处的全微分记作 $\mathrm{d}z$，即

$$\mathrm{d}z = A\Delta x + B\Delta y$$

二元函数 $z = f(x, y)$ 在点 $P(x, y)$ 的全微分具有以下两个性质：

(1) $\mathrm{d}z$ 是 Δx，Δy 的线性函数，即 $\mathrm{d}z = A\Delta x + B\Delta y$；

(2) $\Delta z \approx \mathrm{d}z$，$\Delta z - \mathrm{d}z = o(\rho)(\rho \to 0)$，因此，当 Δx，Δy 都很小时，可将 $\mathrm{d}z$ 作为计算

Δz 的近似公式.

多元函数在某点的偏导数即使都存在，也不能保证函数在该点连续. 但是对于可微函数却有如下结论:

定理 2　如果函数 $z = f(x, y)$ 在点 (x, y) 处可微，则函数在该点必连续.

这是因为由可微的定义得
$$\Delta z = f(x + \Delta x, y + \Delta y) - f(x, y) = A\Delta x + B\Delta y + o(\rho)$$
$$\lim_{(\Delta x, \Delta y) \to (0,0)} \Delta z = 0$$

即
$$\lim_{(\Delta x, \Delta y) \to (0,0)} f(x + \Delta x, y + \Delta y) = f(x, y)$$

所以函数 $z = f(x, y)$ 在点 (x, y) 处连续.

一元函数可微与可导是等价的，那么二元函数可微与可偏导之间有何关系呢？

定理 3　如果函数 $z = f(x, y)$ 在点 (x, y) 处可微，则 $z = f(x, y)$ 在该点的两个偏导数 $\dfrac{\partial z}{\partial x}, \dfrac{\partial z}{\partial y}$ 都存在，且有
$$dz = \frac{\partial z}{\partial x}\Delta x + \frac{\partial z}{\partial y}\Delta y$$

证明　因为函数 $z = f(x, y)$ 在点 (x, y) 处可微，故
$$\Delta z = A\Delta x + B\Delta y + o(\rho), \quad \rho = \sqrt{(\Delta x)^2 + (\Delta y)^2}$$

令 $\Delta y = 0$，于是 $\Delta_x z = f(x + \Delta x, y) - f(x, y) = A\Delta x + o(\sqrt{(\Delta x)^2})$

由此得
$$\lim_{\Delta x \to 0} \frac{\Delta_x z}{\Delta x} = \lim_{\Delta x \to 0} \frac{f(x + \Delta x, y) - f(x, y)}{\Delta x} = A + \lim_{\Delta x \to 0} \frac{o(|\Delta x|)}{|\Delta x|} \cdot \frac{|\Delta x|}{\Delta x} = A$$

即
$$\frac{\partial z}{\partial x} = A$$

同理可证得
$$\frac{\partial z}{\partial y} = B$$

定理 3 的逆命题是否成立呢？即二元函数在某点的两个偏导数存在能否保证函数在该点可微呢？一般情况下答案是否定的. 如函数
$$f(x, y) = \begin{cases} \dfrac{xy}{x^2 + y^2}, & x^2 + y^2 \ne 0, \\ 0, & x^2 + y^2 = 0 \end{cases}$$

在 $(0, 0)$ 处两个偏导数都存在，但 $f(x, y)$ 在 $(0, 0)$ 处不连续，由定理 2 可知，该函数在 $(0, 0)$ 处不可微. 但两个偏导数既存在且连续时，函数就是可微的. 我们不加证明地给出如下定理.

定理 4　如果函数 $z = f(x, y)$ 在 (x, y) 处的偏导数 $\dfrac{\partial z}{\partial x}, \dfrac{\partial z}{\partial y}$ 存在且连续，则函数 $z = f(x, y)$ 在该点可微.

类似于一元函数微分的情形，规定自变量的微分等于自变量的改变量. 即 $dx = \Delta x$, $dy = \Delta y$, 于是由定理 3 有

$$dz = \frac{\partial z}{\partial x}dx + \frac{\partial z}{\partial y}dy.$$

以上关于二元函数的全微分的概念及结论,可以类推到三元以上的函数中去. 比如,若三元函数 $u = f(x, y, z)$ 在点 $P(x, y, z)$ 处可微,则它的全微分为

$$du = \frac{\partial u}{\partial x}dx + \frac{\partial u}{\partial y}dy + \frac{\partial u}{\partial z}dz.$$

例7 求下列函数的全微分.

(1) $z = x^2 \sin 2y$; (2) $x = \ln(x^2 + 2xy)$.

解 (1) 因为

$$\frac{\partial z}{\partial x} = 2x \sin 2y, \quad \frac{\partial z}{\partial y} = 2x^2 \cos 2y$$

所以

$$dz = 2x \sin 2y \, dx + 2x^2 \cos 2y \, dy$$

(2) 因为

$$\frac{\partial z}{\partial x} = \frac{2x + 2y}{x^2 + 2xy}, \quad \frac{\partial z}{\partial y} = \frac{2x}{x^2 + 2xy}$$

所以

$$dz = \frac{2x + 2y}{x^2 + 2xy}dx + \frac{2x}{x^2 + 2xy}dy.$$

例8 求 $z = xy + e^{xy}$ 在点 $(1, 2)$ 处的全微分.

解 因 $\frac{\partial z}{\partial x} = y + ye^{xy}, \frac{\partial z}{\partial y} = x + xe^{xy}$ 得

$$\left.\frac{\partial z}{\partial x}\right|_{\substack{x=1\\y=2}} = 2 + 2e^2, \quad \left.\frac{\partial z}{\partial y}\right|_{\substack{x=1\\y=2}} = 1 + e^2$$

于是

$$\left.dz\right|_{\substack{x=1\\y=2}} = (2 + 2e^2)dx + (1 + e^2)dy.$$

课堂练习

1. 求下列各函数的偏导数.

(1) $z = 3x^2 + 6xy + 5y^2$; (2) $z = \ln\frac{y}{x}$; (3) $z = xye^{xy}$.

2. 已知 $f(x, y) = (x + 2y)e^x$,求 $f'_x(0, 1)$,$f'_y(0, 1)$.

3. 设 $z = e^{xy}$,$x = 1$,$y = 1$,$\Delta x = 0.15$,$\Delta y = 0.1$,求 dz.

课后作业

1. 设 $z = x + y - \sqrt{x^2 + y^2}$,求 $\left.\frac{\partial z}{\partial x}\right|_{(3,4)}$,$\left.\frac{\partial z}{\partial y}\right|_{(0,5)}$.

2. 设 $z = e^{-(\frac{1}{x} + \frac{1}{y})}$,求证: $x^2 \frac{\partial z}{\partial x} + y^2 \frac{\partial z}{\partial y} = 2z$.

3. 求下列函数的所有二阶偏导数.

(1) $z = x^4 + y^4 - 4x^2y^2$;

(2) $z = e^x(\cos y + x\sin y)$;

(3) $z = x\ln(xy)$;

(4) $u = \arctan\dfrac{x}{y}$.

4. 求下列函数的全微分.

(1) $z = 4xy^3 + 5x^2y^6$;

(2) $z = e^{\frac{x}{y}}$;

(3) $z = xy + \dfrac{x}{y}$;

(4) $z = \dfrac{y}{\sqrt{x^2 + y^2}}$.

5. 设 $f(x, y, z) = xy^2 + yz^2 + zx^2$,求 $f''_{xx}(0, 0, 1)$,$f''_{xz}(1, 0, 2)$,$f''_{yz}(0, -1, 0)$.

10.3 多元复合函数和隐函数的求导法则

一、多元复合函数的求导法则——链式法则

现在要将一元函数微分学中复合函数的求导法则推广到多元复合函数的情形,多元复合函数的求导法则在多元函数微分学中也起着重要作用.

1. 复合函数的中间变量均为一元函数

定理 1 设函数 $z = f(u, v)$,其中 $u = \varphi(x)$,$v = \psi(x)$. 如果函数 $u = \varphi(x)$,$v = \psi(x)$ 都在 x 点可导,函数 $z = f(u, v)$ 在对应的点 (u, v) 处可导,则复合函数 $z = f(\varphi(x), \psi(x))$ 在 x 处可导,且

$$\frac{\mathrm{d}z}{\mathrm{d}x} = \frac{\partial z}{\partial u}\frac{\mathrm{d}u}{\mathrm{d}x} + \frac{\partial z}{\partial v}\frac{\mathrm{d}v}{\mathrm{d}x}. \tag{1}$$

例 1 设 $z = u^2v$,$u = \cos t$,$v = \sin t$,求 $\dfrac{\mathrm{d}z}{\mathrm{d}t}$.

解 利用公式求导,

因为

$$\frac{\partial z}{\partial u} = 2uv,\quad \frac{\partial z}{\partial v} = u^2,$$

$$\frac{\mathrm{d}u}{\mathrm{d}t} = -\sin t,\quad \frac{\mathrm{d}v}{\mathrm{d}t} = \cos t,$$

所以

$$\frac{\mathrm{d}z}{\mathrm{d}t} = \frac{\partial z}{\partial u}\frac{\mathrm{d}u}{\mathrm{d}t} + \frac{\partial z}{\partial v}\frac{\mathrm{d}v}{\mathrm{d}t} = -2uv\sin t + u^2\cos t = -2\cos t\sin^2 t + \cos^3 t.$$

本题也可将 $u = \cos t$,$v = \sin t$ 代入函数 $z = u^2v$ 中,再用一元函数取对数求导法,求得同样的结果.

在多元复合函数的求导法则中,若函数 z 有 2 个中间变量,则公式右端是 2 项之和,若 z 有 3 个中间变量,则公式右端是 3 项之和. 一般地,若 z 有几个中间变量,则公式右端是几项之和,且每一项都是两个导数之积,即 z 对中间变量的偏导数再乘上该中间变量对 x 的导数.

比如 $z = f(u, v, w)$,而 $u = \varphi(x)$,$v = \psi(x)$,$w = w(x)$,则

$$\frac{dz}{dx} = \frac{\partial z}{\partial u}\frac{du}{dx} + \frac{\partial z}{\partial v}\frac{dv}{dx} + \frac{\partial z}{\partial w}\frac{dw}{dx}. \tag{2}$$

多元复合函数的求导公式可借助复合关系图(见图 10-6)来理解和记忆.

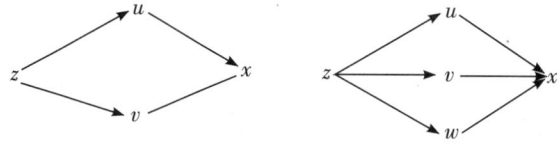

图 10-6

2. 复合函数的中间变量均为二元函数

上述定理还可推广到中间变量依赖两个自变量 x 和 y 的情形. 关于这种复合函数的求偏导问题,有如下定理:

定理 2 设 $z = f(u, v)$ 在 (u, v) 处可微,函数 $u = u(x, y)$ 及 $v = v(x, y)$ 在点 (x, y) 的偏导数存在,则复合函数 $z = f(u(x, y), v(x, y))$ 在 (x, y) 处的偏导数存在,且有如下的链式法则

$$\begin{cases} \dfrac{\partial z}{\partial x} = \dfrac{\partial z}{\partial u}\dfrac{\partial u}{\partial x} + \dfrac{\partial z}{\partial v}\dfrac{\partial v}{\partial x}, \\ \dfrac{\partial z}{\partial y} = \dfrac{\partial z}{\partial u}\dfrac{\partial u}{\partial y} + \dfrac{\partial z}{\partial v}\dfrac{\partial v}{\partial y}. \end{cases} \tag{3}$$

可以这样来理解公式(3):求 $\dfrac{\partial z}{\partial x}$ 时,将 y 看作常量,那么中间变量 u 和 v 是 x 的一元函数,应用定理 1 即可得 $\dfrac{\partial z}{\partial x}$. 但考虑到复合函数 $z = f(u(x, y), v(x, y))$ 以及 $u = u(x, y)$ 与 $v = v(x, y)$ 都是 x,y 的二元函数,所以应把公式(1)中的全导数符号"d"改为偏导数符号"∂".

公式(3)也可以推广到中间变量多于两个的情形. 例如,设 $u = \varphi(x, y)$, $v = \psi(x, y)$, $w = w(x, y)$ 的偏导数都存在,函数 $z = f(u, v, w)$ 可微,则复合函数

$$z = f(u(x, y), v(x, y), w(x, y))$$

对 x 和 y 的偏导数都存在,且有如下链式法则

$$\begin{cases} \dfrac{\partial z}{\partial x} = \dfrac{\partial z}{\partial u}\dfrac{\partial u}{\partial x} + \dfrac{\partial z}{\partial v}\dfrac{\partial v}{\partial x} + \dfrac{\partial z}{\partial w}\dfrac{\partial w}{\partial x}, \\ \dfrac{\partial z}{\partial y} = \dfrac{\partial z}{\partial u}\dfrac{\partial u}{\partial y} + \dfrac{\partial z}{\partial v}\dfrac{\partial v}{\partial y} + \dfrac{\partial z}{\partial w}\dfrac{\partial w}{\partial y}. \end{cases} \tag{4}$$

3. 复合函数的中间变量既有一元函数又有二元函数的混合型

特别对于下述情形: $z = f(u, x, y)$ 可微,而 $u = \varphi(x, y)$ 的偏导数存在,则复合函数

$$z = f(\varphi(x, y), x, y)$$

对 x 及 y 的偏导数都存在. 为了求出这两个偏导数,应将 f 中的变量看作中间变量:

$$u = \varphi(x, y), \quad v = x, \quad w = y.$$

此时,
$$\frac{\partial v}{\partial x}=1,\ \frac{\partial v}{\partial y}=0,\ \frac{\partial w}{\partial x}=0,\ \frac{\partial w}{\partial y}=1.$$
由公式(4)得
$$\begin{cases}\dfrac{\partial z}{\partial x}=\dfrac{\partial f}{\partial x}+\dfrac{\partial f}{\partial u}\cdot\dfrac{\partial u}{\partial x},\\ \dfrac{\partial z}{\partial y}=\dfrac{\partial f}{\partial y}+\dfrac{\partial f}{\partial u}\cdot\dfrac{\partial u}{\partial y}.\end{cases} \tag{5}$$

注：这里 $\dfrac{\partial z}{\partial x}$ 与 $\dfrac{\partial f}{\partial x}$ 的意义是不同的. $\dfrac{\partial f}{\partial x}$ 是把 $f(u,x,y)$ 中的 u 与 y 都看作常量对 x 的偏导数, 而 $\dfrac{\partial z}{\partial x}$ 却是把二元复合函数 $f(\varphi(x,y),x,y)$ 中的 y 看作常量对 x 的偏导数.

公式(3),(4),(5)可借助图 10-7 理解.

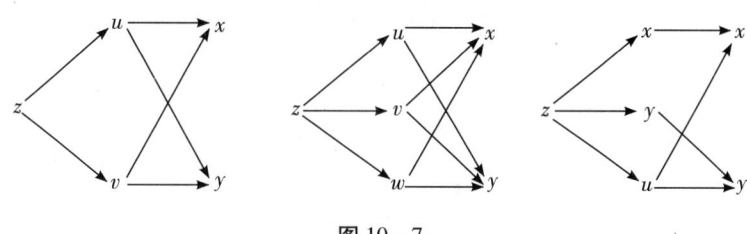

图 10-7

例 2 设 $z=\mathrm{e}^u\sin v,\ u=xy,\ v=x+y$,求 $\dfrac{\partial z}{\partial x},\ \dfrac{\partial z}{\partial y}$.

解
$$\frac{\partial z}{\partial x}=\frac{\partial z}{\partial u}\frac{\partial u}{\partial x}+\frac{\partial z}{\partial v}\frac{\partial v}{\partial x}=\mathrm{e}^u\sin v\cdot y+\mathrm{e}^u\cos v\cdot 1$$
$$=\mathrm{e}^{xy}[y\sin(x+y)+\cos(x+y)],$$
$$\frac{\partial z}{\partial y}=\frac{\partial z}{\partial u}\frac{\partial u}{\partial y}+\frac{\partial z}{\partial v}\frac{\partial v}{\partial y}=\mathrm{e}^u\sin v\cdot x+\mathrm{e}^u\cos v\cdot 1$$
$$=\mathrm{e}^{xy}[x\sin(x+y)+\cos(x+y)].$$

例 3 设 $z=3x^2-y^2,\ x=2s+7t,\ y=5st$,求 $\dfrac{\partial u}{\partial t}$.

解
$$\frac{\partial z}{\partial t}=\frac{\partial z}{\partial x}\frac{\partial x}{\partial t}+\frac{\partial z}{\partial y}\frac{\partial y}{\partial t}=6x\cdot 7+(-2y)\cdot 5s$$
$$=42(2s+7t)-10st\cdot 5s=84s+294t-50s^2t.$$

例 4 设 $z=f(u,v)$ 可微,求 $z=f(x^2-y^2,\mathrm{e}^{xy})$ 对 x 及 y 的偏导数.

解 引入中间变量 $u=x^2-y^2,\ v=\mathrm{e}^{xy}$,由公式(3)得
$$\frac{\partial z}{\partial x}=\frac{\partial f}{\partial u}\cdot 2x+\frac{\partial f}{\partial v}\cdot y\mathrm{e}^{xy}=2sf'_1(x^2-y^2,\mathrm{e}^{xy})+y\mathrm{e}^{xy}f'_2(x^2-y^2,\mathrm{e}^{xy}),$$
$$\frac{\partial z}{\partial y}=\frac{\partial f}{\partial u}\cdot(-2y)+\frac{\partial f}{\partial v}\cdot x\mathrm{e}^{xy}=-2yf'_1(x^2-y^2,\mathrm{e}^{xy})+x\mathrm{e}^{xy}f'_2(x^2-y^2,\mathrm{e}^{xy}).$$

注：记号 $f'_1(x^2-y^2, e^{xy})$ 与 $f'_2(x^2-y^2, e^{xy})$ 分别表示 $f(u, v)$ 对第一个变量与第二个变量在 (x^2-y^2, e^{xy}) 处的偏导数，可简写为 f'_1 与 f'_2，后面还会用到这种表示方法.

二、隐函数的偏导数

在一元函数的微分学中，我们曾介绍了隐函数的求导方法：方程 $F(x, y)=0$ 两边对 x 求导，再解出 y'.

现在我们介绍隐函数存在定理，并根据多元复合函数的求导法导出隐函数的求导公式.

定理 3 设函数 $F(x, y)$ 在点 $P_0(x_0, y_0)$ 的某一邻域内有连续的偏导数且 $F(x_0, y_0)=0$，$F'_y(x_0, y_0) \neq 0$，则方程 $F(x, y)=0$ 在点 $P_0(x_0, y_0)$ 的某邻域内唯一确定一个具有连续导数的函数 $y=f(x)$，它满足条件 $y_0=f(x_0)$，并且有

$$\frac{dy}{dx} = -\frac{F'_x}{F'_y} \tag{6}$$

公式(6)就是隐函数的求导公式.

这里仅对公式(6)进行推导：

将函数 $y=f(x)$ 代入方程 $F(x, y)=0$ 得恒等式

$$F(x, f(x)) \equiv 0.$$

其左端可以看作是 x 的一个复合函数，上式两端对 x 求导，得

$$\frac{\partial F}{\partial x} + \frac{\partial F}{\partial y} \cdot \frac{dy}{dx} = 0.$$

由于 F'_y 连续，且 $F'_y(x_0, y_0) \neq 0$，所以存在点 $P_0(x_0, y_0)$ 的一个邻域，在这个邻域内 $F'_y \neq 0$，所以有

$$\frac{dy}{dx} = -\frac{F'_x}{F'_y}.$$

如果 $F(x, y)=0$ 的二阶偏导数也都连续，我们可以把 $(10-6)$ 的两端看作 x 的复合函数而再一次求导，得到

$$\frac{d^2y}{dx^2} = \frac{\partial}{\partial x}\left(-\frac{F'_x}{F'_y}\right) + \frac{\partial}{\partial y}\left(-\frac{F'_x}{F'_y}\right)\frac{dy}{dx}$$

$$= -\frac{F''_{xx}F'_y - F''_{yx}F'_x}{(F'_y)^2} - \frac{F''_{xy}F'_y - F''_{yy}F'_x}{(F'_y)^2}\left(-\frac{F'_x}{F'_y}\right)$$

$$= -\frac{F''_{xx}(F'_y)^2 - 2F''_{xy}F'_xF'_y + F''_{yy}(F'_x)^2}{(F'_y)^3}.$$

例 5 验证方程 $x^2+y^2-1=0$ 在点 $(0, 1)$ 的某一邻域内能唯一确定一个有连续导数的隐函数 $y=f(x)$，且 $x=0$ 时 $y=1$，并求这个函数的一阶与二阶导数在 $x=0$ 的值.

解 设 $F(x, y) = x^2+y^2-1$，则 $F'_x = 2x$，$F'_y = 2y$，$F(0, 1) = 0$，$F'_y(0, 1) = 2 \neq 0$. 由此，由定理 3 可知，方程 $x^2+y^2-1=0$ 在点 $(0, 1)$ 的某一邻域内能唯一确定一个有连续导数的隐函数 $y=f(x)$，且 $x=0$ 时 $y=1$.

所以

$$\frac{dy}{dx} = -\frac{F'_x}{F'_y} = -\frac{x}{y}, \quad \frac{dy}{dx}\bigg|_{\substack{x=0 \\ y=1}} = 0$$

$$\frac{d^2y}{dx^2} = -\frac{y - x\left(\dfrac{x}{y}\right)}{y^2} = -\frac{y^2 + x^2}{y^3} = -\frac{1}{y^3}, \quad \frac{d^2y}{dx^2}\bigg|_{\substack{x=0 \\ y=1}} = -1$$

例 6 设 $\cos x + \sin y = e^{xy}$，求 $\dfrac{dy}{dx}$.

解法一 令 $F(x, y) = \cos x + \sin y - e^{xy}$，则

$$F'_x = -\sin x - y e^{xy}, \quad F'_y = \cos y - x e^{xy}$$

由公式(6)得

$$\frac{dy}{dx} = -\frac{-\sin x - y e^{xy}}{\cos y - x e^{xy}} = \frac{\sin x + y e^{xy}}{\cos y - x e^{xy}}$$

解法二 方程两边对 x 求导，注意 y 是 x 的函数，得

$$-\sin x + \cos y \cdot \frac{dy}{dx} = e^{xy}\left(y + x\frac{dy}{dx}\right)$$

解得

$$\frac{dy}{dx} = -\frac{-\sin x - y e^{xy}}{\cos y - x e^{xy}} = \frac{\sin x + y e^{xy}}{\cos y - x e^{xy}}$$

注：第一种方法是将 x 与 y 都视为自变量，而第二种方法是将 y 视为 x 的函数 $y(x)$.

隐函数存在定理还可以推广到多元函数. 下面介绍三元方程确定二元隐函数的定理.

定理 4 设函数 $F(x, y, z)$ 在点 $P_0(x_0, y_0, z_0)$ 的某邻域内具有连续的偏导数，且 $F(x_0, y_0, z_0) = 0$，$F'_z(x_0, y_0, z_0) \neq 0$，则方程 $F(x, y, z) = 0$ 在点 $P_0(x_0, y_0, z_0)$ 的某一邻域内能唯一确定一个有连续偏导数的函数 $z = f(x, y)$，它满足条件 $z_0 = f(x_0, y_0)$，并且有

$$\frac{\partial z}{\partial x} = -\frac{F'_x}{F'_z}, \quad \frac{\partial z}{\partial y} = -\frac{F'_y}{F'_z}. \tag{7}$$

这里仅对公式(7)进行推导：

将函数 $z = f(x, y)$ 代入方程 $F(x, y, z) = 0$ 得恒等式

$$F(x, y, f(x, y)) \equiv 0.$$

其左端可以看作是 x 和 y 的一个复合函数，上式两端对 x 和 y 求导，得

$$F'_x + F'_z \frac{\partial z}{\partial x} = 0, \quad F'_y + F'_z \frac{\partial z}{\partial y} = 0.$$

由于 F_z 连续，且 $F_z(x_0, y_0, z_0) \neq 0$，所以存在点 $P_0(x_0, y_0, z_0)$ 的一个邻域，在这个邻域内 $F_z \neq 0$，所以有

$$\frac{\partial z}{\partial x} = -\frac{F'_x}{F'_z}, \quad \frac{\partial z}{\partial y} = -\frac{F'_y}{F'_z}.$$

例7 设 $x^2 + y^2 + z^2 - 4z = 0$，求 $\dfrac{\partial z}{\partial x}$，$\dfrac{\partial z}{\partial y}$，$\dfrac{\partial^2 z}{\partial y^2}$.

解 设 $F(x, y) = x^2 + y^2 + z^2 - 4z$，则 $F'_x = 2x$，$F'_y = 2y$，$F'_z = 2z - 4$，当 $z \neq 2$ 时，得

$$\frac{\partial z}{\partial x} = \frac{x}{2-z}, \quad \frac{\partial z}{\partial y} = \frac{y}{2-z}.$$

所以

$$\frac{\partial^2 z}{\partial x^2} = \frac{(2-z) + x\dfrac{\partial z}{\partial x}}{(2-z)^2} = \frac{(2-z) + x\left(\dfrac{x}{2-z}\right)}{(2-z)^2} = \frac{(2-z)^2 + x^2}{(2-z)^3}.$$

课堂练习

1. 求下列复合函数的偏导数或导数.

(1) 设 $z = u^2 + v^2$，$u = x + y$，$v = x - y$，求 $\dfrac{\partial z}{\partial x}$，$\dfrac{\partial z}{\partial y}$；

(2) 设 $z = u + v$，$u = \ln x$，$v = 2^x$，求 $\dfrac{\partial z}{\partial x}$.

2. 设 $z = \dfrac{y}{f(x^2 - y^2)}$，其中 f 为可微函数，验证：

$$\frac{1}{x}\frac{\partial z}{\partial x} + \frac{1}{y}\frac{\partial z}{\partial y} = \frac{z^2}{y}.$$

3. 设 $z = e^{xy}\sin(x + y)$，求 $\dfrac{\partial z}{\partial x}$，$\dfrac{\partial z}{\partial y}$.

4. 求下列隐函数的导数.

(1) 设 $\sin y + e^x - xy^2 = 0$，求 $\dfrac{\partial y}{\partial x}$； (2) 设 $\ln\sqrt{x^2 + y^2} = \arctan\dfrac{y}{x}$，求 $\dfrac{\partial y}{\partial x}$；

(3) 设 $e^{-xy} + 2z - e^z = 0$，求 $\dfrac{\partial z}{\partial x}$，$\dfrac{\partial z}{\partial y}$；

(4) 设 $x^2 + y^2 + z^2 - 2x + 2y - 4z - 5 = 0$，求 $\dfrac{\partial z}{\partial x}$，$\dfrac{\partial z}{\partial y}$.

课后作业

1. 求下列复合函数的偏导数或导数.

(1) 设 $z = \arctan(xy)$，$y = e^x$，求 $\dfrac{\partial z}{\partial x}$；

(2) 设 $z = uv$，$u = \sin(x + y)$，$v = \cos(xy)$，求 $\dfrac{\partial z}{\partial x}$，$\dfrac{\partial z}{\partial y}$；

2. 设 $2\sin(x + 2y - 3z) = x + 2y - 3z$，证明 $\dfrac{\partial z}{\partial x} + \dfrac{\partial z}{\partial y} = 1$.

3. 设 $x = x(y, z)$，$y = y(x, z)$，$z = z(x, y)$ 都是由方程 $F(x, y, z) = 0$ 所确定的具有连续偏导数的函数，证明 $\dfrac{\partial x}{\partial y} \cdot \dfrac{\partial y}{\partial z} \cdot \dfrac{\partial z}{\partial x} = -1$.

4. 设 $z=z(x,y)$ 由函数 $yz+zx+xy=3$ 所确定，试求 $\dfrac{\partial z}{\partial x}$，$\dfrac{\partial z}{\partial y}$（其中 $x+y\neq 0$）.

10.4 二元函数的极值与最值

一、多元函数的极值与最值

类似一元函数的极值概念，我们有多元函数极值的概念.

定义 设函数 $z=f(x,y)$ 的定义域为 D，$P_0(x_0,y_0)$ 为 D 的内点. 若存在 $P_0(x_0,y_0)$ 的某个邻域 $U(P_0)\subset D$，对于该邻域内异于 $P_0(x_0,y_0)$ 的任意点 (x,y)，都有
$$f(x,y)<f(x_0,y_0),$$
则称函数 $f(x,y)$ 在点 $P_0(x_0,y_0)$ 有极大值 $f(x_0,y_0)$，点 $P_0(x_0,y_0)$ 称为函数 $f(x,y)$ 的极大值点；若对于该邻域内异于 $P_0(x_0,y_0)$ 的任意点 (x,y)，都有
$$f(x,y)>f(x_0,y_0),$$
则称函数 $f(x,y)$ 在点 $P_0(x_0,y_0)$ 有极小值 $f(x_0,y_0)$，点 $P_0(x_0,y_0)$ 称为函数 $f(x,y)$ 的极小值点. 极大值与极小值统称为函数的极值. 使函数取得极值的点称为函数的极值点.

例如：函数 $z=f(x,y)=x^2+2y^2$ 在点 $(0,0)$ 处取得极小值；函数 $z=\sqrt{1-x^2-y^2}$ 在点 $(0,0)$ 处取得极大值；而函数 $z=xy$ 在点 $(0,0)$ 处既不取得极大值也不取得极小值. 这是因为 $f(0,0)=0$，而在点 $(0,0)$ 的任何邻域内，$z=xy$ 既可取正值（Ⅰ，Ⅲ象限），也可取负值（Ⅱ，Ⅳ象限）.

以上关于二元函数的极值的概念，可推广到 n 元函数. 设 n 元函数 $u=f(P)$ 的定义域为 D，P_0 为 D 的内点. 若存在 P_0 的某个邻域 $U(P_0)\subset D$，对于该邻域内异于 P_0 的任意点 P，都有
$$f(P)<f(P_0)\,[\,或\,f(P)>f(P_0)\,],$$
则称函数 $f(P)$ 在点 P_0 有极大值（或极小值）$f(P_0)$.

由一元函数取得极值的必要条件，我们可以得到类似的二元函数取得极值的必要条件.

定理1 （极值存在的必要条件）设函数 $z=f(x,y)$ 在点 (x_0,y_0) 处的两个一阶偏导数都存在，若 (x_0,y_0) 是 $f(x,y)$ 的极值点，则有
$$f'_x(x_0,y_0)=0,\ f'_y(x_0,y_0)=0$$

证明 若 (x_0,y_0) 是 $f(x,y)$ 的极值点，则固定变量 $y=y_0$，所得的一元函数 $f(x,y_0)$ 在 (x_0,y_0) 处取得相同的极值. 由一元函数极值存在的必要条件可得 $\dfrac{\mathrm{d}f(x,y_0)}{\mathrm{d}x}\bigg|_{x=x_0}=0$，即
$$f'_x(x_0,y_0)=0$$
同样可证
$$f'_y(x_0,y_0)=0$$

使得两个一阶偏导数都等于零的点(x_0, y_0)称为$f(x, y)$的驻点. 定理1表明, 偏导数存在的函数的极值点一定是驻点, 但驻点未必是极值点. 如$(0, 0)$是$z = xy$的驻点, 但不是它的极值点.

函数$f(x, y)$也有可能在偏导数不存在的点取得极值. 如$z = -\sqrt{x^2 + y^2}$在$(0, 0)$处取得极大值, 但该点的偏导数不存在.

怎样判断一个驻点究竟是否为极值点? 下面给出一个判定定理.

定理 2 (极值存在的充分条件) 设点(x_0, y_0)是函数$z = f(x, y)$的驻点, 且函数$z = f(x, y)$在点(x_0, y_0)处的某邻域内具有连续的二阶偏导数, 记

$$A = f''_{xx}(x_0, y_0), \quad B = f''_{xy}(x_0, y_0), \quad C = f''_{yy}(x_0, y_0),$$

则有

(1) 如果$B^2 - AC < 0$, 则(x_0, y_0)为$f(x, y)$的极值点; 且当$A > 0$时, $f(x_0, y_0)$为极小值; 当$A < 0$时, $f(x_0, y_0)$为极大值.

(2) 如果$B^2 - AC > 0$, 则(x_0, y_0)不是$f(x, y)$的极值点.

(3) 如果$B^2 - AC = 0$, 则不能确定点(x_0, y_0)是否为$f(x, y)$的极值点.

例 1 求$f(x, y) = x^3 - y^3 + 3x^2 + 3y^2 - 9x$的极值.

解 由方程组

$$\begin{cases} f'_x(x, y) = 3x^2 + 6x - 9 = 0, \\ f'_y(x, y) = -3y^2 + 6y = 0 \end{cases}$$

得驻点$(1, 0)$, $(1, 2)$, $(-3, 0)$, $(-3, 2)$.

又

$$f''_{xx} = 6x + 6, \quad f''_{xy} = 0, \quad f''_{yy} = -6y + 6,$$

在点$(1, 0)$处, $B^2 - AC = -72 < 0$, 又$A = 12 > 0$, 所以函数取得极小值$f(1, 0) = -5$;

在点$(1, 2)$处, $B^2 - AC = 72 > 0$, 函数在该点不取得极值;

在点$(-3, 0)$处, $B^2 - AC = 72 > 0$, 该点不是极值点;

在点$(-3, 2)$处, $B^2 - AC = -72 < 0$, 又$A = -12 < 0$, 所以函数取得极大值$f(-3, 2) = 31$.

与一元函数类似, 我们也可提出如何求多元函数的最大值和最小值问题. 如果$f(x, y)$在有界闭区域D上连续, 则函数$f(x, y)$在D上必有最大(小)值, 最大(小)值点可以在D的内部, 也可以在闭区域D的边界上. 如果$f(x, y)$在D的内部取得最大(小)值, 那么这最大(小)值也是函数的极大(小)值, 在这种情况下, 最大(小)值点一定是极大(小)值点之一. 因此, 要求函数$f(x, y)$在有界闭区域D上的最大(小)值时, 需将函数的所有极大(小)值与边界上的最大(小)值比较, 其中最大的就是最大值, 最小的就是最小值. 这种处理方法遇到的麻烦是求区域边界上的最大(小)值时往往相当复杂.

例 2 求二元函数$z = f(x, y) = x^2 y(4 - x - y)$在由直线$x + y = 6$, x轴和y轴所围成的闭区域D上的最大值与最小值.

解 由

$$\begin{cases} f'_x(x, y) = 2xy(4-x-y) - x^2y = xy(8-3x-2y) = 0, \\ f'_y(x, y) = x^2(4-x-y) - x^2y = x^2(4-x-2y) = 0 \end{cases}$$

得 $x = 0(0 \leq y \leq 6)$，$(4, 0)$ 和 $(2, 1)$，其中点 $(2, 1)$ 在区域 D 的内部．

又

$$f''_{xx} = 8y - 6xy - 2y^2, \quad f''_{xy} = 8x - 3x^2 - 4xy, \quad f''_{yy} = -2x^2$$

利用定理 2：$B^2 - AC = -32 < 0$，$A = -6 < 0$，因此点 $(2, 1)$ 是 $f(x, y)$ 的极大值点，$f(2, 1) = 4$ 为极大值．

再考虑区域 D 的边界上的函数值：

在边界 $x = 0(0 \leq x \leq 6)$ 及 $y = 0(0 \leq y \leq 6)$ 上，$f(x, y) = 0$．

在边界 $x + y = 6$ 上，将 $y = 6 - x$ 代入 $f(x, y)$ 中，得 $f(x, 6-x) = 2x^3 - 12x^2$ $(0 < x < 6)$．

记 $g(x) = 2x^3 - 12x^2$，令 $g'(x) = 6x^2 - 24x = 0$ 得 $x = 0$ 或 $x = 4$．$x = 0$ 已考虑，$x = 4$ 时，$y = 2$，这时 $f(4, 2) = -64$．

比较以上各函数值：$f(x, y) = 0$，$f(2, 1) = 4$，$f(4, 2) = -64$，可知 $z = f(x, y)$ 在闭域 D 上的最大值为 $f(2, 1) = 4$，最小值为 $f(4, 2) = -64$．

在实际问题中，如果能根据实际情况断定最大（小）值一定在 D 的内部取得，并且函数在 D 的内部只有一个驻点的话，那么肯定这个驻点处的函数值就是 $f(x, y)$ 在 D 上的最大（小）值．

例3 某厂要用钢板制造一个容积为 2 m^3 的有盖长方形水箱，问长、宽、高各为多少时使用材料最少？

解 要使得用料最少，即要使得长方体的表面积最小，设水箱的长为 x，宽为 y，则高为 $\dfrac{2}{xy}$，表面积

$$S = 2\left(xy + y\dfrac{2}{xy} + x\dfrac{2}{xy}\right) = 2xy + \dfrac{4}{x} + \dfrac{4}{y} \quad (x > 0, y > 0)$$

由 $\begin{cases} S'_x = 2\left(y - \dfrac{2}{x^2}\right) = 0 \\ S'_y = 2\left(x - \dfrac{2}{y^2}\right) = 0 \end{cases}$，得驻点 $(\sqrt[3]{2}, \sqrt[3]{2})$．

由题意知，表面积的最小值一定存在，且在开区域 $x > 0$，$y > 0$ 的内部取得，故可断定当长为 $\sqrt[3]{2}$，宽为 $\sqrt[3]{2}$，高为 $\dfrac{2}{\sqrt[3]{2} \times \sqrt[3]{2}} = \sqrt[3]{2}$ 时，表面积最小，即用料最少的水箱是正方形水箱．

二、条件极值和拉格朗日乘数法

以上讨论的极值问题，除了函数的自变量限制在函数的定义域内以外，没有其他约束条件，这种极值称为**无条件极值**．但在实际问题中，往往会遇到对函数的自变量还有附加条件限制的极值问题，这类极值问题称为条件极值问题．

例如：假设某企业生产 A、B 两种产品，其产量分别为 x 和 y，该企业的利润函数为
$$L = 80x - 2x^2 - xy - 3y^2 + 100y$$
同时该企业要求两种产品的产量要满足附加条件 $x + y = 12$. 怎样求企业的最大利润呢？

直接的做法就是消去约束条件，从 $x + y = 12$ 中，得 $y = 12 - x$，然后将 $y = 12 - x$ 代入利润函数中得
$$L = -4x^2 + 40x + 768.$$
这样问题就转化为无条件极值问题. 按照一元函数的求极值方法，令 $L'_x = -8x + 40 = 0$，得 $x = 5$，再代入附加条件得 $y = 7$. 因此，当企业生产 5 个单位的 A 产品和 7 个单位的 B 产品时，可获利润最大，最大利润为
$$L = 80 \times 5 - 2 \times 5^2 - 5 \times 7 - 3 \times 7^2 + 100 \times 7 = 868.$$

但是很多情况下，要从附加条件中解出某个变量并不易实现，这就迫使我们寻求一种求条件极值的直接方法. 利用拉格朗日乘数法能够解决这个问题.

我们来分析函数 $z = f(x, y)$ 在条件 $\varphi(x, y) = 0$ 下取得极值的必要条件.

如果函数 $z = f(x, y)$ 在 (x_0, y_0) 处取得极值，则有 $\varphi(x_0, y_0) = 0$.

假定在 (x_0, y_0) 的某一邻域内函数 $f(x, y)$ 与 $\varphi(x, y)$ 均有连续的一阶偏导数，而且 $\varphi'_y(x_0, y_0) \neq 0$. 由隐函数存在定理可知，方程 $\varphi(x, y) = 0$ 确定一个连续且具有连续导数的函数 $y = \psi(x)$，将其代入 $f(x, y) = 0$，得
$$z = f[x, \psi(x)].$$

函数 $f(x, y)$ 在 (x_0, y_0) 取得的极值，相当于函数 $z = f[x, \psi(x)]$ 在点 $x = x_0$ 取得的极值. 由一元可导函数取得极值的必要条件可知
$$\frac{\mathrm{d}z}{\mathrm{d}x}\bigg|_{x=x_0} = f'_x(x_0, y_0) + f'_y(x_0, y_0) \frac{\mathrm{d}y}{\mathrm{d}x}\bigg|_{x=x_0} = 0.$$

而由隐函数的求导公式有
$$\frac{\mathrm{d}y}{\mathrm{d}x}\bigg|_{x=x_0} = -\frac{\varphi'_x(x_0, y_0)}{\varphi'_y(x_0, y_0)},$$

把它代入上式得
$$f'_x(x_0, y_0) - f'_y(x_0, y_0) \frac{\varphi'_x(x_0, y_0)}{\varphi'_y(x_0, y_0)} = 0.$$

这个式子与 $\varphi(x_0, y_0) = 0$ 就构成了函数 $z = f(x, y)$ 在条件 $\varphi(x, y) = 0$ 下在点 (x_0, y_0) 处取得极值的必要条件.

设 $\dfrac{f'_y(x_0, y_0)}{\varphi'_y(x_0, y_0)} = -\lambda$，上述必要条件就变为
$$\begin{cases} f'_x(x_0, y_0) + \lambda \varphi'_x(x_0, y_0) = 0, \\ f'_y(x_0, y_0) + \lambda \varphi'_y(x_0, y_0) = 0, \\ \varphi(x_0, y_0) = 0. \end{cases}$$

引进辅助函数

$$F(x, y) = f(x, y) + \lambda\varphi(x, y)$$

则方程组前两式就是

$$F'_x(x_0, y_0) = 0, \quad F'_y(x_0, y_0) = 0.$$

函数 $F(x, y)$ 称为**拉格朗日函数**，参数 λ 称为**拉格朗日乘子**.

拉格朗日乘数法：欲求函数 $z = f(x, y)$ 满足条件 $\varphi(x, y) = 0$ 的极值，可按如下步骤进行：

(1) 构造拉格朗日函数

$$F(x, y) = f(x, y) + \lambda\varphi(x, y)$$

其中 λ 为待定参数.

(2) 解方程组

$$\begin{cases} F'_x(x, y) = f'_x(x, y) + \lambda\varphi'_x(x, y) = 0, \\ F'_y(x, y) = f'_y(x, y) + \lambda\varphi'_y(x, y) = 0, \\ \varphi(x, y) = 0 \end{cases}$$

得 x, y 及 λ 值，则 (x, y) 就是所求的可能的极值点.

(3) 判断所求得的点是否为极值点，是极大值点还是极小值点.

这里我们再用拉格朗日乘数法来解答一下前面的例子.

先构造拉格朗日函数

$$F(x, y) = 80x - 2x^2 - xy - 3y^2 + 100y + \lambda(x + y - 12).$$

解方程组

$$\begin{cases} F'_x(x, y) = 80 - 4x - y + \lambda = 0, \\ F'_y(x, y) = -x - 6y + 100 + \lambda = 0, \\ x + y - 12 = 0 \end{cases}$$

得 $x = 5$, $y = 7$, $\lambda = -53$.

即当企业生产 5 个单位 A 产品、7 个单位 B 产品时利润最大，最大利润为 868 元.

拉格朗日乘数法还可以推广到自变量多于两个而条件多于一个的情形. 例如，要求函数 $u = f(x, y, z, t)$ 在附加条件 $\varphi(x, y, z, t) = 0$, $\psi(x, y, z, t) = 0$ 下的极值，可以先做拉格朗日函数

$$F(x, y, z, t) = f(x, y, z, t) + \lambda\varphi(x, y, z, t) + \mu\psi(x, y, z, t),$$

其中 λ, μ 均为参数，求其一阶偏导数，并使之为零，与附加条件联立方程组，就能得到可能的极值点.

例4 求函数 $u = xyz$ 在附加条件

$$\frac{1}{x} + \frac{1}{y} + \frac{1}{z} = \frac{1}{a} \quad (x > 0, y > 0, z > 0, a > 0)$$

下的极值.

解 做拉格朗日函数

$$F(x, y, z) = xyz + \lambda\left(\frac{1}{x} + \frac{1}{y} + \frac{1}{z} - \frac{1}{a}\right),$$

则有

$$F'_x = yz - \frac{\lambda}{x^2} = 0,$$

$$F'_y = xz - \frac{\lambda}{y^2} = 0,$$

$$F'_z = xy - \frac{\lambda}{z^2} = 0.$$

注意到以上三个方程的左端的第一项都是三个变量 x，y，z 中某两个变量的乘积，将各方程两端同乘以相应缺少的那个变量，使各方程左端的第一项都变为 xyz，然后将三个方程的左右两端相加，得到

$$3xyz - \lambda\left(\frac{1}{x} + \frac{1}{y} + \frac{1}{z}\right) = 0,$$

所以

$$xyz = \frac{\lambda}{3a}.$$

则得到解为 $x = y = z = 3a$。由此得到点 $(3a, 3a, 3a)$ 是函数的唯一可能的极值点。应用二元函数极值的充分条件可知，点 $(3a, 3a, 3a)$ 是极小值点。因此，函数 $u = xyz$ 在附加条件 $\frac{1}{x} + \frac{1}{y} + \frac{1}{z} = \frac{1}{a}$ $(x > 0, y > 0, z > 0, a > 0)$ 下在点 $(3a, 3a, 3a)$ 处取得极小值 $27a^3$。

三、建模案例：企业利润问题

假设某企业在两个相互分割的市场上出售同一种产品，两个市场的需求函数分别是

$$P_1 = 18 - 2Q_1, \quad P_2 = 12 - Q_2,$$

其中 P_1 和 P_2 分别表示该产品在两个市场的价格（单位：万元/吨），Q_1 和 Q_2 分别表示该产品在两个市场的销售量（即需求量，单位：吨），并且该企业生产这种产品的总成本函数是

$$C = 2Q + 5,$$

其中 Q 表示该产品在两个市场的销售总量，即 $Q = Q_1 + Q_2$。

（1）如果该企业实行价格差别策略，试确定两个市场上该产品分别的销售量和价格，使该企业获得最大利润；

（2）如果该企业实行价格无差别策略，试确定两个市场上该产品销售量及其统一的价格，使该企业的总利润最大化；并比较两种价格策略下的总利润大小。

1. 模型的理解

企业的总利润函数等于总收益减去总成本，分别在企业实行价格差别策略和价格无差别策略两种情况下，确定两个市场上该产品的销售量和价格，使该企业获得最大利润。

2. 模型的假设

（1）产品销售量即为产品生产量；

(2)若该企业实行价格无差别策略,此时,两个市场上该产品的销售价格相等.

3. 模型的建立与求解

(1)依题意,总利润函数为
$$L = R - C = P_1Q_1 + P_2Q_2 - C = -2Q_1^2 - Q_2^2 + 16Q_1 + 10Q_2 - 5.$$

由
$$\begin{cases} \dfrac{\partial L}{\partial Q_1} = -4Q_1 + 16 = 0, \\ \dfrac{\partial L}{\partial Q_2} = -2Q_2 + 10 = 0 \end{cases}$$

得 $Q_1 = 4$,$Q_2 = 5$,则 $P_1 = 10$(万元/吨),$P_2 = 7$(万元/吨). 因只有唯一的驻点(4, 5),且所讨论的问题的最大值一定存在,故最大值必在驻点处取得. 最大利润为
$$L = -2 \times 4^2 - 5^2 + 16 \times 4 + 10 \times 5 - 5 = 52(万元).$$

(2)若价格无差别,则 $P_1 = P_2$,于是 $2Q_1 - Q_2 = 6$,问题化为求函数 $L = -2Q_1^2 - Q_2^2 + 16Q_1 + 10Q_2 - 5$ 在约束条件 $2Q_1 - Q_2 = 6$ 下的极值.

构造拉格朗日函数
$$F(Q_1, Q_2, \lambda) = -2Q_1^2 - Q_2^2 + 16Q_1 + 10Q_2 - 5 + \lambda(2Q_1 - Q_2 - 6).$$

由
$$\begin{cases} \dfrac{\partial F}{\partial Q_1} = -4Q_1 + 16 + 2\lambda = 0, \\ \dfrac{\partial F}{\partial Q_2} = -2Q_2 + 10 - \lambda = 0, \\ \dfrac{\partial F}{\partial \lambda} = 2Q_1 - Q_2 - 6 = 0 \end{cases}$$

得 $Q_1 = 5$,$Q_2 = 4$,$\lambda = 2$,则 $P_1 = P_2 = 8$.

最大利润为 $L = -2 \times 5^2 - 4^2 + 16 \times 5 + 10 \times 4 - 5 = 49$(万元).

4. 模型的分析与检验

由上述模型的求解结果可知,企业实行差别定价所得的总利润要大于统一定价所得的总利润.

课堂练习

1. 求下列函数的极值.
   (1) $f(x, y) = 4(x - y) - x^2 - y^2$;   (2) $z = e^{2x}(x + 2y + y^2)$.
2. 求函数 $z = x^2 - y^2$ 在区域 $D = \{(x, y) \mid x^2 + y^2 \leq 4\}$ 上的最大值和最小值.
3. 在斜边长为 l 的一切直角三角形中,求有最大周长的直角三角形.
4. 求函数 $z = xy$ 在条件 $x + y = 1$ 下的极大值.

课后作业

1. 求函数 $f(x, y) = (x^2 + 2x + y)e^{2y}$ 的极值点和极值.

2. 要选一个容积等于定数 k 的长方体无盖水池,应如何选择水池的尺寸方可使表面积最小.

3. 设生产某种产品的数量 $f(x, y)$ 与所用甲、乙两种原料的数量 x,y 之间有关系式 $f(x, y) = 0.005x^2y$,已知甲、乙两种原料的单价分别为 1 元、2 元,现用 150 元购买原料,问购进两种原料各多少,能使产量 $f(x, y)$ 最大?最大产量是多少?

4. 某厂生产甲、乙两种产品,其销售单价分别为 10 万元和 9 万元,若生产 x 件甲产品和 y 件乙产品的总成本为:
$$C = 400 + 2x + 3y + 0.01(3x^2 + xy + 3y^2)(万元)$$
已知两种产品的总产量为 100 件,求企业获得最大利润时两种产品的产量.

10.5 二重积分的概念和性质

微积分的主要内容是求导和求积分.在一元微积分学中我们已经学过定积分的计算及其在几何与物理上的一些应用.接下来,我们利用二重积分来求立体的体积、物体表面的表面积、变密度薄板的重心等.

一、二重积分的概念

问题引入:曲顶柱体的体积问题

设 $z = f(x, y)$ 是定义在有界区域 D 上的非负连续函数. 我们称曲面 $z = f(x, y)$,xOy 平面上的区域 D 和准线为 D 的边界、母线平行于 z 轴的柱体所围成的立体为曲顶柱体,如图 10 - 8 所示,求这个曲顶柱体的体积 V. 我们用类似于求曲边梯形面积的方法来求曲顶柱体的体积.

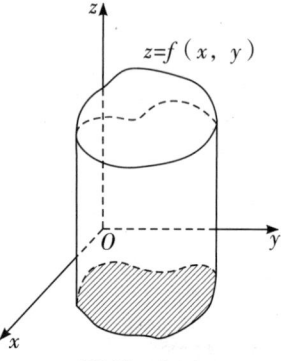

图 10 - 8

首先用一组曲线 T 把区域 D 划分为 n 个小区域 $\Delta\sigma_i$($i = 1, 2, \cdots, n$),这样就把原柱体分为 n 个小曲顶柱体 V_i. 又记 $\Delta\sigma_i$ 为 T_i 的面积,λ_i 为 $\Delta\sigma_i$ 的直径,对于 $\Delta\sigma_i$ 来说,由于 $f(x, y)$ 在 $\Delta\sigma_i$ 连续,故当 λ_i 很小时,$f(x, y)$ 在 $\Delta\sigma_i$ 上各点的函数值近似于相等,从而可视 $\Delta\sigma_i$ 上的曲顶柱体为平顶柱体,为此在 $\Delta\sigma_i$ 中任取一点以 $f(\xi_i, \eta_i)$ 为高的小平顶柱体的体积为 $f(\xi_i, \eta_i)\Delta\sigma_i$,如图 10 - 9 所示,并用它来代替这个小曲顶柱体的体积 V_i,把所有这些小平顶柱体的体积加起来便得曲顶柱体的体积的近似值:

$$V = \sum_{i=1}^{n} V_i \approx \sum_{i=1}^{n} f(\xi_i, \eta_i) \Delta\sigma_i$$

最后，当分割 T 的细度 $\|T\| = \max \lambda_i \to 0$ 时有：

$$\sum_{i=1}^{n} f(\xi_i, \eta_i) \Delta\sigma_i \to V$$

即：

$$V = \lim_{\|T\| \to 0} \sum_{i=1}^{n} f(\xi_i, \eta_i) \Delta\sigma_i$$

定义 1 设 $f(x,y)$ 是闭区域 D 上的有界函数，将区域 D 分成 n 个小区域

$$\Delta\sigma_1, \Delta\sigma_2, \cdots, \Delta\sigma_n,$$

其中，$\Delta\sigma_i$ 既表示第 i 个小区域，也表示它的面积，λ_i 表示它的直径.

$$\lambda = \max_{1 \leq i \leq n} \{\lambda_i\}, \quad \forall (\xi_i, \eta_i) \in \Delta\sigma_i,$$

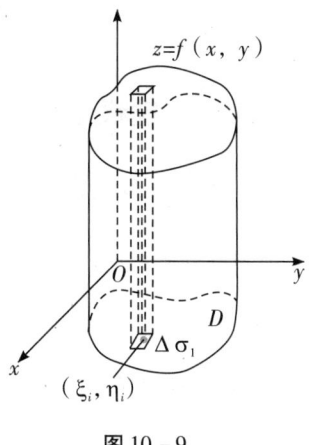

图 10-9

作乘积 $f(\xi_i, \eta_i)\Delta\sigma_i \quad (i=1,2,\cdots,n)$，

作和式 $\sum_{i=1}^{n} f(\xi_i, \eta_i)\Delta\sigma_i$，

若极限 $\lim_{\lambda \to 0} \sum_{i=1}^{n} f(\xi_i, \eta)\Delta\sigma_i$ 存在，则称此极限值为函数 $f(x,y)$ 在区域 D 上的二重积分，记作 $\iint_D f(x,y)\,\mathrm{d}\sigma$. 即

$$\iint_D f(x,y)\,\mathrm{d}\sigma = \lim_{\lambda \to 0} \sum_{i=1}^{n} f(\xi_i, \eta)\Delta\sigma_i$$

其中：$f(x,y)$ 称为被积函数；$f(x,y)\mathrm{d}\sigma$ 称为被积表达式；$\mathrm{d}\sigma$ 称为面积元素；x,y 称为积分变量；D 称为积分区域.

对二重积分的定义说明：

(1) 极限 $\lim_{\lambda \to 0} \sum_{i=1}^{n} f(\xi_i, \eta)\Delta\sigma_i$ 的存在与区域 D 的划分及点 (ξ_i, η_i) 的选取无关.

(2) $\iint_D f(x,y)\,\mathrm{d}\sigma$ 中的面积元素 $\mathrm{d}\sigma$ 象征着积分和式中的 $\Delta\sigma_i$.

由于二重积分的定义中对区域 D 的划分是任意的，若用一组平行于坐标轴的直线来划分区域 D，那么除了靠近边界曲线的一些小区域之外，绝大多数的小区域都是矩形的. 因此，可以将 $\mathrm{d}\sigma$ 记作 $\mathrm{d}x\mathrm{d}y$（并称 $\mathrm{d}x\mathrm{d}y$ 为直角坐标系下的面积元素），二重积分也可表示成为 $\iint_D f(x,y)\,\mathrm{d}x\mathrm{d}y$.

(3) 二重积分的存在定理.

若 $f(x,y)$ 在闭区域 D 上连续，则 $f(x,y)$ 在 D 上的二重积分存在.

注：在以后的讨论中，我们总假定在闭区域上的二重积分存在.

(4) 若 $f(x,y) \geq 0$，二重积分表示以 $f(x,y)$ 为曲顶，以 D 为底的曲顶柱体的体积；若 $f(x,y) \leq 0$，二重积分表示以 $f(x,y)$ 为曲顶，以 D 为底的曲顶柱体的体积的负值；

若 $f(x, y)$ 在 D 的若干部分区域上是正值的，而其他区域上是负值的，二重积分的值就等于各个部分区域上的曲顶柱体体积的代数和．

二、二重积分的性质

二重积分与定积分有类似的性质，现将这些性质列出如下，其中 D 是 xOy 平面上的闭区域．

性质 1（线性性质）

$$\iint\limits_{D}[\alpha f(x,y)+\beta g(x,y)]\mathrm{d}\sigma = \alpha\iint\limits_{D}f(x,y)\mathrm{d}\sigma + \beta\iint\limits_{D}g(x,y)\mathrm{d}\sigma,$$

其中：α，β 是常数．

性质 2（对区域的可加性）若区域 D 分为两个部分区域 D_1，D_2，则

$$\iint\limits_{D}f(x,y)\mathrm{d}\sigma = \iint\limits_{D_1}f(x,y)\mathrm{d}\sigma + \iint\limits_{D_2}f(x,y)\mathrm{d}\sigma$$

性质 3 若在 D 上，$f(x, y) = 1$，σ 为区域 D 的面积，则

$$\sigma = \iint\limits_{D}1\mathrm{d}\sigma = \iint\limits_{D}\mathrm{d}\sigma$$

几何意义：高为 1 的平顶柱体的体积在数值上等于柱体的底面积．

练习：求 $\iint\limits_{x^2+y^2\leqslant 3}5\mathrm{d}x\mathrm{d}y$．

性质 4 若在 D 上，$f(x, y) \leqslant \varphi(x, y)$，则有不等式

$$\iint\limits_{D}f(x,y)\mathrm{d}\sigma \leqslant \iint\limits_{D}\varphi(x,y)\mathrm{d}\sigma$$

特别地，由于 $-|f(x, y)| \leqslant f(x, y) \leqslant |f(x, y)|$，有

$$\left|\iint\limits_{D}f(x,y)\mathrm{d}\sigma\right| \leqslant \iint\limits_{D}|f(x,y)|\mathrm{d}\sigma$$

性质 5（估值不等式）设 M 与 m 分别是 $f(x, y)$ 在闭区域 D 上的最大值和最小值，σ 是 M 的面积，则

$$m\sigma \leqslant \iint\limits_{D}f(x,y)\mathrm{d}\sigma \leqslant M\sigma$$

性质 6（二重积分的中值定理）设函数 $f(x, y)$ 在闭区域 D 上连续，σ 是 D 的面积，则在 D 上至少存在一点 (ξ, η)，使得

$$\iint\limits_{D}f(x,y)\mathrm{d}\sigma = f(\xi,\eta)\sigma$$

例 1 比较二重积分 $\iint\limits_{D}\ln(x+y)\mathrm{d}\sigma$ 与 $\iint\limits_{D}[\ln(x+y)]^2\mathrm{d}\sigma$ 的大小，其中 D 是三角形闭区域，三个顶点分别为 $(1, 0)$，$(1, 1)$，$(2, 0)$．

解 显然，在区域 D 上，$1 \leqslant x + y \leqslant 2$，则 $0 \leqslant \ln(x+y) \leqslant \ln 2 \leqslant \ln e = 1$，所以

$$\ln(x+y) \geqslant [\ln(x+y)]^2$$

由性质 4 得

$$\iint\limits_{D} \ln(x,y)\,d\sigma \geqslant \iint\limits_{D} [\ln(x+y)]^2 d\sigma$$

例 2 设 $D = \{(x, y) \mid 4 \leqslant x^2 + y^2 \leqslant 16\}$，求 $\iint\limits_{D} 2\,d\sigma$.

解 区域 D 是由半径为 4 和 2 的两个同心圆围成的圆环，其面积为
$$\sigma = \pi \times 4^2 - \pi \times 2^2 = 12\pi$$
故由性质 1 和性质 3 可知
$$\iint\limits_{D} 2\,d\sigma = 2\iint\limits_{D} 1\,d\sigma = 24\pi$$

课堂练习

1. 单项选择题.

(1) 设 D 是矩形区域：$|x| \leqslant 2$，$|y| \leqslant 1$，则 $\iint_D d\sigma = (\quad)$.

    A. 8   B. 4   C. 2   D. 4

(2) 设 $D = \{(x, y) \mid 1 \leqslant x^2 + y^2 \leqslant 9\}$，则 $\iint_D d\sigma = (\quad)$.

    A. 9π B. 2π C. 4π D. 8π

(3) 设 D 是由直线 $y = x$，$y = \frac{1}{2}x$，$y = 2$ 所围成的闭区域，则 $\iint_D d\sigma = (\quad)$.

    A. $\frac{1}{4}$ B. 1   C. $\frac{1}{2}$ D. 2

2. 利用二重积分性质，比较下列各组二重积分的大小.

(1) $I_1 = \iint_D (x+y)^2 d\sigma$ 与 $I_2 = \iint_D (x+y)^3 d\sigma$，其中 D 是由 x 轴，y 轴及直线 $x + y = 1$ 所围成的区域；

(2) $I_1 = \iint_D \ln(x+y+1)\,d\sigma$ 与 $I_2 = \iint_D \ln(x^2+y^2+1)\,d\sigma$，其中 D 是矩形区域：$0 \leqslant x \leqslant 1$，$0 \leqslant y \leqslant 1$.

课后作业

1. 利用二重积分性质，比较下列各组二重积分的大小.

(1) $I_1 = \iint_D \sin^2(x+y)\,d\sigma$ 与 $I_2 = \iint_D (x+y)^2 d\sigma$，其中 D 是任一平面有界闭区域；

(2) $I_1 = \iint_D e^{x+y}\,d\sigma$ 与 $I_2 = \iint_D e^{2x+y}\,d\sigma$，其中 D 是矩形区域：$-1 \leqslant x \leqslant 0$，$0 \leqslant y \leqslant 1$.

2. 利用二重积分 $I = \iint_D (x+y+1)\,d\sigma$ 性质估计积分的值，其中 D 是矩形区域：$0 \leqslant x \leqslant 1$，$0 \leqslant y \leqslant 2$.

10.6 二重积分的计算

计算二重积分的主要方法是将其转化为二次积分,称为累次积分,这样就可以用定积分来计算二重积分.

一、直角坐标系下二重积分的计算

由二重积分的定义可以看出,当 $f(x,y)$ 在积分区域 D 上可积时,其积分值与分割方法无关. 因此,可以用平行于坐标轴的两组直线来分割,这时每个小闭区域的面积 $\Delta\sigma = \Delta x \cdot \Delta y$,这样,在直角坐标系下,面积元素 $\mathrm{d}\sigma = \mathrm{d}x \cdot \mathrm{d}y$,从而有

$$\iint_D f(x,y)\mathrm{d}\sigma = \iint_D f(x,y)\mathrm{d}x\mathrm{d}y.$$

设 $f(x,y)$ 在有界闭区域上连续,下面就积分区域 D 不同的形状讨论二重积分的计算.

1. X 型区域

当积分区域 D 为 X 型区域:$a \leqslant x \leqslant b$,$y_1(x) \leqslant y \leqslant y_2(x)$(见图 10-10)时,有

$$\iint_D f(x,y)\mathrm{d}x\mathrm{d}y = \int_a^b \mathrm{d}x \int_{y_1(x)}^{y_2(x)} f(x,y)\mathrm{d}y$$

上面二重积分的计算化为先对 y 后对 x 的两次定积分的计算,通常称为化二重积分为二次积分或累次积分.

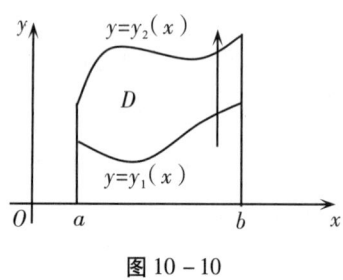

图 10-10   图 10-11

2. Y 型区域

若积分区域 D 为 Y 型区域:$c \leqslant y \leqslant d$,$x_1(y) \leqslant x \leqslant x_2(y)$(见图 10-11),有公式

$$\iint_D f(x,y)\mathrm{d}x\mathrm{d}y = \int_c^b \mathrm{d}y \int_{x_1(y)}^{x_2(y)} f(x,y)\mathrm{d}x$$

上面二重积分的计算化为先对 x 后对 y 的两次定积分的计算,通常称为化二重积分为二次积分或累次积分.

以上两种区域称为**简单区域**,其边界与平行于 y 轴(x 轴)的直线最多交于两点或者平行于坐标轴(这样在对某一变量积分时,可使每一部分边界曲线方程以这一变量作为因变量表出时,都是单值函数). 而对于由光滑曲线围成的一般区域总可分割成这两种区域的并集.

关键：恰当选择积分次序及正确确定积分限.

注：①两层积分的上限都不可小于下限；外层积分的上下限总是常数，而内层积分的上下限一般应为外层积分变量的函数，除非边界为平行于坐标轴的直线.

②与二元函数微分相同，对 x 积分时将 y 看作常量，对 y 积分时将 x 看作常量.

例 1 计算 $\iint_D xy^2 dxdy$，其中 D 是由直线 $x=0$，$x=1$，$y=1$，$y=2$ 所围成的闭区域.

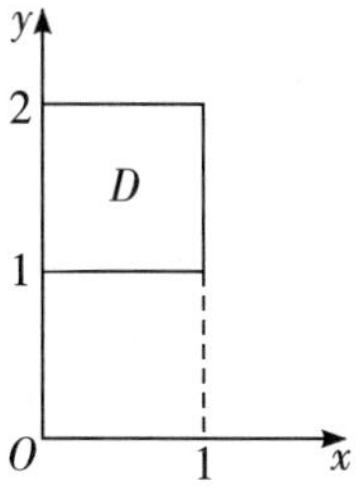

解 首先画出积分区域 D，如图 10-12 所示，D 是矩形区域.

方法一 先对 y 积分，此时将 x 看作常量，然后再对 x 积分.

$$\iint_D xy^2 dxdy = \int_0^1 dx \int_1^2 xy^2 dy = \int_0^1 x \left[\frac{1}{3}y^3\right]_1^2 dx = \frac{7}{3}\int_0^1 x dx = \frac{7}{6}.$$

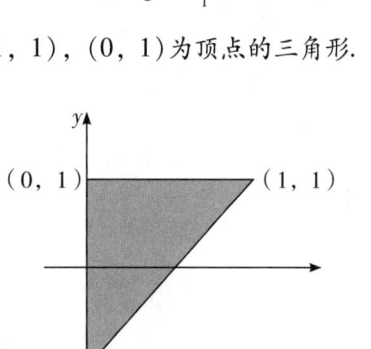

图 10-12

方法二 先对 x 积分，此时将 y 看作常量，然后再对 y 积分.

$$\iint_D xy^2 dxdy = \int_1^2 dy \int_0^1 xy^2 dx = \int_1^2 y^2 \left[\frac{1}{2}x^2\right]_0^1 dy = \frac{1}{2}\int_1^2 y^2 dy = \frac{1}{2}\left[\frac{1}{3}y^3\right]_1^2 = \frac{7}{6}.$$

例 2 计算 $\iint_D x^2 e^{-y^2} dxdy$，其中 D 是以点 $(0,0)$，$(1,1)$，$(0,1)$ 为顶点的三角形.

解 首先画出积分区域 D，如图 10-13 所示，D 既是 X 型区域又是 Y 型区域，但 $\int e^{-y^2} dy$ 的计算非常麻烦，所以将 D 视为 Y 型区域，即先对 x 后对 y 积分. 则

$$D = \{(x,y) \mid 0 \leq x \leq y, \ 0 \leq y \leq 1\}.$$

因此

$$\iint_D x^2 e^{-y^2} dxdy$$
$$= \int_0^1 e^{-y^2} dy \int_0^y x^2 dx$$
$$= \int_0^1 e^{-y^2} \left[\frac{1}{3}x^3\right]_0^y dy$$
$$= \int_0^1 \frac{1}{3} y^3 e^{-y^2} dy = -\frac{1}{6}\int_0^1 y^2 d(e^{-y^2})$$
$$= -\frac{1}{6}\left(y^2 e^{-y^2}\Big|_0^1 - \int_0^1 e^{-y^2} dy^2\right)$$
$$= \frac{1}{6}\left(1 - \frac{2}{e}\right).$$

图 10-13

例 3 计算 $\iint_D \frac{\sin y}{y} dxdy$，其中 D 是由 $y = x$ 和 $x = y^2$ 所围成的闭区域.

解 首先画出积分区域 D，如图 10-14 所示. 与上例类似，为计算简便，将 D 视为 Y 型区域，即先对 x 后对 y 积分. 则

$$D = \{(x,y) \mid y^2 \leq x \leq y, \ 0 \leq y \leq 1\}.$$

因此

$$\iint_D \frac{\sin y}{y} dxdy = \int_0^1 \frac{\sin y}{y} dy \int_{y^2}^y dx = \int_0^1 \frac{\sin y}{y}(y-y^2)dy$$

$$= \int_0^1 (1-y)\sin y dy = \int_0^1 (y-1)d(\cos y)$$

$$= [(y-1)\cos y]_0^1 - \int_0^1 \cos y dy = 1 - \sin 1$$

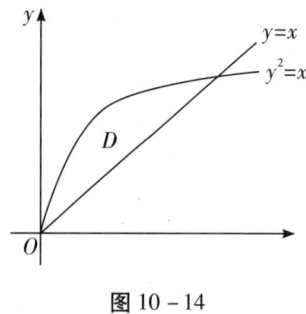

图 10-14

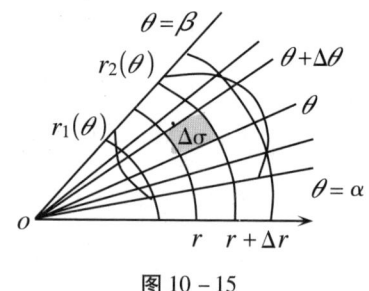

图 10-15

二、极坐标系下二重积分的计算

（1）设积分区域 D：$\alpha \leq \theta \leq \beta$，$r_1(\theta) \leq r \leq r_2(\theta)$（见图 10-15），此时极坐标下的面积元素为

$$d\sigma = rdrd\theta$$

再由公式 $x = r\cos\theta$，$y = r\sin\theta$ 得

$$\iint_D f(x,y)dxdy = \int_\alpha^\beta d\theta \int_{r_1(\theta)}^{r_2(\theta)} f(r\cos\theta, r\sin\theta)rdr$$

（2）若 D 包含极点在内（见图 10-16），则积分限应为

$$\iint_D f(x,y)dxdy = \int_0^{2\pi} d\theta \int_0^{r(\theta)} f(r\cos\theta, r\sin\theta)rdr$$

（3）若极点在 D 的边界曲线 $r = r(\theta)$ 上（见图 10-17），则积分限应为

$$\iint_D f(x,y)dxdy = \int_\alpha^\beta d\theta \int_0^{r(\theta)} f(r\cos\theta, r\sin\theta)rdr$$

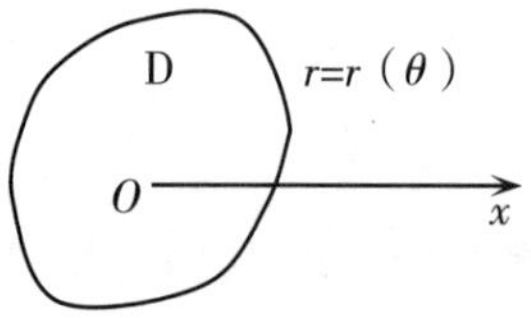

图 10-16

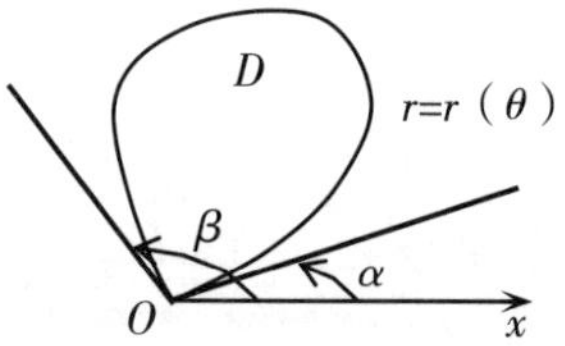

图 10-17

关键：根据积分区域的情况选用合适的公式；先对 r 积分后对 θ 积分；记住极坐标中的面积元素的表达式；注意曲线方程化为极坐标方程（利用公式 $x = r\cos\theta$，$y =$

$r\sin\theta)$,以及 θ 的变化范围.

对于积分区域是圆或被积函数具有 $f(x^2+y^2)$ 形式的情形,可利用极坐标简化计算.

例 4 计算 $\iint_D e^{-x^2-y^2}dxdy$,其中 D 是由圆 $x^2+y^2=a^2$ 所围成的闭区域.

解 因为积分区域 D 是圆域,极点在区域的 D 内部,它的边界曲线的极坐标方程为 $r=a$,即

$$D=\{(r,\theta)\mid 0\leqslant r\leqslant a,\ 0\leqslant\theta\leqslant 2\pi\}$$

$$\iint_D e^{-x^2-y^2}dxdy = \iint_D e^{-r^2}rdrd\theta = \int_0^{2\pi}d\theta\int_0^a e^{-r^2}rdr$$

$$= \int_0^{2\pi}\left[-\frac{1}{2}e^{-r^2}\right]_0^a d\theta = \int_0^{2\pi}\frac{1}{2}(1-e^{-a^2})d\theta = \pi(1-e^{-a^2})$$

例 5 计算 $I=\iint_D\dfrac{d\sigma}{\sqrt{1-x^2-y^2}}$,其中 D 为圆域 $x^2+y^2\leqslant 1$.

解 由于原点为 D 的内点,故有

$$\iint_D\frac{d\theta}{\sqrt{1-x^2-y^2}} = \int_0^{2\pi}d\theta\int_0^1\frac{r}{\sqrt{1-r^2}}dr$$

$$= \int_0^{2\pi}\left[-\sqrt{1-r^2}\right]_0^1 d\theta = \int_0^{2\pi}d\theta = 2\pi$$

例 6 求球体 $x^2+y^2+z^2\leqslant R^2$ 被圆柱体 $x^2+y^2=Rx$ 所割下部分的体积[称为维维安尼体(Viviani)].

解 由所求立体的对称性,只要求出第一卦限的部分体积后乘以 4 即可.所求立体在第一卦限内的体积是一个曲顶柱体,其底为 xy 平面内由 $y\geqslant 0$ 和 $x^2+y^2=Rx$ 所确定的区域,曲顶的方程为

$$z=\sqrt{R^2-x^2-y^2}$$

所以

$$V=4\iint_D\sqrt{R^2-x^2-y^2}d\sigma$$

其中

$$D=\{(x,y)\mid y\geqslant 0,\ x^2+y^2\leqslant Rx\}$$

用极坐标变换后有

$$V=4\int_0^{\frac{\pi}{2}}d\theta\int_0^{R\cos\theta}\sqrt{R^2-r^2}rdr = \frac{4}{3}$$

$$R^3\int_0^{\frac{\pi}{2}}(1-\sin^3\theta)d\theta = \frac{4}{3}R^3\left(\frac{\pi}{2}-\frac{2}{3}\right)$$

课堂练习

1. 设 $D=\{(x,y)\mid 0\leqslant x\leqslant 1,\ 0\leqslant y\leqslant 1\}$,求 $\iint_D e^{x+y}dxdy$.

2. 设 D 是由曲线 $y=x^2$ 和直线 $y=x$ 所围成的闭区域,求 $\iint_D x^2ydxdy$.

3. 设 D 是由直线 $x+y=2$ 和直线 $y=x$ 及 x 轴所围成的闭区域，求 $\iint_D y^2 \mathrm{d}x\mathrm{d}y$.

4. 单项选择题.

(1) 设 D 是圆域 $x^2+y^2 \leqslant a^2 (a>0)$，且 $\iint_D \sqrt{x^2+y^2} \mathrm{d}x\mathrm{d}y = \pi$，则 $a = ($ ）．

A. 1 B. $\sqrt[3]{\dfrac{3}{2}}$ C. $\sqrt[3]{\dfrac{3}{4}}$ D. $\sqrt[3]{\dfrac{1}{2}}$

(2) 设 $D = \{(x,y) \mid x^2+y^2 \leqslant 2y\}$，则 $\iint_D f(x^2+y^2) \mathrm{d}x\mathrm{d}y = ($ ）．

A. $2\int_0^2 \mathrm{d}y \int_0^{\sqrt{1-y^2}} f(x^2+y^2) \mathrm{d}x$ B. $\int_0^{2\pi} \mathrm{d}\theta \int_0^1 f(r^2) r \mathrm{d}r$

C. $\int_0^\pi \mathrm{d}\theta \int_0^{2\sin\theta} f(r^2) r \mathrm{d}r$ D. $\int_{-1}^1 \mathrm{d}x \int_0^2 f(x^2+y^2) \mathrm{d}y$

(3) 设 $I = \int_{-1}^1 \mathrm{d}y \int_0^{\sqrt{1-y^2}} f(x,y) \mathrm{d}x$，将 I 化成极坐标系下的二次积分，则 $I = ($ ）．

A. $\int_0^{2\pi} \mathrm{d}\theta \int_0^1 f(r\cos\theta, r\sin\theta) r \mathrm{d}r$ B. $\int_0^{2\pi} \mathrm{d}\theta \int_0^1 f(r\cos\theta, r\sin\theta) r \mathrm{d}r$

C. $\int_{-\frac{\pi}{2}}^{\frac{\pi}{2}} \mathrm{d}\theta \int_0^1 f(r\cos\theta, r\sin\theta) r \mathrm{d}r$ D. $2\int_0^{\frac{\pi}{2}} \mathrm{d}\theta \int_0^1 f(r\cos\theta, r\sin\theta) r \mathrm{d}r$

课后作业

1. 计算下列二重积分.

(1) $\iint_D \dfrac{x^2}{y^2} \mathrm{d}x\mathrm{d}y$，其中 D 是由 $xy=1$ 和直线 $y=x$ 及 $x=2$ 所围成的闭区域.

(2) $\iint_D \sin(x+y) \mathrm{d}\sigma$，其中 D 是由 $x=0$，$y=\pi$ 及 $y=x$ 所围成的闭区域.

(3) $\iint_D xy \mathrm{d}\sigma$，其中 D 是由 $y=x^2+1$，$y=2x$ 及 $x=0$ 所围成的闭区域.

2. 利用极坐标系计算下列二重积分.

(1) $\iint_D \ln(1+x^2+y^2) \mathrm{d}\sigma$，其中 D 是由圆周 $x^2+y^2=1$ 及坐标轴所围成的在第一象限内的闭区域.

(2) $\iint_D \mathrm{e}^{x^2+y^2} \mathrm{d}\sigma$，其中 D 是由圆周 $x^2+y^2=4$ 所围成的闭区域.

10.7 二重积分的应用

二重积分在几何、物理等许多学科中都有广泛的应用，这里重点介绍它在几何方面的应用.

一、体积

根据二重积分的几何意义，$\iint\limits_{D} f(x,y)\mathrm{d}\sigma$ 表示以 $f(x, y)$ 为曲顶，以 $f(x, y)$ 在 xOy 坐标平面的投影区域 D 为底的曲顶柱体的体积. 因此，利用二重积分可以计算空间曲面所围立体的体积.

例 1 求椭球面 $\dfrac{x^2}{a^2}+\dfrac{y^2}{b^2}+\dfrac{z^2}{c^2}=1$ 所围之椭球体的体积.

解 由于椭球体在空间直角坐标系八个卦限上的体积是对称的. 令 D 表示椭球面在 xOy 坐标面第一象限的投影区域，则 $D=\left\{(x, y)\left|\dfrac{x^2}{a^2}+\dfrac{y^2}{b^2}\leqslant 1,\ x\geqslant 0,\ y\geqslant 0\right.\right\}$，体积 $V=8\iint\limits_{D}z(x,y)\mathrm{d}x\mathrm{d}y$. 作广义极坐标变换 $x=ar\cos\theta$，$y=br\sin\theta$，则此变换的雅可比行列式 $J=abr$，与 D 相对应的积分区域 $D^*=\left\{(r,\theta)\,|\,0\leqslant r\leqslant 1,\ 0\leqslant\theta\leqslant\dfrac{\pi}{2}\right\}$，此时 $z=z(x, y)=c\sqrt{1-r^2}$，

从而
$$V=8\iint\limits_{D^*}z(ar\cos\theta,br\sin\theta)\,|J|\mathrm{d}r\mathrm{d}\theta=8\int_0^{\frac{\pi}{2}}\mathrm{d}\theta\int_0^1 c\sqrt{1-r^2}\,abr\mathrm{d}r$$

$$V=8abc\cdot\dfrac{\pi}{2}\int_0^1 r\sqrt{1-r^2}\,\mathrm{d}r=\dfrac{4}{3}\pi abc$$

例 2 求球面 $x^2+y^2+z^2=4a^2$ 与圆柱面 $x^2+y^2=2ax(a>0)$ 所围成的立体的体积.

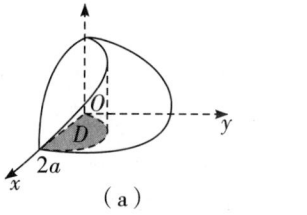

图 10 – 18

解 由对称性[见图 10 – 18(a)]给出的是第一卦限部分 $V=4\iint\limits_{D}\sqrt{4a^2-x^2-y^2}\,\mathrm{d}x\mathrm{d}y$. 其中 D 为半圆周 $y=\sqrt{2ax-x^2}$ 及 x 轴所围成的闭区域[见图 10 – 18(b)]. 在极坐标系中，与闭区域 D 相应的区域 $D^*=\left\{(r,\theta)\left|0\leqslant r\leqslant 2a\cos\theta,\ 0\leqslant\theta\leqslant\dfrac{\pi}{2}\right.\right\}$，于是

$$V=4\iint\limits_{D}\sqrt{4a^2-r^2}\,r\mathrm{d}r\mathrm{d}\theta=4\int_0^{\frac{\pi}{2}}\mathrm{d}\theta\int_0^{2a\cos\theta}\sqrt{4a^2-r^2}\,r\mathrm{d}r$$

$$=\dfrac{32}{3}a^3\int_0^{\frac{\pi}{2}}(1-\sin^3\theta)\mathrm{d}\theta=\dfrac{32}{3}a^3\left(\dfrac{\pi}{2}-\dfrac{2}{3}\right)$$

二、曲面的面积

设曲面 S 的方程为 $z=f(x,y)$,它在 xOy 面上的投影区域为 D_{xy},求曲面 S 的面积 A. 若函数 $z=f(x,y)$ 在区域 D_{xy} 上有一阶连续偏导数,可以证明曲面 S 的面积

$$A = \iint_{D_{xy}} \sqrt{1 + f_x'^2(x,y) + f_y'^2(x,y)}\,\mathrm{d}x\mathrm{d}y \tag{8}$$

例 3 计算抛物面 $z=x^2+y^2$ 在平面 $z=1$ 下方的面积.

解 $z=1$ 下方的抛物面在 xOy 面的投影区域 $D_{xy} = \{(x,y) \mid x^2+y^2 \leq 1\}$.

又

$$z_x' = 2x,\ z_y' = 2y,\ \sqrt{1 + z_x'^2 + z_y'^2} = \sqrt{1 + 4x^2 + 4y^2}$$

代入公式(8)并用极坐标计算,可得抛物面的面积

$$\begin{aligned} A &= \iint_{D_{xy}} \sqrt{1+4x^2+4y^2}\,\mathrm{d}x\mathrm{d}y = \iint_{D_{xy}} \sqrt{1+4r^2}\,r\mathrm{d}r\mathrm{d}\theta \\ &= \int_0^{2\pi}\mathrm{d}\theta \int_0^1 (1+4r^2)^{\frac{1}{2}} r\mathrm{d}r = \frac{\pi}{6}(5\sqrt{5}-1) \end{aligned}$$

如果曲面方程为 $x=g(y,z)$ 或 $y=h(x,z)$,则可以把曲面投影到 yOz 或 xOz 平面上,其投影区域记为 D_{yz} 或 D_{xz},类似地有

$$A = \iint_{D_{yz}} \sqrt{1 + g_y'^2(y,z) + g_z'^2(y,z)}\,\mathrm{d}y\mathrm{d}z$$

或

$$A = \iint_{D_{xz}} \sqrt{1 + h_x'^2(z,x) + h_z'^2(z,x)}\,\mathrm{d}x\mathrm{d}z$$

三、其他

例 4(平均利润)某公司销售 A 商品 x 个单位,B 商品 y 个单位的利润为

$$P(x,y) = -(x-200)^2 - (y-100)^2 + 5000.$$

现已知一周内 A 商品的销售数量在 150~200 个单位之间变化,一周内 B 商品的销售数量在 80~100 个单位之间变化. 求销售这两种商品一周的平均利润.

解 由于 x,y 的变化范围 $D=\{(x,y) \mid 150 \leq x \leq 200, 80 \leq y \leq 100\}$,所以 D 的面积 $\sigma = 50 \times 20 = 1\,000$. 由二重积分的中值定理,该公司销售这两种商品一周的平均利润为

$$\begin{aligned} \frac{1}{\sigma}\iint_D P(x,y)\mathrm{d}\sigma &= \frac{1}{1\,000}\iint_D [-(x-200)^2 - (y-100)^2 + 5\,000]\mathrm{d}\sigma \\ &= \frac{1}{1\,000}\int_{150}^{200}\mathrm{d}x\int_{80}^{100}[-(x-200)^2 - (y-100)^2 + 5\,000]\mathrm{d}y \\ &= \frac{1}{1\,000}\int_{150}^{200}\left[-(x-200)^2 y - \frac{(y-100)^3}{3} + 5\,000y\right]_{80}^{100}\mathrm{d}x \\ &= \frac{1}{3\,000}\int_{150}^{200}\left[-20(x-200)^2 + \frac{292\,000}{3}x\right]_{150}^{200}\mathrm{d}x \\ &= \frac{12\,100\,000}{3\,000} \approx 4\,033(\text{元}). \end{aligned}$$

课堂练习

利用二重积分求下列各题中的立体 Ω 的体积：

(1) Ω 为第一象限中由圆柱面 $y^2 + z^2 = 4$ 与平面 $x = 2y$，$x = 0$，$z = 0$ 所围成；

(2) Ω 由平面 $y = 0$，$z = 0$，$y = x$ 及 $6x + 2y + 3z = 6$ 围成.

课后作业

1. 利用二重积分求下列各题中的立体 Ω 的体积：

(1) $\Omega = \{(x, y, z) \mid x^2 + y^2 \leqslant z \leqslant 1 + \sqrt{1 - x^2 - y^2}\}$；

(2) $\Omega = \{(x, y, z) \mid x^2 + y^2 \leqslant 1 + z^2, -1 \leqslant z \leqslant 1\}$.

2. 求球面 $x^2 + y^2 + z^2 = a^2$ 含在柱面 $x^2 + y^2 = ax(a > 0)$ 内部的面积.

10.8　Matlab 在多元微积分中的应用

一、求偏微分

【函数格式】

```
diff(diff(f(x, y), x, n), y, m)
```

【作用】求偏导数 $\dfrac{\partial^{n+m}}{\partial^n x \partial^m y} f(x, y)$，当 $n = 1$ 时，n 可省略，m 同理.

例1 已知 $z = \dfrac{x + y}{1 + y^2}$，求 $\dfrac{\partial z}{\partial y}$ 和 $\dfrac{\partial^2 z}{\partial x \partial y}$.

【代码和运行结果】

```
>> syms x y z
>> diff(z, y)
ans =
1/(1 + y^2) - 2*(x + y)/(1 + y^2)^2*y
>> diff(diff(z, x), y)
ans =
-2/(1 + y^2)^2*y
```

所以 $\dfrac{\partial z}{\partial y} = \dfrac{1}{1 + y^2} - \dfrac{2(x + y)}{y(1 + y^2)^2}$ 和 $\dfrac{\partial^2 z}{\partial x \partial y} = -\dfrac{2}{y(1 + y^2)^2}$.

例2 已知 $z = e^u \sin v$，而 $u = xy$ 和 $v = x + y$，求 $\dfrac{\partial z}{\partial x}$ 和 $\dfrac{\partial z}{\partial y}$.

【代码和运行结果】

```
>> syms x y z u v
>> z = Exp(u)*sin(v);
>> z = subs(z, {u, v}, {x*y, x+y})
z =
Exp(y*x)*sin(x+y)
>> diff(z, x)                    % 求 z 对 x 的一阶偏导数
ans =
y*Exp(y*x)*sin(x+y)+Exp(y*x)*cos(x+y)
>> simplify(ans)                 % 化简计算结果
ans =
Exp(y*x)*(y*sin(x+y)+cos(x+y))
>> simplify(diff(z, y))          % 求 z 对 y 的一阶偏导数并化简结果
ans =
Exp(y*x)*(x*sin(x+y)+cos(x+y))
```

所以 $\dfrac{\partial z}{\partial x} = e^{xy}(y\sin(x+y) + \cos(x+y))$ 和 $\dfrac{\partial z}{\partial y} = e^{xy}(x\sin(x+y) + \cos(x+y))$.

二、求二重积分

【函数格式】

```
int(int(f(x, y), y, y1(x), y2(x)), x, a, b)    % 求 X 型区域二重积分
```

【作用】计算 X 型区域二重积分 $\displaystyle\int_a^b \mathrm{d}x \int_{y_1(x)}^{y_2(x)} f(x,y)\,\mathrm{d}y$.

【函数格式】

```
int(int(f(x, y), x, x1(y), x2(y)), y, c, d)    % 求 Y 型区域二重积分
```

【作用】计算 Y 型区域二重积分 $\displaystyle\iint_D (x+2y)\,\mathrm{d}y \int_{x_1(y)}^{x_2(y)} f(x,y)\,\mathrm{d}y$.

例 3 计算 $\displaystyle\iint_D (x+2y)\,\mathrm{d}\sigma$，其中 D 是由 $y = x^2$ 和 $y = 1 + x^2$ 所围成的区域.

【代码和运行结果】

```
>> syms x y
>> [x, y] = solvE('y = 2*x^2', 'y = 1+x^2'); [x, y]    % 确定交点坐标
ans =
```

```
[ 1,    2]
[-1,    2]
>> fplot('2*x^2', [-1.5, 1.5])                    % 画图
>> hold on
>> fplot('1+x^2', [-1.5, 1.5])
>> int(int(x+2*y, y, 2*x^2, 1+x^2), x, -1, 1)    % 计算二重积分
ans =
32/15
```

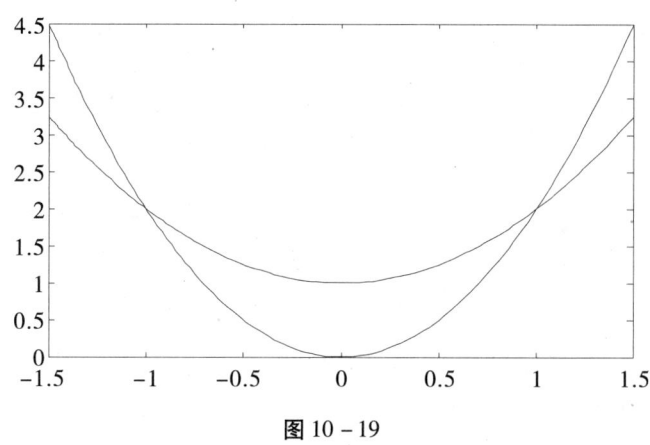

图 10 - 19

课堂练习

1. 已知 $z = \arctan \dfrac{y}{x}$，求 $\dfrac{\partial z}{\partial y}$ 和 $\dfrac{\partial^2 z}{\partial x \partial y}$.

2. 已知 $z = u^2 v - uv^2$，而 $u = x\cos y$ 和 $v = \sin y$，求 $\dfrac{\partial z}{\partial x}$ 和 $\dfrac{\partial z}{\partial y}$.

课后作业

计算 $\iint_D (x^2 + 3y^2)\,d\sigma$，其中 D 是由 $y = x^2$ 和 $y = x$ 所围成的区域.

思考与练习

一、单项选择题

1. 根据二重积分的几何意义，得 $\iint_D \sqrt{a^2 - x^2 - y^2}\,d\sigma = (\quad)$，其中 D 为 $x^2 + y^2 \leqslant a^2$.

  A. $\dfrac{1}{3}\pi a^3$ B. $\dfrac{2}{3}\pi a^3$ C. $\dfrac{4}{3}\pi a^3$ D. 以上答案均不对

2. $I_1 = \iint\limits_{D}(x+y)^2 d\sigma$ 与 $I_2 = \iint\limits_{D}(x+y)^3 d\sigma$，其中 D 是由 x 轴，y 轴及直线 $x+y=1$ 所围成的区域，由二重积分性质，得（　　）.

  A. $I_1 > I_2$ B. $I_1 = I_2$ C. $I_1 < I_2$ D. 以上答案均不对

3. $I_1 = \iint\limits_{D} x\sin y\, d\sigma = ($ $)$，其中 $D\{(x,y) | 1 \leq x \leq 2, 0 \leq y \leq \dfrac{\pi}{2}\}$.

  A. 0   B. $\dfrac{2}{3}$ C. $\dfrac{4}{3}$ D. $\dfrac{3}{2}$

4. 交换积分次序[假定 $f(x,y)$ 在积分区域上连续]，得 $\int_0^1 dy \int_y^{\sqrt{y}} f(x,y) dx = ($ $)$.

  A. $\int_0^1 dx \int_0^x f(x,y) dy$ B. $\int_0^1 dx \int_x^{x^2} f(x,y) dy$

  C. $\int_0^1 dx \int_{x^2}^x f(x,y) dy$ D. 以上答案均不对

5. 二次积分 $\int_0^1 dy \int_{y^{1/3}}^1 \sqrt{1-x^4}\, dx = ($ $)$.

  A. 0   B. $\dfrac{1}{3}$ C. $\dfrac{1}{6}$ D. $\dfrac{1}{12}$

二、计算题

1. 利用二重积分性质，估计下列二重积分的值.

（1）$I = \iint\limits_{D} \dfrac{d\sigma}{\ln(4+x+y)}, D = \{(x,y) | 0 \leq x \leq 4, 0 \leq y \leq 8\}$；

（2）$I = \iint\limits_{D} \sin(x^2+y^2) d\sigma, D = \{(x,y) \dfrac{\pi}{4} \leq x^2+y^2 \leq \dfrac{3\pi}{4}\}$；

（3）$I = \iint\limits_{D} e^{x^2+y^2} d\sigma, D = \{(x,y) x^2+y^2 \leq \dfrac{1}{4}\}$.

2. 设 $f(x,y)$ 是连续函数，试求极限：$\lim\limits_{r \to 0^+} \dfrac{1}{\pi r^2} \iint\limits_{x^2+y^2 \leq r^2} f(x,y) d\sigma$.

3. 计算下列二重积分.

（1）$\iint\limits_{D}(xy^2 + e^{x+2y}) d\sigma, D = \{(x,y) | -1 \leq x \leq 1, 0 \leq y \leq 1\}$；

（2）$\iint\limits_{D} xy e^{xy^2} d\sigma, D = \{(x,y) | 0 \leq x \leq 1, 0 \leq y \leq 1\}$；

（3）$\iint\limits_{D} x^2 y\sin(xy^2) d\sigma, D = \{(x,y) | 0 \leq x \leq \dfrac{\pi}{2}, 0 \leq y \leq 2\}$；

（4）$\iint\limits_{D} x\, d\sigma, D = \{(x,y) | x^2+y^2 \geq 2, x^2+y^2 \leq 2x\}$.

4. 画出下列各题中给出的区域 D，并将二重积分 $\iint\limits_{D} f(x,y) d\sigma$ 化为两种次序不同的二次积分：

（1）D 由曲线 $y = \ln x$，直线 $x = 2$ 及 x 轴所围成；

(2) D 由抛物线 $y=x^2$ 与直线 $2x+y=3$ 所围成;

(3) D 由 $y=0$ 及 $y=\sin x(0\leqslant x\leqslant \pi)$ 所围成;

(4) D 由曲线 $y=x^3$, $y=x$ 所围成;

(5) D 由直线 $y=0$, $y=1$, $y=x$, $y=x-2$ 所围成.

5. 计算下列二次积分.

(1) $\int_1^3 dx \int_{x-1}^2 e^{-y^2} dy$;

(2) $\int_0^{\frac{\pi}{2}} dy \int_y^{\frac{\pi}{2}} \frac{\sin x}{x} dx$;

(3) $\int_0^2 dx \int_x^2 2y^2 \sin(xy) dy$.

6. 利用极坐标化二重积分 $\iint\limits_D f(x,y)d\sigma$ 为二次积分, 其中积分区域 D 为:

(1) D: $x^2+y^2 \leqslant ax$, ($a>0$);

(2) D: $1 \leqslant x^2+y^2 \leqslant 4$;

(3) D: $0\leqslant x\leqslant 1$, $0\leqslant y\leqslant 1-x$;

(4) D: $x^2+y^2 \leqslant 2(x+y)$;

(5) D: $2x \leqslant x^2+y^2 \leqslant 4$.

7. 利用极坐标计算下列二重积分:

(1) $\iint\limits_D \sqrt{R^2-x^2-y^2} dxdy$, $D: x^2+y^2 \leqslant Rx$;

(2) $\iint\limits_D (x^2+y^2) dxdy$, $D: (x^2+y^2)^2 \leqslant a^2(x^2-y^2)$;

(3) $\iint\limits_D \arctan \frac{y}{x} dxdy$, $D: 1\leqslant x^2+y^2 \leqslant 4, y\geqslant 0, y\leqslant x$;

(4) $\iint\limits_D x dxdy$, $D: x^2+y^2 \geqslant 2, x^2+y^2 \leqslant 2x$.

8. 利用二重积分求下列各题中的立体 Ω 的体积.

(1) Ω 为第一卦限中由圆柱面 $y^2+z^2=4$ 与平面 $x=2y$, $x=0$, $z=0$ 所围成;

(2) Ω 由平面 $y=0$, $z=0$, $y=x$ 及 $6x+2y+3z=6$ 围成;

(3) $\Omega = \{(x,y,z) \mid x^2+y^2 \leqslant z \leqslant 1+\sqrt{1-x^2-y^2}\}$;

(4) $\Omega = \{(x,y,z) \mid x^2+y^2 \leqslant 1+z^2, -1\leqslant z\leqslant 1\}$.

斯托克斯
(1819—1903)

斯托克斯(George Gabriel Stokes),英国数学家、力学家. 斯托克斯在对光学和流体动力学进行研究时,推导出了在曲线积分中最有名的"斯托克斯公式"定理. 直至现代,此定理在数学、物理学等方面都有着重要而深刻的影响.

斯托克斯 1819 年生于英国爱尔兰的一个小镇,是六兄妹中最小的一个. 他的父亲是一个有知识的人,注重拓宽孩子们的知识面,如教他们学习拉丁语等. 1832 年,斯托克斯进入都析林学校学习.

1835 年,16 岁的斯托克斯来到英格兰,在布里斯托尔学院求学,1837 年至 1841 年在彭布罗克学院学习. 毕业时,他因在数学方面的优异成绩而获得了史密斯奖学金(他是获得此奖学金的第一人). 此后,他在别人的指导下着手流体动力学方面的研究工作. 1842 年到 1843 年期间,斯托克斯发表了题为《不可压缩流体运动》的论文. 他成为一名数学家的最重要的转折点也许是 1846 年他所写的《关于流体动力学的研究》的报告. 1849 年,斯托克斯被聘为剑桥大学的数学教授,同时获得剑桥大学卢卡斯数学教授席位,并任卢卡斯教授长达 50 年,1851 年当选为皇家学会会员,1854 年被推选到英国皇家学会工作,1852 年获皇家学会拉姆福德奖章. 1854 年至 1885 年,斯托克斯一直担任皇家学会的秘书. 1857 年,他和一位天文学家的女儿结婚. 1886 年至 1890 年当选为皇家学会主席,同时在 1886 年当选为维多利亚学院的院长,直至 1903 年去世. 斯托克斯为继牛顿之后获得卢卡斯数学教授席位、皇家学会秘书、皇家学会主席这三项职务的人.

斯托克斯的研究是建立在剑桥大学前一辈科学家的研究成果之上的. 对他有重要影响的科学家包括拉格朗日、拉普拉斯、傅立叶、泊松和柯西等人.

第十一章　高等数学选讲

11.1　函数、极限与连续

一、疑难解析

（一）关于函数的概念

1. 函数的二要素

(1)定义域：自变量的取值范围.

(2)对应关系：因变量与自变量之间的对应关系.

函数的定义域确定了函数的存在范围，对应关系确定了自变量如何对应因变量. 因此，这两个要素一旦确定，函数也就随之确定. 所以说，两个函数相等[$f(x) = g(x)$]的充分必要条件是两个函数的定义域和对应关系都相等. 若两者之一不同，就是两个不同的函数.

2. 函数的定义域

对于初等函数，它的定义域可通过下面途径确定：

(1)函数式里如果有分式，则分母的表达式不为零.

(2)函数式里如果有偶次根式，则根式里的表达式非负.

(3)函数式里如果有对数式，则对数式中真数的表达式大于零.

(4)如果函数表达式是若干表达式的代数和形式，则其定义域为各部分定义域的公共部分.

(5)对于分段函数，其定义域为函数自变量在各段取值的并集.

(6)对于实际的应用问题，应根据问题的实际情况来确定函数的定义域.

3. 函数的对应关系

函数的对应关系 f 或 $f( )$ 表示对自变量 x 的一个运算，通过 f 或 $f( )$ 把 x 变成了 y，例如 $y = f(x) = 2x^2 - 3x + 2$，则 f 代表算式

$$f( ) = 2( )^2 - 3( ) + 2.$$

括号内是自变量的位置，运算的结果得到因变量的值.

（二）关于函数的性质

函数的性质是指函数的单调性、奇偶性、周期性和有界性. 了解函数的性质有助于我们对函数的研究.

理解函数性质需要注意以下问题.

1. **函数的奇偶性**

讨论函数的奇偶性，其定义域必须是关于原点对称的区间. 函数奇偶性的判别方法是函数奇偶性定义和奇偶函数的运算性质，即

$$奇函数 \pm 奇函数 = 奇函数；$$
$$奇函数 \times 奇函数 = 偶函数；$$
$$奇函数 \times 偶函数 = 奇函数；$$
$$偶函数 \times 偶函数 = 偶函数；$$
$$奇函数 \pm 偶函数 = 非奇非偶函数.$$

2. **函数的单调性**

单调函数是与相应的区间紧密联系的，例如，函数 $y = x^2$ 在 $(-\infty, 0)$ 内是单调减少的，在 $(0, +\infty)$ 内是单调增加的，在 $(-\infty, +\infty)$ 内不是单调函数.

单调增加(或减少)函数的图形是随着自变量的增大而上升(或下降)的.

(三)关于函数的函数——函数的复合运算

我们可以这样理解复合函数的概念：当一个函数的自变量用另一个函数的因变量代替，就可能产生复合函数，例如在函数 $y = \ln x$ 中，用 $u = \varphi(x) = 1 - x^2$ 替换 x，即得

$$y = f(u) = f(\varphi(x)) = \ln(1 - x^2).$$

这里的函数 $y = \ln(1 - x^2)$ 可以看成由函数 $y = \ln u$ 和函数 $u = 1 - x^2$ 复合而成的. 但是要注意，不是任何两个函数都可以构成复合函数的，例如，$y = \arcsin u$ 和 $u = 2 + x^2$ 就不能构成复合函数，因为 $y = \arcsin u$ 的定义域是 $[-1, 1]$，而 $u = 2 + x^2$ 的值域是 $[2, +\infty]$，不构成复合关系.

复合函数的复合环节可以多于两个，例如，$y = e^u$，$u = \arcsin v$，$v = 1 - 2x$ 可复合为函数 $y = e^{\arcsin(1-2x)}$. 由若干个简单函数，经过有限次的四则运算和复合步骤可以产生许许多多的函数——初等函数. 反过来，对于一个比较复杂的函数，在对它进行研究时，常常要将其分解成若干个组成它的函数. 例如 $y = \ln(x + \sqrt{1 + x^2})$，可以分解为 $y = \ln u$，$u = x + \sqrt{1 + x^2}$.

(四)关于对极限概念的理解

极限作为微积分的基础，在高等数学中占有很重要的地位，连续、导数、定积分、广义积分、级数等概念都是用极限来定义的. 对于极限概念只要求从几何上的直观描述来理解，即极限是描述函数在自变量的某个变化过程中，函数和某一个确定的常数无限地靠近，而且要多近就有多近.

理解极限的定义先要弄清楚，函数在自变量的某个变化过程中是否有极限，决定于在自变量的这个变化过程中函数是否有固定的变化趋势，而且这个变化趋势与自变量的变化趋势和求极限的函数有关，而与函数在该点处是否有定义无关. 例如

$$\lim_{x \to 0} \frac{\sin x}{x} = 1 \text{（第一个重要极限）}$$

其中函数 $f(x) = \dfrac{\sin x}{x}$ 在 $x=0$ 处无定义. 又如 $\lim\limits_{x\to\infty}\dfrac{\sin x}{x}=0$(无穷小量乘以有界变量等于无穷小量). 注意到这个极限中的函数与前式相同, 但自变量的变化趋势不同, 则极限不同.

左、右极限:
$$\lim_{x\to x_0^-}f(x)=A \text{ 或 } f(x)\to A(x\to x_0^-) \text{ 或 } f(x_0-0)=A.$$
$$\lim_{x\to x_0^+}f(x)=A \text{ 或 } f(x)\to A(x\to x_0^+) \text{ 或 } f(x_0-0)=A.$$
$$\lim_{x\to x_0}f(x)=A \Leftrightarrow \lim_{x\to x_0^-}f(x)=\lim_{x\to x_0^+}f(x)=A.$$

对于分段函数在分段点处的极限问题必须考虑其左、右极限.

(五) 关于极限的计算

极限计算是高等数学的基本计算之一, 在我们的课程中介绍了下列求极限的方法:

(1) 极限的四则运算法则;

(2) 两个重要极限;

(3) 函数的连续性.

运用时, 首先要清楚上述法则成立的条件, 不然会在计算中出现错误.

(六) 关于极限存在的两个准则

1. 夹逼准则

如果数列 x_n, y_n 及 z_n 满足下列条件:
$$y_n \leqslant x_n \leqslant z_n (n=1, 2, 3, \cdots), \text{ 且 } \lim_{n\to\infty} y_n=a, \lim_{n\to\infty} z_n=a,$$
那么数列 x_n 的极限存在, 且 $\lim\limits_{n\to\infty} x_n=a$.

注: 利用夹逼准则求极限, 关键是构造出 y_n 与 z_n, 并且 y_n 与 z_n 的极限相同且容易求.

2. 单调有界准则

单调有界数列必有极限.

(七) 关于函数的连续性

函数在一点处连续的定义包含着三层含义, 也就是函数连续必须满足以下三个条件:

(1) 在点 x_0 的某个邻域内有定义;

(2) $\lim\limits_{x\to x_0}$ 存在;

(3) $\lim\limits_{x\to x_0} f(x) = f(x_0)$.

如果函数 $f(x)$ 在点 x_0 处不连续, 也称函数 $f(x)$ 在点 x_0 处间断.

连续函数的曲线是一笔画成的. 如果函数在某处发生间断, 则函数的曲线在此处断开.

二、例题选讲

例1 求函数 $f(x) = \dfrac{\ln(3-x)}{\sin x} + \sqrt{5+4x-x^2}$ 的定义域.

解 要使 $f(x)$ 有意义，显然 x 要满足：

$$\begin{cases} 3-x>0, \\ \sin x \neq 0, \\ 5+4x-x^2 \geq 0, \end{cases} \quad \text{即} \quad \begin{cases} x<3, \\ x \neq k\pi \, (k \text{ 为整数}), \\ -1 \leq x \leq 5. \end{cases}$$

所以 $f(x)$ 的定义域为 $D = \{x \mid -1 \leq x < 3, x \neq 0\} = [-1, 0) \cup (0, 3)$.

例2 求 $\lim\limits_{n\to\infty} \dfrac{n!}{n^n}$.

解 由于 $\dfrac{n!}{n^n} = \dfrac{1 \cdot 2 \cdot 3 \cdots n}{n \cdot n \cdot n \cdots n} < \dfrac{1 \cdot 2 \cdot n \cdot n \cdots n}{n \cdot n \cdot n \cdots n} = \dfrac{2}{n^2}$，易见 $0 < \dfrac{n!}{n^n} < \dfrac{2}{n^2}$，又 $\lim\limits_{n\to\infty} \dfrac{2}{n^2} = 0$.

所以 $\lim\limits_{n\to\infty} \dfrac{n!}{n^n} = 0$.

例3 证明：数列 $x_n = \sqrt{3+\sqrt{3+\sqrt{\cdots+\sqrt{3}}}}$ (n 重根式) 的极限存在.

证明 显然 $x_{n+1} > x_n$，所以 $\{x_n\}$ 是单调递增的. 下面利用数学归纳法证明 $\{x_n\}$ 有界.

因为 $x_1 = \sqrt{3} < 3$，假定 $x_k < 3$，则 $x_{k+1} = \sqrt{3+x_k} < \sqrt{3+3} < 3$.

所以 $\{x_n\}$ 是有界的. 从而 $\lim\limits_{n\to\infty} x_n = A$ 存在.

由递推关系 $x_{n+1} = \sqrt{3+x_n}$ 得 $x_{n+1}^2 = 3+x_n$，故 $\lim\limits_{n\to\infty} x_{n+1}^2 = \lim\limits_{n\to\infty}(3+x_n)$，即 $A^2 = 3+A$，

解得 $A = \dfrac{1+\sqrt{13}}{2}$，$A = \dfrac{1-\sqrt{13}}{2}$（舍去）. 所以 $\lim\limits_{n\to\infty} x_n = \dfrac{1+\sqrt{13}}{2}$.

例4 计算 $\lim\limits_{x\to+\infty}(\sin\sqrt{x+1} - \sin\sqrt{x})$.

解 当 $x \to +\infty$ 时，$\sin\sqrt{x+1}$ 与 $\sin\sqrt{x}$ 的极限均不存在，但不能认为它们差的极限也不存在. 先用三角公式变形：

$$\lim_{n\to+\infty}(\sin\sqrt{x+1} - \sin\sqrt{x}) = \lim_{n\to+\infty} 2\sin\dfrac{\sqrt{x+1}-\sqrt{x}}{2} \cos\dfrac{\sqrt{x+1}+\sqrt{x}}{2}$$

$$= \lim_{n\to+\infty} 2\sin\dfrac{1}{2(\sqrt{x+1}+\sqrt{x})} \cos\dfrac{\sqrt{x+1}+\sqrt{x}}{2} = 0.$$

最后这一步用了"有界量与无穷小的乘积为无穷小"的结论.

例5 已知 $f(x) = \begin{cases} x-1, & x<0, \\ \dfrac{x^2+3x-1}{x^3+1}, & x \geq 0, \end{cases}$ 求 $\lim\limits_{x\to 0} f(x)$，$\lim\limits_{x\to+\infty} f(x)$，$\lim\limits_{x\to-\infty} f(x)$.

解 先求 $\lim\limits_{x\to 0}(x)$，因为

$$\lim_{x\to 0^-} f(x) = \lim_{x\to 0^-}(x-1) = -1 \text{ 和 } \lim_{x\to 0^+} f(x) = \lim_{x\to 0^+} \dfrac{x^2+3x-1}{x^3+1} = -1$$

所以 $\lim\limits_{x\to 0}f(x)=-1$. 此外，易求得

$$\lim_{x\to+\infty}f(x)=\lim_{x\to+\infty}\frac{x^2+3x-1}{x^3+1}=\lim_{x\to+\infty}\frac{\frac{1}{x}+\frac{3}{x^2}-\frac{1}{x^3}}{1+\frac{1}{x^3}}=0,$$

$$\lim_{x\to-\infty}f(x)=\lim_{x\to-\infty}(x-1)=-\infty.$$

例 6 a 取何值时，$f(x)=\begin{cases}\cos x, & x<0,\\ a+x, & x\geqslant 0\end{cases}$ 在 $x=0$ 处连续．

解 $f(0)=a$，$\lim\limits_{x\to 0^-}f(x)=\lim\limits_{x\to 0^-}\cos x=1$，$\lim\limits_{x\to 0^+}f(x)=\lim\limits_{x\to 0^+}(a+x)=a$．

要使 $\lim\limits_{x\to 0^-}f(x)=\lim\limits_{x\to 0^+}f(x)=f(0)$，必须 $a=1$．故当且仅当 $a=1$ 时，函数 $f(x)$ 在 $x=0$ 处连续．

例 7 设 $f(x)=\begin{cases}\dfrac{1}{x}, & x<0,\\ \dfrac{x^2-1}{x-1}, & 0<|x-1|\leqslant 1,\\ x+1, & x>2,\end{cases}$ 求 $f(x)$ 的间断点，并判别它们的类型．

解 $f(x)$ 的定义域为 $(-\infty,1)\cup(1,+\infty)$ 且在 $(-\infty,0)$、$(0,1)$、$(1,2)$、$(2,+\infty)$ 中，$f(x)$ 都是初等函数，因而 $f(x)$ 的间断点只可能在 $x_1=0$，$x_2=1$，$x_3=2$ 处．

由于 $\lim\limits_{x\to 0^-}f(x)=\lim\limits_{x\to 0^-}\dfrac{1}{x}=\infty$，因此 $x_1=0$ 是 $f(x)$ 的第二类间断点（无穷间断点）；由于 $\lim\limits_{x\to 1}f(x)=\lim\limits_{x\to 1}\dfrac{x^2-1}{x-1}=2$，且 $f(x)$ 在 $x_2=1$ 处无定义，因此 $x_2=1$ 是 $f(x)$ 的可去间断点；又 $\lim\limits_{x\to 2^-}f(x)=\lim\limits_{x\to 2^-}\dfrac{x^2-1}{x-1}=3$，$\lim\limits_{x\to 2^+}f(x)=\lim\limits_{x\to 2^+}(x+1)=3$，$f(2)=3$，因此 $x_3=2$ 是 $f(x)$ 的连续点．

课堂练习

1. $\lim\limits_{x\to 0}\left(3x\sin\dfrac{1}{x}+\dfrac{\sin x}{x}\right)=$ （   ）．

   A. 0　　　　B. 1　　　　C. 3　　　　D. 4

2. $x=0$ 是函数 $f(x)=\begin{cases}(1-2x)^{\frac{1}{x}}, & x<0,\\ e^2+x, & x\geqslant 0\end{cases}$ 的（   ）．

   A. 连续点　　B. 可去间断点　　C. 跳跃间断点　　D. 第二类间断点

3. 设 a，b 为常数，若 $\lim\limits_{x\to\infty}\left(\dfrac{ax^2}{x+1}+bx\right)=2$，则 $a+b=$ ＿＿＿＿＿＿＿．

4. 要使函数 $f(x)=\dfrac{1}{x-1}-\dfrac{2}{x^2-1}$ 在 $x=1$ 处连续，应补充定义 $f(1)=$ ＿＿＿＿＿＿．

5. 已知函数 $f(x)=\begin{cases}\dfrac{\sin 2(x-1)}{x-1}, & x<1,\\ a, & x=1,\\ x+b, & x>1\end{cases}$ 在点 $x=1$ 处连续，求常数 a 和 b 的值．

课后作业

1. 设 $f(x)=\begin{cases}3x+1, & x<0,\\ 1-x, & x\geqslant 0,\end{cases}$ 则 $\lim\limits_{x\to 0^+}\dfrac{f(x)-f(0)}{x}=$（   ）．

   A. -1 B. 1 C. 3 D. ∞

2. $x=0$ 是函数 $f(x)=\begin{cases}e^{\frac{1}{x}}, & x<0,\\ 0, & x\geqslant 0\end{cases}$ 的（   ）．

   A. 连续点   B. 可去间断点   C. 跳跃间断点   D. 第二类间断点

3. 极限 $\lim\limits_{n\to\infty}(\sqrt{n^2+n}-n)=$ _____．

4. 设 a，b 为常数，若 $\lim\limits_{x\to +\infty}(\sqrt{x^2-x+1}-ax-b)=0$，则 $a+b=$ _____．

5. 设 $f(x)=\dfrac{x|x-1|}{(x^2-1)\sin x}$，求 $f(x)$ 的间断点，并判别出它们的类型．

11.2　导数与微分

一、疑难解析

（一）关于导数的概念

函数的导数是两个增量之比的极限，即

$$f'(x)=\lim_{\Delta x\to 0}\dfrac{\Delta y}{\Delta x}=\lim_{\Delta x\to 0}\dfrac{f(x+\Delta x)-f(x)}{\Delta x}.$$

我们把 $\dfrac{\Delta y}{\Delta x}$ 称为函数的平均变化率，把 $\lim\limits_{\Delta x\to 0}\dfrac{\Delta y}{\Delta x}$ 称为变化率，若 $\lim\limits_{\Delta x\to 0}\dfrac{\Delta y}{\Delta x}$ 存在则可导，否则不可导．

导数是由极限定义的，故有左导数和右导数．$f(x)$ 在点 x_0 处可导的充要条件是函数 $f(x)$ 在点 x_0 处左右导数都存在且相等．

（二）关于导数、微分和连续的关系

由微分的定义 $\mathrm{d}y=f'(x)\mathrm{d}x$ 可知：

（1）函数可导与可微是等价的．即函数可导一定可微，反之可微一定可导．

（2）计算函数 $f(x)$ 的微分 $\mathrm{d}y$，只要计算出函数的导数 $f'(x)$ 再乘上自变量的微分 $\mathrm{d}x$ 即可．因此，可以将微分的计算与导数的计算归为同一类运算．

（3）由定理可知，连续是可导的必要条件，那么，函数可微也一定连续．反之不然，即连续函数不一定是可导或可微函数．

(三)关于导数的计算

掌握导数的计算,首先要熟记导数基本公式和求导法则. 求导法则有:

(1)导数的四则运算法则.

(2)复合函数求导法则.

对于上述法则和方法在实用中要注意其成立的条件.

在导数的四则运算法则中,应该注意乘法法则和除法法则,注意它们的构成形式并注意求解技巧. 例如,$y = \dfrac{1-x}{\sqrt{x}}$,求 $y''|x=1$. 这是一个分式求二阶导数的问题,形式上应该用导数的除法法则求解,但是,如果将函数变形为 $y = x^{-\frac{1}{2}} - x^{\frac{1}{2}}$ 再求导数,就应该用导数的加法法则了. 假如我们掌握了一些解题的技巧,就会使我们的运算变得简单,还可以减少错误.

复合函数求导数是学习的重点,也是难点. 它的困难之处在于对函数的复合过程的分解. 由复合函数求导法则可知,复合函数 $y = f(u)$,$u = \varphi(x)$ 的导数为

$$y'_x = f'(u) \cdot \varphi'(x)$$

在求导时将 $y = f[\varphi(x)]$ 分解为 $y = f(u)$,$u = \varphi(x)$(其中 u 为中间变量),然后分别对中间变量和自变量求导再相乘. 那么,如何进行分解就是解题的关键. 一般来说,所设的中间变量应是基本初等函数或基本初等函数的四则运算,这样就会对于 $y = f(u)$,$u = \varphi(x)$ 分别都有求导数公式或法则. 如果分解后找不到求导公式,则说明分解有误. 例如函数 $y = \sin^2\sqrt{x}$,其分解为 $y = u^2$,$u = \sin v$,$v = \sqrt{x}$. 于是分别求导为 $y' = 2u$,$u = \cos v$,$v = \dfrac{1}{2\sqrt{x}}$,相乘得到 $y' = 2\sin\sqrt{x} \cdot \cos\sqrt{x} \cdot \dfrac{1}{2\sqrt{x}}$. 有一种错误的分解是 $y = \sin^2 u$,$u = \sqrt{x}$,这样在求导时会发现没有导数公式可以用来求 y'.

隐函数的特点是变量 y 与 x 的函数关系隐藏在方程中. 例如 $y = 1 + x\cos y$,其中的 $\cos y$ 不但是 y 的函数,还是 x 的复合函数. 所以对于 $\cos y$ 求导数时应该用复合函数求导法则,先对 y 的函数 $\cos y$ 求导得 $-\sin y$,再乘以 y 对 x 的导数 y'. 由于 y 对 x 的函数关系不能直接写来,故而只能把 y 对 x 的导数写为 y'.

一般地说,隐函数求导数分为下列两步:

①方程两边对自变量 x 求导,视 y 为中间变量,求导后得到一个关于 y' 的一次方程.

②解方程,求出 y 对 x 的导数 y'.

总之,导数公式和求导法则是要靠练习来熟悉和理解的,我们应该通过练习掌握方法和技巧.

二、例题选讲

例1 试按导数定义求下列各极限(假设各极限均存在):

(1) $\lim\limits_{x \to a} \dfrac{f(2x) - f(2a)}{x - a}$;

(2) $\lim\limits_{x \to 0} \dfrac{f(x)}{x}$,其中 $f(0) = 0$.

解 (1) $\lim\limits_{x\to a}\dfrac{f(2x)-f(2a)}{x-a} = \lim\limits_{2x\to 2a}\dfrac{f(2x)-f(2a)}{\dfrac{1}{2}\cdot(2x-2a)}$

$= 2\cdot\lim\limits_{2x\to 2a}\dfrac{f(2x)-f(2a)}{2x-2a} = 2f'(2a)$

(2) 因为 $f(0)=0$，于是

$$\lim_{x\to 0}\frac{f(x)}{x} = \lim_{x\to 0}\frac{f(x)-f(0)}{x-0} = f'(0)$$

注：灵活应用导数定义的三种形式求函数极限.

例2 求函数 $f(x)=\begin{cases}\sin x, & x<0 \\ x, & x\geq 0\end{cases}$ 在 $x=0$ 处的导数.

解 当 $\Delta x<0$ 时，
$$\Delta y = f(0+\Delta x)-f(0) = \sin\Delta x - 0 = \sin\Delta x$$

故
$$f'_-(0) = \lim_{\Delta x\to 0^-}\frac{\Delta y}{\Delta x} = \lim_{\Delta x\to 0^-}\frac{\sin\Delta x}{\Delta x} = 1$$

当 $\Delta x>0$ 时，
$$\Delta y = f(0+\Delta x)-f(0) = \Delta x - 0 = \Delta x$$

故
$$f'_+(0) = \lim_{\Delta x\to 0^+}\frac{\Delta y}{\Delta x} = \lim_{\Delta x\to 0^+}\frac{\Delta x}{\Delta x} = 1$$

由 $f'_-(0) = f'_+(0) = 1$

得
$$f'(0) = \lim_{\Delta x\to 0}\frac{\Delta y}{\Delta x} = 1$$

例3 求函数 $y=\mathrm{e}^{\sin^2(1-x)}$ 的导数.

解法一 设中间变量.

令 $y=\mathrm{e}^u$, $u=v^2$, $v=\sin w$, $w=1-x$.

于是
$y'_x = y'_u\cdot u'_v\cdot v'_w\cdot w'_x = (\mathrm{e}^u)'\cdot(v^2)'\cdot(\sin w)'\cdot(1-x)' = \mathrm{e}^u\cdot 2v\cdot\cos w\cdot(-1)$

$= -\mathrm{e}^{\sin^2(1-x)}\cdot 2\sin(1-x)\cos(1-x) = -\sin 2(1-x)\mathrm{e}^{\sin^2(1-x)}$

解法二 不设中间变量.

$y' = -\mathrm{e}^{\sin^2(1-x)}\cdot 2\sin(1-x)\cdot\cos(1-x)\cdot(-1) = -\sin 2(1-x)\mathrm{e}^{\sin^2(1-x)}$

例4 求导数 $y=x^{a^a}+a^{x^a}+a^{a^x}$ $(a>0)$.

解 $y' = a^a x^{a^a-1}+a^{x^a}\ln a\cdot(x^a)'+a^{a^x}\cdot\ln a\cdot(a^x)' = a^a x^{a^a-1}+ax^{a-1}a^{x^a}\ln a+a^x a^{a^x}\ln^2 a$.

例5 求函数 $y=\sqrt{x+\sqrt{x+\sqrt{x}}}$ 的导数.

解 $y' = \dfrac{1}{2\sqrt{x+\sqrt{x+\sqrt{x}}}}(x+\sqrt{x+\sqrt{x}})' = \dfrac{1}{2\sqrt{x+\sqrt{x+\sqrt{x}}}}\left(1+\dfrac{1}{2\sqrt{x+\sqrt{x}}}(x+\sqrt{x})'\right)$

$= \dfrac{1}{2\sqrt{x+\sqrt{x+\sqrt{x}}}}\left(1+\dfrac{1}{2\sqrt{x+\sqrt{x}}}\left(1+\dfrac{1}{2\sqrt{x}}\right)\right) = \dfrac{4\sqrt{x^2+x\sqrt{x}}+2\sqrt{x}+1}{8\sqrt{x+\sqrt{x+\sqrt{x}}}\cdot\sqrt{x^2+x\sqrt{x}}}$

例 6 求导数 $y = \log_x e + x^{1/x}$.

解 $\log_x e = \dfrac{\ln e}{\ln x} = \dfrac{1}{\ln x}$

$$y' = (\log_x e)' + (x^{1/x})' = \left(\dfrac{1}{\ln x}\right)' + \left(e^{\frac{1}{x}\ln x}\right)' = -\dfrac{1}{x\ln^2 x} + e^{\frac{1}{x}\ln x}\left(\dfrac{1}{x}\ln x\right)'$$

所以

$$y' = -\dfrac{1}{x\ln^2 x} + x^{\frac{1}{x}}\left(\dfrac{1-\ln x}{x^2}\right).$$

例 7 求由下列方程所确定的函数的导数.

$$y\sin x - \cos(x-y) = 0.$$

解 在题设方程两边同时对自变量 x 求导,得

$$y\cos x + \sin x \cdot \dfrac{dy}{dx} + \sin(x-y)\cdot\left(1 - \dfrac{dy}{dx}\right) = 0$$

整理得

$$[\sin(x-y) - \sin x]\dfrac{dy}{dx} = \sin(x-y) + y\cos x$$

解得

$$\dfrac{dy}{dx} = \dfrac{\sin(x-y) + y\cos x}{\sin(x-y) - \sin x}.$$

例 8 求由方程 $xy - e^x + e^y = 0$ 所确定的隐函数 y 的导数 $\dfrac{dy}{dx}$, $\left.\dfrac{dy}{dx}\right|_{x=0}$.

解 方程两边对 x 求导,

$$y + x\dfrac{dy}{dx} - e^x + e^y\dfrac{dy}{dx} = 0,$$

解得

$$\dfrac{dy}{dx} = \dfrac{e^x - y}{x + e^y},$$

由原方程知 $x = 0$, $y = 0$, 所以

$$\left.\dfrac{dy}{dx}\right|_{x=0} = \left.\dfrac{e^x - y}{x + e^y}\right|_{\substack{x=0\\y=0}} = 1.$$

例 9 求证:函数 $y = \sqrt{2x - x^2}$ 满足关系式 $y^3 y'' + 1 = 0$.

证明 对 $y = \sqrt{2x - x^2}$ 求导,得

$$y' = \dfrac{1}{2\sqrt{2x-x^2}}\cdot(2x-x^2)' = \dfrac{1-x}{\sqrt{2x-x^2}}$$

$$y'' = \dfrac{(1-x)'\cdot\sqrt{2x-x^2} - (1-x)\cdot(\sqrt{2x-x^2})'}{2x-x^2} = \dfrac{-\sqrt{2x-x^2} - (1-x)\dfrac{2-2x}{2\sqrt{2x-x^2}}}{2x-x^2}$$

$$= \dfrac{-2x+x^2-(1-x)^2}{(2x-x^2)\sqrt{2x-x^2}} = -\dfrac{1}{(2x-x^2)^{3/2}} = -\dfrac{1}{y^3}$$

代入原方程，得 $y^3 y'' + 1 = 0$.

课堂练习

1. 已知 $f(0) = 0$，$f'(0) = 2$，则 $\lim\limits_{x \to 0} \dfrac{f(x)}{x} = $ _____.

2. 设函数 $f(x) = \log_2 x \ (x > 0)$，则 $\lim\limits_{\Delta x \to 0} \dfrac{f(x - \Delta x) - f(x)}{\Delta x} = $ _____.

3. 设 $f(x) = \begin{cases} x(1 + 2x^2)^{\frac{1}{x^2}}, & x \neq 0 \\ 0, & x = 0 \end{cases}$，用导数定义计算 $f'(0)$.

4. 求由方程 $(1 + y)^2 \arctan y = x e^x$ 所确定的隐函数的导数 $\dfrac{dy}{dx}$.

5. 求曲线 $3x^3 + y + e^{xy} = 2$ 在点 $(0, 1)$ 处的切线方程.

6. 设 $y = x^{x^2} \ (x > 0)$，求 y'.

7. 证明：函数 $y = \cos(\mu \arcsin x)$ 满足如下微分方程（其中 μ 为常数）：
$$(1 - x^2) y'' - x y' + \mu^2 y = 0.$$

课后作业

1. 设函数 $f(x) = \begin{cases} x^2 \sin \dfrac{2}{x} + \sin 2x, & x \neq 0 \\ 0, & x = 0 \end{cases}$，用导数定义计算 $f'(0)$.

2. 已知函数 $f(x) = \begin{cases} (1 + 3x^2)^{\frac{1}{x^2}} \sin 3x + 1, & x \neq 0 \\ a, & x = 0 \end{cases}$ 在 $x = 0$ 处连续.

   (1) 求常数 a 的值； (2) 求曲线 $y = f(x)$ 在点 $(0, a)$ 处的切线方程.

3. 已知函数 $f(x)$ 有连续的一阶导数，且 $f(0) \cdot f'(0) \neq 0$，求常数 a 和 b 的值，使 $\lim\limits_{x \to 0} \dfrac{a f(x) + b f(2x) - f(0)}{x} = 0$.

4. 求由方程 $xy \ln y + y = e^{2x}$ 所确定的隐函数在 $x = 0$ 处的导数 $\left. \dfrac{dy}{dx} \right|_{x=0}$.

5. 求由方程 $\arctan \dfrac{y}{x} = \ln \sqrt{x^2 + y^2}$ 所确定的隐函数的导数 $\dfrac{dy}{dx}$.

6. 求曲线 $x \sin y + e^y - e^x = 0$ 在点 $(0, 0)$ 处的切线方程.

7. 设 $y = (2 + x^2)^{\tan x}$，求 y'.

11.3 导数的应用

一、疑难解析

（一）关于中值定理

1. **罗尔定理**

在闭区间 $[a, b]$ 上连续；在开区间 (a, b) 内可导；在区间端点的函数值相等，即

$f(a) = f(b)$. 结论：在(a, b)内至少存在一点$\xi(a < \xi < b)$，使得$f'(\xi) = 0$.

罗尔定理的三个条件是十分重要的，如果有一个不满足，定理的结论就可能不成立. 其中罗尔定理中$f(a) = f(b)$这个条件是相当特殊的，它使罗尔定理的应用受到限制. 拉格朗日在罗尔定理的基础上做了进一步的研究，取消了罗尔定理中这个条件的限制，但仍保留了其余两个条件，得到了在微分学中具有重要地位的拉格朗日中值定理.

2. **拉格朗日中值定理**

在闭区间$[a, b]$上连续；在开区间(a, b)内可导. 结论：在(a, b)内至少存在一点$\xi(a < \xi < b)$，使得$f(b) - f(a) = f'(\xi)(b - a)$.

拉格朗日中值定理反映了可导函数在$[a, b]$上整体平均变化率与在(a, b)内某点ξ处函数的局部变化率的关系. 若从力学角度看，公式表示整体上的平均速度等于某一内点处的瞬时速度. 因此，拉格朗日中值定理是联结局部与整体的纽带.

拉格朗日中值定理可改写为$\Delta y = f'(x_0 + \theta \Delta x) \cdot \Delta x (0 < \theta < 1)$，也称为有限增量公式.

拉格朗日中值定理在微分学中占有重要地位，有时也称这个定理为微分中值定理. 在某些问题中，当自变量x取得有限增量Δx而需要函数增量的准确表达式时，拉格朗日中值定理就凸显出其重要价值.

如果函数$f(x)$在区间I上的导数恒为零，那么$f(x)$在区间I上是一个常数.

3. **柯西中值定理**

在闭区间$[a, b]$上连续；在开区间(a, b)内可导；在(a, b)内每一点处，$g'(x) \neq 0$. 结论：在(a, b)内至少存在一点$\xi(a < \xi < b)$使得

$$\frac{f(a) - f(b)}{g(a) - g(b)} = \frac{f'(\xi)}{g'(\xi)}$$

显然，若取$g(x) = x$，则$g(b) - g(a) = b - a$，$g'(x) = 1$，因而柯西中值定理就变成拉格朗日中值定理(微分中值定理)了. 所以柯西中值定理又称为广义中值定理.

(二) 关于洛必达法则

1. **未定式的基本类型：$\frac{0}{0}$型与$\frac{\infty}{\infty}$型**

$$\lim_{x \to a} \frac{f(x)}{F(X)} = \lim_{x \to a} \frac{f'(x)}{F'(x)} \qquad \lim_{x \to \infty} \frac{f(x)}{F(x)} = \lim_{x \to \infty} \frac{f'(x)}{F'(x)}.$$

2. **未定式的其他类型：$0 \cdot \infty$型，$\infty - \infty$型，0^0，1^∞，∞^0型**

(1) 对于$0 \cdot \infty$型，可将乘积化为除的形式，即化为$\frac{0}{0}$或$\frac{\infty}{\infty}$型的未定式来计算.

(2) 对于$\infty - \infty$型，可利用通分化为$\frac{0}{0}$型的未定式来计算.

(3) 对于0^0，1^∞，∞^0型，可先化为以e为底的指数函数(对数函数)的极限，再利用指数函数(对数函数)的连续性，化为直接求指数的极限，指数的极限为$0 \cdot \infty$的形

式，再化为 $\dfrac{0}{0}$ 或 $\dfrac{\infty}{\infty}$ 型的未定式来计算.

洛必达法则虽然是求未定式的一种有效方法，但若能与其他求极限的方法结合使用，效果则更好. 例如，能化简时应尽可能先化简，能用等价无穷小替换或重要极限时，应尽可能应用，以使运算尽可能简捷. 如：$\lim\limits_{x\to 0}\dfrac{3x-\sin 3x}{(1-\cos x)\ln(1+2x)}$，当 $x\to 0$ 时，$1-\cos x \sim \dfrac{1}{2}x^2$，$\ln(1+2x) \sim 2x$，$\lim\limits_{x\to 0}\dfrac{3x-\sin 3x}{(1-\cos x)\ln(1+2x)} = \lim\limits_{x\to 0}\dfrac{3x-\sin 3x}{x^3} = \lim\limits_{x\to 0}\dfrac{3-3\cos 3x}{3x^2} = \lim\limits_{x\to 0}\dfrac{3\sin 3x}{2x} = \dfrac{9}{2}$.

（三）关于函数的单调性

本章的重点之一是求函数的极值和最大（小）值，而函数的单调性判别则是求函数极值和最大（小）值的基础. 因此，理解函数单调性的概念，掌握函数单调性的判别方法是非常重要的.

判别函数的单调性，可以用单调函数的定义进行判别，但这种方法在实际操作时比较困难. 另一种方法相对简单些，即利用一阶导数 $f'(x)$ 在区间 (a,b) 内的符号进行判别. 若在 $[a,b]$ 内 $f'(x)>0$，则 $f(x)$ 在区间 $[a,b]$ 上是单调增加的，或称 $[a,b]$ 是 $f(x)$ 的单调增加区间；若在 $[a,b]$ 内 $f'(x)<0$，则 $f(x)$ 在区间 $[a,b]$ 上是单调减少的，或称 $[a,b]$ 是 $f(x)$ 的单调减少区间.

在学习函数的单调性这一节时，要注意以下几个问题：

（1）如果函数在 $[a,b]$ 上连续，除去个别点 $f'(x)=0$（或导数不存在）外，都有 $f'(x)>0$[或 $f'(x)<0$]，则函数 $f(x)$ 在 $[a,b]$ 上的单调性不受影响. 如函数 $f(x)=x^3$ 在 $(-\infty,+\infty)$ 上是单调增加的，但在 $x_0=0$ 处，$f'(0)=0$.

（2）导数 $f'(x)=0$ 的点 x_0 不一定是增减区间的分界点. 如函数 $f(x)=x^3$.

（3）函数的间断点，导数为零的点，导数不存在的点，都有可能是函数增减区间的分界点. 也就是说，只要函数的导数 $f'(x)$ 在经过这些点时，符号发生变化，那么，这些点就是函数增减区间的分界点.

（4）函数的单调性是相对于某一区间而言的. 当一个函数 $f(x)$ 在区间 (a,b) 内单调增加（减少）时，不能说该函数是单调函数. 只有当 $f(x)$ 在整个定义域上都是单调增加（减少）时，才能说该函数是单调函数. 例如 $f(x)=x^2$ 在 $(0,+\infty)$ 内是单调增加的，而在定义域 $(-\infty,+\infty)$ 内并不完全是单调增加的，所以，$f(x)=x^2$ 不是单调函数.

（四）关于函数的极值与最值

函数 $f(x)$ 在区间 $[a,b]$ 上的最大值、最小值统称为最值.

在学习函数的极值时，要处理好以下几个问题：

（1）函数的极值是函数在一个局部范围内的性质，它只与这点 x_0 及其附近的函数值有关. 也就是说，如果 $f(x_0)$ 是函数 $f(x)$ 的极大（小）值，那么只是与点 x_0 附近的所有 x 比较，有函数值 $f(x_0)$ 比 $f(x)$ 大（小），而不是在整个定义区间内 $f(x_0)$ 是最大（小）的.

函数的最大（小）值是函数在整个定义区间上的性质. 若 $f(x_0)$ 是函数 $f(x)$ 在定义区

间 D 上的最大(小)值,则对任一 $x \in D$,都有函数值 $f(x_0) \geq f(x)[f(x_0) \leq f(x)]$.

(2)极值点或最值点是指使函数 $f(x)$ 取得极值或最值的点 x_0,而极值或最值是极值点或最值点处的函数值 $f(x_0)$,两者不能混淆.

(3)极值点不一定是驻点,如 $x=0$ 是函数 $f(x)=|x|$ 的极值点,但它不是驻点. 反之,驻点也不一定是极值点,如 $x=0$ 是函数 $f(x)=x^3$ 的驻点,但它不是极值点.

如果函数 $f(x)$ 在点 x_0 处是可导的,且在点 x_0 处取得极值,那么极值点 x_0 一定是驻点. 这是极值点的必要条件.

如果函数 $f(x)$ 在驻点 x_0 的左、右邻域内一阶导数变号,则驻点一定是极值点. 这是极值点的充分条件.

(4)函数 $f(x)$ 在点 x_0 处有定义,是其在 x_0 处取得极值的最基本条件. 否则,尽管满足当 $x>x_0$ 时 $f'(x)>0(<0)$,而当 $x<x_0$ 时 $f'(x)<0(>0)$,x_0 仍不是 $f(x)$ 的极值点. 例如,函数 $f(x)=\dfrac{1}{|x|}$,当 $x<0$ 时 $f'(x)=\dfrac{1}{x^2}>0$,而当 $x>0$ 时 $f'(x)=-\dfrac{1}{x^2}<0$,但在 $x=0$ 处 $f(x)$ 无定义,$f(x)$ 在 $x=0$ 处没有函数值,故不能取到极值. 所以,$x=0$ 不是函数 $f(x)$ 的极值点.

二、例题选讲

例 1 证明方程 $x^5-5x+1=0$ 有且仅有一个小于 1 的正实根.

证明 设 $f(x)=x^5-5x+1$,则 $f(x)$ 在 $[0, 1]$ 上连续,且 $f(0)=1$,$f(1)=-3$. 由介值定理,存在 $x_0 \in (0, 1)$ 使 $f(x_0)=0$,即为方程的小于 1 的正实根. 设另有 $x_1 \in (0, 1)$,$x_1 \neq x_0$,使 $f(x_1)=0$.

因为 $f(x)$ 在 x_0,x_1 之间满足罗尔定理的条件,所以至少存在一点 ξ(在 x_0,x_1 之间),使得 $f'(\xi)=0$. 但 $f'(x)=5(x^4-1)<0(x \in (0, 1))$,导致矛盾,故 x_0 为唯一实根.

例 2 证明方程 $x^5+x+1=0$ 在区间 $(-1, 0)$ 内有且只有一个实根.

证明 令 $f(x)=x^5+x+1$,因 $f(x)$ 在闭区间 $[-1, 0]$ 连续,且 $f(-1)=-1<0$,$f(0)=1>0$.

根据介值定理,$f(x)$ 在 $(-1, 0)$ 内有一个零点. 另一方面,对于任意实数 x,有 $f'(x)=5x^4+1>0$,所以 $f(x)$ 在 $(-\infty, +\infty)$ 内单调增加,因此曲线 $y=f(x)$ 与 x 轴至多只有一个交点.

综上所述,方程 $x^5+x+1=0$ 在区间 $(-1, 0)$ 内有且只有一个实根.

例 3 证明当 $x>0$ 时,$\dfrac{x}{1+x}<\ln(1+x)<x$.

证明 设 $f(x)=\ln(1+x)$,则 $f(x)$ 在 $[0, x]$ 上满足拉格朗日定理的条件. 故
$$f(x)-f(0)=f'(\xi)(x-0) \quad (0<\xi<x),$$
因为
$$f(0)=0, \quad f'(x)=\dfrac{1}{1+x},$$
从而
$$\ln(1+x)=\dfrac{x}{1+\xi} \quad (0<\xi<x),$$

又由 $$1 < 1+\xi < 1+x \Rightarrow \frac{1}{1+x} < \frac{1}{1+\xi} < 1,$$

所以 $$\frac{x}{1+x} < \frac{x}{1+\xi} < x,$$

即 $$\frac{x}{1+x} < \ln(1+x) < x.$$

例4 试证明：当 $x > 0$ 时，$\ln(1+x) > x - \frac{1}{2}x^2$.

证明 作辅助函数 $f(x) = \ln(1+x) - x + \frac{1}{2}x^2$，

因为 $f(x)$ 在 $[0, +\infty]$ 上连续，在 $(0, +\infty)$ 内可导，且 $f'(x) = \frac{1}{1+x} - 1 + x = \frac{x^2}{1+x}$，当 $x > 0$ 时，$f'(x) > 0$，又 $f(0) = 0$. 故当 $x > 0$ 时，$f(x) > f(0) = 0$，所以当 $x > 0$ 时，$\ln(1+x) > x - \frac{1}{2}x^2$.

例5 求 $\lim\limits_{x \to +\infty} \dfrac{\frac{\pi}{2} - \arctan x}{\frac{1}{x}}$. $\left(\dfrac{0}{0}型\right)$

解 $\lim\limits_{x \to +\infty} \dfrac{\frac{\pi}{2} - \arctan x}{\frac{1}{x}} = \lim\limits_{x \to +\infty} \dfrac{-\frac{1}{1+x^2}}{-\frac{1}{x^2}} = \lim\limits_{x \to +\infty} \dfrac{x^2}{1+x^2} = 1$

注：若求 $\lim\limits_{n \to +\infty} \dfrac{\frac{\pi}{2} - \arctan n}{\frac{1}{n}}$（$n$ 为自然数）则可利用上面求出的函数极限，得

$$\lim_{n \to +\infty} \frac{\frac{\pi}{2} - \arctan n}{\frac{1}{n}} = 1$$

例6 求 $\lim\limits_{x \to +\infty} x^{-2} e^x$. $(0 \cdot \infty 型)$

解 对于 $(0 \cdot \infty)$ 型，可将乘积化为除的形式，即化为 $\dfrac{0}{0}$ 或 $\dfrac{\infty}{\infty}$ 型的未定式来计算.

$$\lim_{x \to +\infty} x^{-2} e^x = \lim_{x \to +\infty} \frac{e^x}{x^2} = \lim_{x \to +\infty} \frac{e^x}{2x} = \lim_{x \to +\infty} \frac{e^x}{2} = +\infty$$

例7 求 $\lim\limits_{x \to 0}\left(\dfrac{1}{\sin x} - \dfrac{1}{x}\right)$. $(\infty - \infty 型)$

解 $\lim\limits_{x \to 0}\left(\dfrac{1}{\sin x} - \dfrac{1}{x}\right) = \lim\limits_{x \to 0} \dfrac{x - \sin x}{x \cdot \sin x} = \lim\limits_{x \to 0} \dfrac{x - \sin x}{x^2} = \lim\limits_{x \to 0} \dfrac{1 - \cos x}{2x} = \lim\limits_{x \to 0} \dfrac{\sin x}{2} = 0$.

例 8 求 $\lim\limits_{x \to 0^+} x^x$. ($0^0$ 型)

解 $\lim\limits_{x \to 0^+} x^x = \lim\limits_{x \to 0^+} e^{x \ln x} = e^{\lim\limits_{x \to 0^+} x \ln x} = e^{\lim\limits_{x \to 0^+} \frac{\ln x}{\frac{1}{x}}} = e^{\lim\limits_{x \to 0^+} \frac{\frac{1}{x}}{-\frac{1}{x^2}}} = e^0 = 1.$

例 9 求 $\lim\limits_{x \to 1} x^{\frac{1}{1-x}}$. ($1^\infty$ 型)

解 $\lim\limits_{x \to 1} x^{\frac{1}{1-x}} = \lim\limits_{x \to 1} e^{\frac{1}{1-x} \ln x} = e^{\lim\limits_{x \to 1} \frac{\ln x}{1-x}} = e^{\lim\limits_{x \to 1} \frac{\frac{1}{x}}{-1}} = e^{-1}.$

例 10 求函数 $f(x) = x - \frac{3}{2} x^{\frac{2}{3}}$ 的单调增减区间和极值.

解 易见函数定义域为 $(-\infty, \infty)$ 求导数 $f'(x) = 1 - x^{-\frac{1}{3}}$,当 $x = 1$ 时 $f'(0) = 0$,而 $x = 0$ 时 $f'(x)$ 不存在,因此,函数只可能在这两点取得极值. 列表如下:

表 11-1

x	$(-\infty, 0)$	0	$(0, 1)$	1	$(1, +\infty)$
$f'(x)$	+	不存在	-	0	+
$f(x)$	↗	极大值 0	↘	极小值 $-\frac{1}{2}$	↗

由表 11-1 可见:函数 $f(x)$ 在区间 $(-\infty, 0)$,$(1, +\infty)$ 单调增加,在区间 $(0, 1)$ 单调减少. 在点 $x = 0$ 处有极大值 $f(0) = 0$,在点 $x = 1$ 处有极小值 $f(1) = -\frac{1}{2}$.

例 11 求函数 $y = \sin 2x - x$ 在 $\left[-\frac{\pi}{2}, \frac{\pi}{2}\right]$ 上的最大值及最小值.

解 函数 $y = \sin 2x - x$ 在 $\left[-\frac{\pi}{2}, \frac{\pi}{2}\right]$ 上连续,$f'(x) = y' = 2\cos 2x - 1$,

令 $y' = 0$ 得 $x = \pm \frac{\pi}{6}$.

$$f\left(-\frac{\pi}{2}\right) = \frac{\pi}{2}, f\left(\frac{\pi}{2}\right) = -\frac{\pi}{2}, f\left(\frac{\pi}{6}\right) = \frac{\sqrt{3}}{2} - \frac{\pi}{6}, f\left(-\frac{\pi}{6}\right) = -\frac{\sqrt{3}}{2} + \frac{\pi}{6}.$$

故 y 在 $\left[-\frac{\pi}{2}, \frac{\pi}{2}\right]$ 上最大值为 $\frac{\pi}{2}$,最小值为 $-\frac{\pi}{2}$.

例 12 求曲线 $y = 3x^4 - 4x^3 + 1$ 的拐点及凹、凸区间.

解 易见函数的定义域为 $(-\infty, +\infty)$,$y' = 12x^3 - 12x^2$,$y'' = 36x\left(x - \frac{2}{3}\right)$.

令 $y'' = 0$,得 $x_1 = 0$,$x_2 = \frac{2}{3}$.

表 11-2

x	$(-\infty, 0)$	0	$\left(0, \dfrac{2}{3}\right)$	$\dfrac{2}{3}$	$\left(\dfrac{2}{3}, +\infty\right)$
$f''(x)$	+	0	−	0	+
$f(x)$	凹	拐点(0, 1)	凸	拐点$\left(\dfrac{2}{3}, \dfrac{11}{27}\right)$	凹

所以，曲线的凹区间为 $(-\infty, 0]$，$\left[\dfrac{2}{3}, +\infty\right)$，凸区间为 $\left[0, \dfrac{2}{3}\right]$，拐点为 $(0, 1)$ 和 $\left(\dfrac{2}{3}, \dfrac{11}{27}\right)$。

课堂练习

1. 设 $f(x) = x\sin x + \cos x$，则 $f(0)$ 是 $f(x)$ 的_____，$f\left(\dfrac{\pi}{2}\right)$ 是 $f(x)$ 的_____．（在横线上填"极小值"或"极大值"）

2. 若曲线 $y = x^3 + ax^2 + bx + 1$ 有拐点 $(-1, 0)$，则常数 $b =$ _____．

3. 证明：恒等式 $\arctan x + \arctan \dfrac{1}{x} = \dfrac{\pi}{2}$，$x \in (0, +\infty)$．

4. 求下列极限.

(1) $\lim\limits_{x \to 0}\left[\dfrac{1}{x} - \dfrac{\ln(1+x)}{x^2}\right]$；

(2) $\lim\limits_{x \to 0} \dfrac{\arctan x - x}{x^3}$；

(3) $\lim\limits_{x \to 0}\left(\dfrac{1}{x} + \dfrac{1}{e^{-x} - 1}\right)$；

(4) $\lim\limits_{x \to 0} \dfrac{e^{3x} - 3x - 1}{1 - \cos x}$．

5. 求函数 $f(x) = \log_4(4^x + 1) - \dfrac{1}{2}x - \log_4 2$ 的单调区间和极值.

6. 求曲线 $y = \ln(\sqrt{x^2+4} + x)$ 的凹、凸区间及其拐点坐标.

课后作业

1. 若 $f(x)$ 存在二阶导数，且 $f(2) = 1$，则 $x = 2$ 是 $F(x) = (x-2)^2 f(x)$ 的_____．（在横线上填"极小值"或"极大值"）

2. 若曲线 $y = ae^{2x} + b\cos x$ 有拐点 $(0, 5)$，则常数 $a =$ _____，$b =$ _____．

3. 求下列极限：

(1) $\lim\limits_{x \to +\infty}\left(\dfrac{1}{1+x}\right)^{\frac{1}{\ln x}}$；

(2) $\lim\limits_{x \to 0}\left(\dfrac{1}{x^3}\int_0^x e^{t^2}dt - \dfrac{1}{x^2}\right)$．

4. 确定函数 $f(x) = (x-1)e^{\frac{\pi}{4} + \arctan x}$ 的单调区间和极值.

5. 求曲线 $y = x - \arctan kx$ $(k < 0)$ 的凹凸区间和拐点.

6. (1) 已知函数 $f(x)$ 在 $[a, b]$ 上连续，在 (a, b) 内可导，且 $f(a) = f(b) = 0$．证明：存在 $\zeta \in (a, b)$ 使得 $f'(\zeta) + f(\zeta) = 0$；

(2) 证明方程 $\ln(x+\sqrt{x^2+1}) = \dfrac{1-x}{x\sqrt{x^2+1}}$ 在 $(0,1)$ 内至少有一个根.

7. 已知点 $(1,1)$ 是曲线 $y = ae^{\frac{1}{x}} + bx^2$ 的拐点, 求常数 a, b 的值.

11.4　不定积分

一、疑难解析

(一) 关于原函数与不定积分概念

(1) 原函数与不定积分是两个不同的概念, 但它们又是紧密相连的. 对于定义在某区间上的函数 $f(x)$, 若存在函数 $F(x)$, 使得该区间上的每一个点 x 处都有 $F'(x) = f(x)$ 成立, 则称 $F(x)$ 是 $f(x)$ 的一个原函数; 而 $F(x) + C$ (C 为任意常数) 称为 $f(x)$ 的不定积分.

(2) $f(x)$ 如果有原函数, 则有无穷多个; 而且任意两个原函数之间仅相差一个常数. 求 $f(x)$ 的不定积分就是求其全体原函数, 而只要求出一个原函数 $F(x)$, 再加上任意常数 C, 就得到了 $f(x)$ 的全体原函数. 因此原函数与不定积分是个体与全体的关系.

(3) $f(x)$ 的不定积分 $\int f(x)\,\mathrm{d}x$ 中隐含着积分常数, 在计算的结果中一定要有积分常数 C. 如果被积函数 $f(x)$ 是由几个函数的代数和构成时, 则要利用积分的性质, 将其分为几个积分的代数和, 但是不必每个积分都加积分常数, 当积分号消失时就要加上积分常数.

(二) 关于不定积分的性质

(1) 求导数(或微分)与求不定积分互为逆运算, 由这个性质可以知道, 对一个函数若先求导数(或微分)再求积分等于该函数加上任意常数 C; 若先求积分再求导数(或微分)则两种运算相互抵消, 结果等于被积函数(或被积表达式). 例如

$$\frac{\mathrm{d}}{\mathrm{d}x}\int \frac{\sin x}{x}\,\mathrm{d}x = \frac{\sin x}{x}$$

$$\int \mathrm{d}\left(\frac{\sin x}{x}\right) = \frac{\sin x}{x} + C$$

(2) $\int [k_1 f_1(x) + k_2 f_2(x) + \cdots + k_n f_n(x)]\,\mathrm{d}x = k_1\int f_1(x)\,\mathrm{d}x + k_2\int f_2(x)\,\mathrm{d}x + \cdots + k_n\int f_n(x)\,\mathrm{d}x$

(三) 关于不定积分的几何意义

函数 $f(x)$ 的原函数 $F(x)$ 的几何图形称为 $f(x)$ 的积分曲线, $f(x)$ 的不定积分 $\int f(x)\,\mathrm{d}x = F(x) + C$ 是 $f(x)$ 的一族积分曲线, 这族积分曲线在横坐标相同的点 x 处的斜率是相同的.

（四）关于不定积分的计算

（1）积分基本公式是积分计算的最终依据. 在积分计算时，当积分号中的被积表达式与某个基本公式中被积表达式的形式完全一致时，方可利用公式求出积分.

（2）第一换元积分法（凑微分法）主要是处理复合函数求积分的方法，它的基本思想是"变换积分变量，使新的积分对于新的积分变量容易求原函数"，采用的手段是"凑微分"，将 $\int g(x)\mathrm{d}x$ 凑成 $\int f[\varphi(x)]\varphi'(x)\mathrm{d}x$. 如果说被积函数可以凑成 $f[\varphi(x)]\varphi'(x)$ 这样两个因子的乘积 [其中一个是 $\varphi(x)$ 的函数，另一个是 $\varphi(x)$ 的导数]，方可使用第一换元积分法. 注意这里的 $\varphi(x)$ 一定要含在原被积函数中.

例如，积分对于 $\int (2x-1)^{10}\mathrm{d}x$，可以这样思考：

$\int \frac{1}{2}(2x-1)^{10} \cdot 2\mathrm{d}x = \frac{1}{2}\int (2x-1)^{10} \cdot (2x-1)'\mathrm{d}x$，令 $u = \varphi(x) = 2x-1$，其中的因子 2 是 $\varphi(x)$ 的导数，是为了换元而凑出来的，而因子 $\frac{1}{2}$ 是为了与原积分保持相等而乘上去的，于是有

$$\int (2x-1)^{10}\mathrm{d}x = \frac{1}{2}\int (2x-1)^{10} \cdot 2\mathrm{d}x = \frac{1}{2}\int (2x-1)^{10} \cdot (2x-1)'\mathrm{d}x$$

$$= \frac{1}{2}\int u^{10}\mathrm{d}u = \frac{1}{2} \cdot \frac{1}{11}u^{11} + C = \frac{1}{22}(2x-1)^{11} + C$$

其中要注意：

① 在微分中我们已经习惯了 $\mathrm{d}y = y'\mathrm{d}x$，而在积分计算中常常是要反过来使用，即 $y'\mathrm{d}x = \mathrm{d}y$. 例如：$2\mathrm{d}x = \mathrm{d}(2x) = \mathrm{d}(2x-1)$.

② 在积分计算中，不但要熟悉基本积分公式，还要熟悉基本微分公式，熟悉常见的凑微分形式，如表 11-3 所示.

表 11-3

	积分类型	换元公式
第一换元积分法	1. $\int f(ax+b)\mathrm{d}x = \frac{1}{a}\int f(ax+b)\mathrm{d}(ax+b)\,(a \neq 0)$	$u = ax+b$
	2. $\int f(x^\mu)x^{\mu-1}\mathrm{d}x = \frac{1}{\mu}\int f(x^\mu)\mathrm{d}(x^\mu)\,(\mu \neq 0)$	$u = x^\mu$
	3. $\int f(\ln x)\frac{1}{x}\mathrm{d}x = \int f(\ln x)\mathrm{d}(\ln x)$	$u = \ln x$
	4. $\int f(\mathrm{e}^x) \cdot \mathrm{e}^x\mathrm{d}x = \int f(\mathrm{e}^x)\mathrm{d}\mathrm{e}^x$	$u = \mathrm{e}^x$
	5. $\int f(a^x) \cdot a^x\mathrm{d}x = \frac{1}{\ln a}\int f(a^x)\mathrm{d}a^x$	$u = a^x$
	6. $\int f(\sin x) \cdot \cos x\mathrm{d}x = \int f(\sin x)\mathrm{d}\sin x$	$u = \sin x$

续上表

	积分类型	换元公式
第一换元积分法	7. $\int f(\cos x) \cdot \sin x \, dx = -\int f(\cos x) \, d\cos x$	$u = \cos x$
	8. $\int f(\tan x) \sec^2 x \, dx = \int f(\tan x) \, d\tan x$	$u = \tan x$
	9. $\int f(\cot x) \csc^2 x \, dx = -\int f(\cot x) \, d\cot x$	$u = \cot x$
	10. $\int f(\arctan x) \frac{1}{1+x^2} dx = \int f(\arctan x) \, d(\arctan x)$	$u = \arctan x$
	11. $\int f(\arcsin x) \frac{1}{\sqrt{1-x^2}} dx = \int f(\arcsin x) \, d(\arcsin x)$	$u = \arcsin x$

(3) 第二换元积分法.

$$\int f(x) \, dx = \int f[\varphi(t)] \varphi'(t) \, dt = F(t) + C = F[\psi(x)] + C$$

注：常使用三角代换，三角代换的目的是化掉根式，其一般规律如下：当被积函数中含有

① $\sqrt{a^2 - x^2}$ 可令 $x = a\sin t$

② $\sqrt{x^2 + a^2}$ 可令 $x = a\tan t$

③ $\sqrt{x^2 - a^2}$ 可令 $x = a\sec t$

当有理分式函数中分母的阶较高时，常采用**倒代换** $x = \frac{1}{t}$.

(4) 分部积分法.

分部积分法是通过将 $\int u \, dv$ 转化为 $\int v \, du$ 来计算积分的，显然后者应该是容易求出积分的.

在进行运算时应注意以下几点：

①运用分部积分法求积分中关键的一步是确定被积函数中的 u 和 dv. 一般说来，选 u 和 dv 应遵循如下原则：选作 dv 的函数必须容易计算出原函数；所选取的 u 和 dv，必须使得 $\int v \, du$ 较之 $\int u \, dv$ 容易计算.

②连续两次（或两次以上）应用分部积分公式时，对 u 和 dv 的再次选择应是与前一次相同类型的函数.

我们将常见的利用分部积分法求积分的函数类型以及在积分中 u 和 dv 的选择总结如下：对数函数、反三角函数、幂函数、三角函数、指数函数任意两个函数相乘时，按该顺序优先选 u，余下为 dv. 如：$\int x^2 \cos x \, dx$，$u = x^2$，$dv = \cos x \, dx$.

二、例题选讲

例1 问 $\frac{d}{dx}\left(\int f(x) \, dx\right)$ 与 $\int f'(x) \, dx$ 是否相等？

解 不相等. 设 $F'(x) = f(x)$ 则
$$\frac{\mathrm{d}}{\mathrm{d}x}\left(\int f(x)\mathrm{d}x\right) = \frac{\mathrm{d}}{\mathrm{d}x}(F(x) + C) = F'(x) + 0 = f(x),$$
而由不定积分定义 $\int f'(x)\mathrm{d}x = f(x) + C$,

所以
$$\frac{\mathrm{d}}{\mathrm{d}x}\left(\int f(x)\mathrm{d}x\right) \neq \int f'(x)\mathrm{d}x.$$

例 2 质点以初速 v_0 铅直上抛,不计阻力,求它的运动规律.

解 设质点抛出时刻为 $t = 0$,该时刻质点所在位置为 x_0,设在时刻 t 时,质点运动到位置 $x = x(t)$. 于是得到
$$\frac{\mathrm{d}x}{\mathrm{d}t} = v(t), \quad \frac{\mathrm{d}^2 x}{\mathrm{d}t^2} = \frac{\mathrm{d}v}{\mathrm{d}t} = a(t),$$
由题意得到
$$\frac{\mathrm{d}x}{\mathrm{d}t} = v(t), \quad \frac{\mathrm{d}x^2}{\mathrm{d}t^2} = -g,$$
于是
$$v(t) = \int (-g)\mathrm{d}t = -gt + C_1,$$
由 $v(0) = v_0$,

得
$$v(t) = -gt + v_0,$$
而
$$x(t) = \int v(t)\mathrm{d}t = \int (-gt + v_0)\mathrm{d}t = -\frac{1}{2}gt^2 + v_0 t + C_2,$$
由 $x_0 = x(0)$,

得到
$$x(t) = -\frac{1}{2}gt^2 + v_0 t + x_0.$$

例 3 求不定积分 $\int \dfrac{\sqrt{1+x^2}}{\sqrt{1-x^4}}\mathrm{d}x$.

解 $\int \dfrac{\sqrt{1+x^2}}{\sqrt{1-x^4}}\mathrm{d}x = \int \dfrac{\sqrt{1+x^2}}{\sqrt{1-x^2}\sqrt{1+x^2}}\mathrm{d}x = \int \dfrac{1}{\sqrt{1-x^2}}\mathrm{d}x = \arcsin x + C.$

例 4 求不定积分 $\int \dfrac{x^4}{1+x^2}\mathrm{d}x$.

解 $\int \dfrac{x^4}{1+x^2}\mathrm{d}x = \int \dfrac{x^4 - 1 + 1}{1+x^2}\mathrm{d}x = \int \dfrac{(x^2+1)(x^2-1) + 1}{1+x^2}\mathrm{d}x = \int \left(x^2 - 1 + \dfrac{1}{1+x^2}\right)\mathrm{d}x$

$= \int x^2 \mathrm{d}x - \int 1 \mathrm{d}x + \int \dfrac{1}{1+x^2}\mathrm{d}x = \dfrac{x^3}{3} - x + \arctan x + C.$

当有理分式的函数中分母的阶较高时,可采用倒代换 $x = \dfrac{1}{t}$.

例 5 求不定积分 $\int \dfrac{1}{x(x^7+2)}dx$.

解 令 $x = \dfrac{1}{t}$，则 $dx = -\dfrac{1}{t^2}dt$，

$$\text{原式} = \int \dfrac{t}{\left(\dfrac{1}{t}\right)^7 + 2} \cdot \left(-\dfrac{1}{t^2}\right)dt = -\int \dfrac{t^6}{1+2t^7}dt$$

$$= -\dfrac{1}{14}\ln|1+2t^7| + C = -\dfrac{1}{14}\ln|2+x^7| + \dfrac{1}{2}\ln|x| + C.$$

例 6 求 $\int \dfrac{1}{\sqrt{1+e^x}}dx$.

解 令 $t = \sqrt{1+e^x} \Rightarrow e^x = t^2 - 1$，从而 $x = \ln(t^2-1)$，$dx = \dfrac{2tdt}{t^2-1}$，于是

$$\int \dfrac{1}{\sqrt{1+e^x}}dx = \int \dfrac{2}{t^2-1}dt = \int\left(\dfrac{1}{t-1} - \dfrac{1}{t+1}\right)dt = \ln\left|\dfrac{t-1}{t+1}\right| + C$$

$$= 2\ln(\sqrt{1+e^x} - 1) - x + C.$$

例 7 求不定积分 $\int x^3 \ln x \, dx$.

解 令
$$u = \ln x, \quad x^3 dx = d\left(\dfrac{x^4}{4}\right) = dv$$

则

$$\int x^3 \ln x \, dx = \int \ln x \, d\left(\dfrac{x^4}{4}\right) = \dfrac{1}{4}x^4 \ln x - \dfrac{1}{4}\int x^3 dx = \dfrac{1}{4}x^4 \ln x - \dfrac{1}{16}x^4 + C$$

例 8 求 $\int \sec^3 x \, dx$.

解
$$\int \sec^3 x \, dx = \int \sec x \, d\tan x = \sec x \tan x - \int \sec x \tan^2 x \, dx$$

$$= \sec x \tan x - \int \sec x(\sec^2 x - 1)dx = \sec x \tan x - \int \sec^3 x \, dx + \int \sec x \, dx$$

$$= \sec x \tan x + \ln|\sec x + \tan x| - \int \sec^3 x \, dx$$

上式右端的第三项就是所求积分 $\int \sec^3 x \, dx$，把它移到等号左端去，再两端各除以 2，便得

$$\int \sec^3 x \, dx = \dfrac{1}{2}(\sec x \tan x + \ln|\sec x + \tan x|) + C.$$

例 9 求不定积分 $\int e^{\sqrt{x}}dx$.

解 令 $t = \sqrt{x}$，则 $x = t^2$，$dx = 2tdt$，于是

$$\int e^{\sqrt{x}}dx = 2\int e^t t \, dt = 2\int t \, de^t = 2te^t - 2\int e^t dt = 2te^t - 2e^t + C.$$

$$= 2e^t(t-1) + C = 2e^{\sqrt{x}}(\sqrt{x} - 1) + C.$$

例10 求不定积分 $\int \ln(1+\sqrt{x})\,dx$.

解 令 $t=\sqrt{x}$,则 $x=t^2$,

$$\int \ln(1+\sqrt{x})\,dx = \int \ln(1+t)\,dt^2 = t^2\ln(1+t) - \int t^2\,d\ln(1+t)$$

$$= t^2\ln(1+t) - \int \frac{t^2}{1+t}\,dt = t^2\ln(1+t) - \int (t-1)\,dt - \int \frac{dt}{1+t}$$

$$= t^2\ln(1+t) - \frac{t^2}{2} + t - \ln(1+t) + C$$

$$= x\ln(1+\sqrt{x}) + \sqrt{x} - \frac{x}{2} + C.$$

课堂练习

1. 不定积分 $\int \cos x f'(1-2\sin x)\,dx = ($ $)$.

   A. $2f(1-2\sin x) + C$
   B. $\dfrac{1}{2}f(1-2\sin x) + C$
   C. $-2f(1-2\sin x) + C$
   D. $-\dfrac{1}{2}f(1-2\sin x) + C$

2. 已知 $\ln(1+x^2)$ 是函数 $f(x)$ 的一个原函数,求 $\int f'(x)\,dx$.

3. 求不定积分.

   (1) $\int \dfrac{\sin^3 x}{\cos^2 x}\,dx$;
   (2) $\int \dfrac{\cos x}{1-\cos x}\,dx$.

课后作业

求下列不定积分.

(1) $\int \dfrac{\sqrt{x^4+x^{-4}+2}}{x^3}\,dx$ [提示:$x^4+x^{-4}+2=(x^2+x^{-2})^2$];

(2) $\int \dfrac{dx}{x\sqrt{x^2-1}}$ (提示:作倒代换 $x=\dfrac{1}{t}$);

(3) $\int \dfrac{dx}{(x^2+a^2)^{\frac{3}{2}}}$ (提示:作变换 $x=a\tan t$);

(4) $\int \dfrac{1-\sqrt{x+1}}{1+\sqrt[3]{x+1}}\,dx$ (提示:作变换 $t=\sqrt[6]{x+1}$);

(5) $\int \sqrt{\dfrac{e^x-1}{e^x+1}}\,dx$ (提示:作变换 $t=\sqrt{\dfrac{e^x-1}{e^x+1}}$).

11.5 定积分及其应用

一、疑难解析

(一) 关于定积分的概念

定积分 $\int_a^b f(x)\,dx$ 是一个数值，这个数值为 $F(x)\big|_a^b = F(b) - F(a)$，这里 $F(x)$ 是被积函数 $f(x)$ 的任意一个原函数。即

$$\int_a^b f(x)\,dx = F(x)\big|_a^b = F(b) - F(a)$$

这个数值与积分区间 $[a,b]$ 有关，与被积函数、积分变量及积分上、下限有关，但与积分变量选取什么字母无关。因此有 $\int_a^b f(x)\,dx = \int_a^b f(u)\,dx$，

且有

$$\int_a^b f(x)\,dx = -\int_b^a f(u)\,dx$$

$$\frac{d}{dx}\left(\int_a^b f(x)\,dx\right) = 0$$

定积分不同于不定积分。不定积分 $\int f(x)\,dx$ 是 $f(x)$ 的全体原函数，即无穷多个函数，而定积分 $\int f(x)\,dx$ 是一个确定的数值。

(二) 关于定积分的计算

由牛顿—莱布尼茨公式可知，定积分在计算上是完全依赖于不定积分的。在定积分计算中也有换元积分法和分部积分法，它们与不定积分中的换元积分法和分部积分法的区别在于：

(1) 在使用定积分的换元积分法时，换元一定要换限，积分变量必须与自己的积分上、下限相对应。换元换限后，对新的积分变量求得的原函数，可直接代入新变量的上、下限求值，而不必再还原到原来的变量再求值。

(2) 定积分的分部积分法所处理的函数类型与 u、dv 的选择与不定积分完全相同，只是项都必须带积分上、下限。

(三) 关于无穷限积分

无穷限积分的处理方法是将其转化为有限区间积分的极限，计算时先求有限区间积分 (即定积分) 得到一个新变量的函数

$$\phi(b) = \int_a^b f(x)\,dx$$

再令 $b \to +\infty$，由 $\lim\limits_{b \to +\infty} \phi(b)$ 的存在与否，确定 $\int_a^{+\infty} f(x)\,dx$ 是否收敛。若收敛则积分

值等于极限值.

(四)关于微元法

(1)在应用学科中广泛采用的将所求量 U(总量)表示为定积分的方法——微元法,这个方法的主要步骤如下.

①由分割写出微元. 根据具体问题,选取一个积分变量. 例如 x 为积分变量,并确定它的变化区间 $[a, b]$,任取 $[a, b]$ 的一个区间微元 $[x, x+\mathrm{d}x]$,求出相应于这个区间微元上部分量 ΔU 的近似值,即求出所求总量 U 的微元

$$\mathrm{d}U = f(x)\mathrm{d}x$$

②由微元写出积分. 根据 $\mathrm{d}U = f(x)\mathrm{d}x$ 写出表示总量 U 的定积分

$$U = \int_a^b \mathrm{d}U = \int_a^b f(x)\mathrm{d}x$$

(2)应用微元法解决实际问题时,应注意如下两点.

①所求总量 U 关于区间 $[a, b]$ 应具有可加性,即如果把区间 $[a, b]$ 分成许多部分区间,则 U 相应地分成许多部分量,而 U 等于所有部分量 ΔU 之和. 这一要求是由定积分概念本身所决定的.

②使用微元法的关键是正确给出部分量 ΔU 的近似表达式 $f(x)\mathrm{d}x$,即使得 $f(x)\mathrm{d}x = \mathrm{d}U \approx \Delta U$. 在通常情况下,要检验 $\Delta U - f(x)\mathrm{d}x$ 是否为 $\mathrm{d}x$ 的高阶无穷小并非易事,因此,在实际应用中要注意 $\mathrm{d}U = f(x)\mathrm{d}x$ 的合理性.

(五)关于平面图形的面积

(1)直角坐标下的平面曲线围成的几何图形的面积.

已知由一条曲线 $y = f(x)$ 与 x 轴及直线 $x = a$,$x = b$ 围成的曲边梯形的面积为

$$A = \int_a^b |f(x)|\mathrm{d}x$$

(2)极坐标系下平面图形的面积.

设曲线的方程由极坐标形式给出

$$r = r(\theta) \quad (\alpha \leq \theta \leq \beta)$$

则由曲线 $r = r(\theta)$,射线 $\theta = \alpha$ 和 $\theta = \beta$ 所围成的**曲边扇形**的面积微元

$$\mathrm{d}A = \frac{1}{2}[r(\theta)]^2 \mathrm{d}\theta$$

所求曲边扇形的面积为

$$A = \int_\alpha^\beta \frac{1}{2}[r(\theta)]^2 \mathrm{d}\theta$$

(六)关于旋转体的体积

求旋转体的体积问题是已知平行截面面积求立体体积的特殊情况. 在求旋转体体积时,首先根据旋转体的形状确定是对 x 积分,还是对 y 积分. 一般地,求 $y = f(x)$,$x = a$,$x = b$ 及 x 轴所围的曲边梯形绕 x 轴旋转时,把旋转体看成是由一系列与 x 轴垂直的圆形薄片[其截面面积为 $A(x) = \pi f^2(x)$]所组成的,以此薄片的体积作为体积元素在区间 $[a, b]$ 上积分,即

$$V = \pi \int_a^b f^2(x)\,dx.$$

同理可得由曲线 $x = \varphi(y)$，直线 $y = c$，直线 $y = d$ 及 y 轴所围成的曲边梯形绕 y 轴旋转，所得旋转体体积为

$$V = \pi \int_c^d \varphi^2(y)\,dy.$$

二、例题选讲

例 1 比较积分值 $\int_0^{-2} e^x dx$ 和 $\int_0^{-2} x\,dx$ 的大小.

解 令 $f(x) = e^x - x$，$x \in [-2, 0]$

因为 $f(x) > 0$，所以 $\int_{-2}^0 (e^x - x)\,dx > 0$，因此，$\int_{-2}^0 e^x dx > \int_{-2}^0 x\,dx$，于是 $\int_0^{-2} e^x dx < \int_0^{-2} x\,dx$.

例 2 估计积分 $\int_0^\pi \dfrac{1}{3 + \sin^3 x}\,dx$ 的值.

解 $$f(x) = \frac{1}{3 + \sin^3 x},\ x \in [0, \pi]$$

因为 $0 \leqslant \sin^3 x \leqslant 1$，

所以

$$\frac{1}{4} \leqslant \frac{1}{3 + \sin^3 x} \leqslant \frac{1}{3}$$

$$\int_0^\pi \frac{1}{4}\,dx \leqslant \int_0^\pi \frac{1}{3 + \sin^3 x}\,dx \leqslant \int_0^\pi \frac{1}{3}\,dx$$

于是

$$\frac{\pi}{4} \leqslant \int_0^\pi \frac{1}{3 + \sin^3 x}\,dx \leqslant \frac{\pi}{3}$$

例 3 求 $\dfrac{d}{dx}\left[\int_0^x \cos^2 t\,dt\right]$.

解 $\dfrac{d}{dx}\left[\int_0^x \cos^2 t\,dt\right] = \cos^2 x$.

例 4 求 $\dfrac{d}{dx}\left[\int_1^{x^3} e^{t^2}\,dt\right]$.

解 这里 $\int_1^{x^3} e^{t^2}\,dt$ 是 x^3 的函数，因而是 x 的复合函数，令 $x^3 = u$，则 $\Phi(u) = \int_1^u e^{t^2}\,dt$，根据复合函数求导公式，有

$$\frac{d}{dx}\left[\int_1^{x^3} e^{t^2}\,dt\right] = \frac{d}{du}\left[\int_1^u e^{t^2}\,dt\right] \cdot \frac{du}{dx} = \Phi'(u) \cdot 3x^2 = e^{u^2} \cdot 3x^2 = 3x^2 e^{x^6}.$$

例 5 设 $f(x)$ 是连续函数，试求以下函数的导数.

(1) $F(x) = \int_{\cos x}^{\sin x} e^{f(t)} dt$;   (2) $F(x) = \int_0^x xf(t) dt$;   (3) $F(x) = \int_0^x f(x-t) dt$.

解 (1) $F'(x) = e^{f(\sin x)} \cos x + e^{f(\cos x)} \sin x$.

(2) 因为 $F(x) = x\int_0^x f(t) dt$,

所以
$$F'(x) = xf(x) + \int_0^x f(t) dt$$

(3) 因为 $F(x) = \int_0^x f(x-t) dt \xrightarrow{u = x-t} -\int_x^0 f(u) du = \int_0^x f(u) du$,

所以
$$F'(x) = f(x)$$

例6 设 $f(x)$ 在 $(-\infty, +\infty)$ 内连续, 且 $f(x) > 0$. 证明函数 $F(x) = \dfrac{\int_0^x tf(t) dt}{\int_0^x f(t) dt}$ 在 $(0, +\infty)$ 内为单调增加函数.

证明 因为 $\dfrac{d}{dx}\int_0^x tf(t) dt = xf(x)$, $\dfrac{d}{dx}\int_0^x f(t) dt = f(x)$

所以
$$F'(x) = \frac{xf(x)\int_0^x f(t) dt - f(x)\int_0^x tf(t) dt}{\left(\int_0^x f(t) dt\right)^2} = \frac{f(x)\int_0^x (x-t)f(t) dt}{\left(\int_0^x f(t) dt\right)^2}$$

因 $f(x) > 0 (x > 0)$,

得
$$\int_0^x f(t) dt > 0$$

因 $(x-t)f(t) > 0$,

得
$$\int_0^x (x-t)f(t) dt > 0$$

因此
$$F'(x) > 0 (x > 0).$$

故 $F(x)$ 在 $(0, +\infty)$ 内为单调增加函数.

例7 计算 $\int_0^1 |2x - 1| dx$.

解 因为 $|2x - 1| = \begin{cases} 1 - 2x, & x \leq \dfrac{1}{2}, \\ 2x - 1, & x > \dfrac{1}{2}. \end{cases}$

所以

$$\int_0^1 |2x-1|\,\mathrm{d}x = \int_0^{\frac{1}{2}}(1-2x)\,\mathrm{d}x + \int_{\frac{1}{2}}^1(2x-1)\,\mathrm{d}x = (x-x^2)\Big|_0^{\frac{1}{2}} + (x^2-x)\Big|_{\frac{1}{2}}^1 = \frac{1}{2}$$

例8 求定积分 $\int_{-\frac{\pi}{2}}^{\frac{\pi}{3}} \sqrt{1-\cos^2 x}\,\mathrm{d}x$.

解
$$\int_{-\frac{\pi}{2}}^{\frac{\pi}{3}} \sqrt{1-\cos^2 x}\,\mathrm{d}x = \int_{-\frac{\pi}{2}}^{\frac{\pi}{3}} \sqrt{\sin^2 x}\,\mathrm{d}x = \int_{-\frac{\pi}{2}}^{\frac{\pi}{3}} |\sin x|\,\mathrm{d}x = -\int_{-\frac{\pi}{2}}^{0}\sin x\,\mathrm{d}x + \int_0^{\frac{\pi}{3}}\sin x\,\mathrm{d}x$$
$$= \cos x\Big|_{-\frac{\pi}{2}}^0 - \cos x\Big|_0^{\frac{\pi}{3}} = \frac{3}{2}$$

例9 求 $\int_{-2}^{2}\max\{x, x^2\}\,\mathrm{d}x$.

解 可知
$$f(x) = \max\{x, x^2\} = \begin{cases} x^2, & -2 \leq x < 0, \\ x, & 0 \leq x < 1, \\ x^2, & 1 \leq x \leq 2 \end{cases}$$

所以
$$\int_{-2}^{2}\max\{x, x^2\}\,\mathrm{d}x = \int_{-2}^{0}x^2\,\mathrm{d}x + \int_0^1 x\,\mathrm{d}x + \int_1^2 x^2\,\mathrm{d}x = \frac{11}{2}$$

例10 求定积分 $\int_0^a \sqrt{a^2-x^2}\,\mathrm{d}x\,(a>0)$.

解 令 $x=a\sin t$，则 $\mathrm{d}x = a\cos t\,\mathrm{d}t$
$$\sqrt{a^2-x^2} = a\sqrt{1-\sin^2 t} = a|\cos t| = a\cos t$$

x	0	a
t	0	$\frac{\pi}{2}$

由换元积分公式得
$$\int_0^a \sqrt{a^2-x^2}\,\mathrm{d}x = a^2\int_0^{\frac{\pi}{2}}\cos^2 t\,\mathrm{d}t = a^2\int_0^{\frac{\pi}{2}}\frac{1+\cos 2t}{2}\,\mathrm{d}t$$
$$= \frac{a^2}{2}\int_0^{\frac{\pi}{2}}(1+\cos 2t)\,\mathrm{d}t = \frac{a^2}{2}\left(t+\frac{1}{2}\sin 2t\right)\Big|_0^{\frac{\pi}{2}} = \frac{\pi a^2}{4}$$

例11 求定积分 $\int_0^{\pi}\sqrt{\sin^3 x - \sin^5 x}\,\mathrm{d}x$.

解 因 $\sqrt{\sin^3 x - \sin^5 x} = |\cos x|(\sin x)^{\frac{3}{2}}$

得
$$\int_0^{\pi}\sqrt{\sin^3 x - \sin^5 x}\,\mathrm{d}x = \int_0^{\pi}|\cos x|(\sin x)^{\frac{3}{2}}\,\mathrm{d}x = \int_0^{\frac{\pi}{2}}\cos x(\sin x)^{\frac{3}{2}}\,\mathrm{d}x - \int_{\frac{\pi}{2}}^{\pi}\cos x(\sin x)^{\frac{3}{2}}\,\mathrm{d}x$$
$$= \int_0^{\frac{\pi}{2}}(\sin x)^{\frac{3}{2}}\,\mathrm{d}\sin x - \int_{\frac{\pi}{2}}^{\pi}(\sin x)^{\frac{3}{2}}\,\mathrm{d}\sin x$$
$$= \frac{2}{5}(\sin x)^{\frac{5}{2}}\Big|_0^{\frac{\pi}{2}} - \frac{2}{5}(\sin x)^{\frac{5}{2}}\Big|_{\frac{\pi}{2}}^{\pi} = \frac{4}{5}$$

例12 计算 $\int_{-1}^{1}\dfrac{2x^2 + x\cos x}{1+\sqrt{1-x^2}}\,\mathrm{d}x$.

解 原式 $= \int_{-1}^{1} \dfrac{2x^2}{1+\sqrt{1-x^2}}dx + \int_{-1}^{1} \dfrac{x\cos x}{1+\sqrt{1-x^2}}dx$

     偶函数   奇函数

$\qquad = 4\int_0^1 \dfrac{x^2}{1+\sqrt{1-x^2}}dx = 4\int_0^1 \dfrac{x^2(1-\sqrt{1-x^2})}{1-(1-x^2)}dx$

$\qquad = 4\int_0^1 (1-\sqrt{1-x^2})dx = 4 - 4\int_0^1 \sqrt{1-x^2}dx = 4 - \pi$

               单位圆的面积

例 13 若 $f(x)$ 在 $[0,1]$ 上连续，证明

(1) $\int_0^{\frac{\pi}{2}} f(\sin x)dx = \int_0^{\frac{\pi}{2}} f(\cos x)dx$；

(2) $\int_0^{\pi} xf(\sin x)dx = \dfrac{\pi}{2}\int_0^{\pi} f(\sin x)dx$，由此计算 $\int_0^{\pi} \dfrac{x\sin x}{1+\cos^2 x}dx$．

证明 (1) 设 $x = \dfrac{\pi}{2} - t \Rightarrow dx = -dt$，$x = 0 \Rightarrow t = \dfrac{\pi}{2}$，$x = \dfrac{\pi}{2} \Rightarrow t = 0$，

$\int_0^{\frac{\pi}{2}} f(\sin x)dx = -\int_{\frac{\pi}{2}}^0 f\left[\sin\left(\dfrac{\pi}{2} - t\right)\right]dt = \int_0^{\frac{\pi}{2}} f(\cos t)dt = \int_0^{\frac{\pi}{2}} f(\cos x)dx$

(2) 设 $x = \pi - t \Rightarrow dx = -dt$，$x = 0 \Rightarrow t = \pi$，$x = \pi \Rightarrow t = 0$，

$\int_0^{\pi} xf(\sin x)dx = -\int_{\pi}^0 (\pi - t)f[\sin(\pi - t)]dt = \int_0^{\pi} (\pi - t)f(\sin t)dt$

$\qquad = \pi\int_0^{\pi} f(\sin t)dt - \int_0^{\pi} tf(\sin t)dt = \pi\int_0^{\pi} f(\sin x)dx - \int_0^{\pi} xf(\sin x)dx$

所以

$$\int_0^{\pi} xf(\sin x)dx = \dfrac{\pi}{2}\int_0^{\pi} f(\sin x)dx$$

$\int_0^{\pi} \dfrac{x\sin x}{1+\cos^2 x}dx = \dfrac{\pi}{2}\int_0^{\pi} \dfrac{\sin x}{1+\cos^2 x}dx = \dfrac{\pi}{2}\int_0^{\pi} \dfrac{1}{1+\cos^2 x}d(\cos x)$

$\qquad = -\dfrac{\pi}{2}[\arctan(\cos x)]_0^{\pi} = -\dfrac{\pi}{2}\left(-\dfrac{\pi}{4} - \dfrac{\pi}{4}\right) = \dfrac{\pi^2}{4}$

例 14 求 $\int_0^{\frac{\pi}{2}} x^2 \sin x dx$

解 由分部积分公式得

$\int_0^{\frac{\pi}{2}} x^2 \sin x dx = \int_0^{\frac{\pi}{2}} x^2 d(-\cos x) = x^2(-\cos x)\Big|_0^{\frac{\pi}{2}} + \int_0^{\frac{\pi}{2}} \cos x d(x^2) = 2\int_0^{\frac{\pi}{2}} x\cos x dx$

再用一次分部积分公式得

$\int_0^{\frac{\pi}{2}} x\cos x dx = \int_0^{\frac{\pi}{2}} x d(\sin x) = x\sin x\Big|_0^{\frac{\pi}{2}} - \int_0^{\frac{\pi}{2}} \sin x dx = \dfrac{\pi}{2} + \cos x\Big|_0^{\frac{\pi}{2}} = \dfrac{\pi}{2} - 1$

从而

$$\int_0^{\frac{\pi}{2}} x^2 \sin x dx = 2\int_0^{\frac{\pi}{2}} x\cos x dx = \pi - 2$$

例15 计算定积分 $\int_0^{\frac{\pi}{4}} \frac{x\mathrm{d}x}{1+\cos 2x}$.

解 因 $1+\cos 2x = 2\cos^2 x$,

所以

$$\int_0^{\frac{\pi}{4}} \frac{x\mathrm{d}x}{1+\cos 2x} = \int_0^{\frac{\pi}{4}} \frac{x\mathrm{d}x}{2\cos^2 x} = \int_0^{\frac{\pi}{4}} \frac{x}{2}\mathrm{d}(\tan x) = \frac{1}{2}(x\tan x)\Big|_0^{\frac{\pi}{4}} - \frac{1}{2}\int_0^{\frac{\pi}{4}} \tan x\mathrm{d}x$$

$$= \frac{\pi}{8} - \frac{1}{2}(\ln \sec x)\Big|_0^{\frac{\pi}{4}} = \frac{\pi}{8} - \frac{\ln 2}{4}$$

例16 计算广义积分 $\int_0^{+\infty} \mathrm{e}^{-x}\mathrm{d}x$.

解 对任意的 $b>0$,有

$$\int_0^b \mathrm{e}^{-x}\mathrm{d}x = -\mathrm{e}^{-x}\Big|_0^b = -\mathrm{e}^{-b} - (-1) = 1 - \mathrm{e}^{-b}$$

于是

$$\lim_{b\to +\infty} \int_0^b \mathrm{e}^{-x}\mathrm{d}x = \lim_{b\to +\infty} (1-\mathrm{e}^{-b}) = 1 - 0 = 1.$$

因此

$$\int_0^{+\infty} \mathrm{e}^{-x}\mathrm{d}x = \lim_{b\to +\infty} \int_0^b \mathrm{e}^{-x}\mathrm{d}x = 1 \text{ 或 } \int_0^{+\infty} \mathrm{e}^{-x}\mathrm{d}x = -\mathrm{e}^{-x}\Big|_0^{+\infty} = 0 - (-1) = 1$$

例17 判断广义积分 $\int_0^{+\infty} \sin x\mathrm{d}x$ 的敛散性.

解 对任意 $b>0$,

$$\int_0^{+\infty} \sin x\mathrm{d}x = -\cos x\Big|_0^b = -\cos b + (\cos 0) = 1 - \cos b$$

因为 $\lim_{x\to +\infty}(1-\cos b)$ 不存在,故由定义知无穷积分 $\int_0^{+\infty} \sin x\mathrm{d}x$ 发散.

例18 求由 $y^2 = 2x$ 和 $y = x - 4$ 所围成的图形的面积.

解 面积微元

$$\mathrm{d}A = \left(y + 4 - \frac{y^2}{2}\right)\mathrm{d}y$$

所求面积

$$A = \int_{-2}^4 \mathrm{d}A = \int_{-2}^4 \left(y + 4 - \frac{y^2}{2}\right)\mathrm{d}y = 18$$

例19 计算由曲线 $y = x^3 - 6x$ 和 $y = x^2$ 所围成图形的面积.

解 面积微元

(1) $x \in [-2, 0]$,$\mathrm{d}A_1 = (x^3 - 6x - x^2)\mathrm{d}x$

(2) $x \in [0, 3]$,$\mathrm{d}A_2 = (x^2 - x^3 - 6x)\mathrm{d}x$

所求面积

$$A = \int_{-2}^0 \mathrm{d}A_1 + \int_0^3 \mathrm{d}A_2 = \int_{-2}^0 (x^3 - 6x - x^2)\mathrm{d}x + \int_0^3 (x^2 - x^3 + 6x)\mathrm{d}x = \frac{253}{12}$$

例20 求心形线 $r = a(1+\cos\theta)$ 所围平面图形的面积($a>0$).

解 面积微元

$$dA = \frac{1}{2}a^2(1+\cos\theta)^2 d\theta$$

所求面积

$$A = 2\int_0^\pi dA = a^2\int_0^\pi (1+2\cos\theta+\cos^2\theta)d\theta = a^2\left(\frac{3\theta}{2}+2\sin\theta+\frac{1}{4}\sin 2\theta\right)\Big|_0^\pi = \frac{3}{2}\pi a^2$$

例21 连接坐标原点 O 及点 $P(h, r)$ 的直线、直线 $x=h$ 及 x 轴围成一个直角三角形. 将它绕 x 轴旋转构成一个半径为 r，高为 h 的圆锥体，计算圆锥体的体积.

解 体积微元

$$dV = \pi\left(\frac{r}{h}x\right)^2 dx$$

所求体积

$$V = \int_0^h \pi\left(\frac{r}{h}x\right)^2 dx = \frac{\pi r^2}{h^2}\left(\frac{x^3}{3}\right)_0^h = \frac{\pi h r^2}{3}$$

例22 求曲线 $xy=4$, $y\geq 1$, $x>0$ 所围成的图形绕 y 轴旋转构成旋转体的体积.

解 体积微元

$$dA = \pi x^2 dy = \pi\frac{16}{y^2}dy$$

所求体积

$$V = \lim_{b\to+\infty}\pi\int_1^b \frac{16}{y^2}dy = \pi\int_1^{+\infty}\frac{16}{y^2}dy = \pi\left(-\frac{16}{y}\right)\Big|_1^{+\infty} = 16\pi$$

例23 求由曲线 $y=4-x^2$ 及 $y=0$ 所围成的图形绕直线 $x=3$ 旋转构成旋转体的体积.

解 体积微元

$$dA = [\pi(3+\sqrt{4-y})^2 - \pi(3-\sqrt{4-y})^2]dy = 12\pi\sqrt{4-y}dy$$

所求体积

$$V = 12\pi\int_0^4 \sqrt{4-y}dy = 64\pi$$

例24 求圆 $x^2+y^2=R^2$ 的周长.

解 将圆的方程化为参数方程

$$\begin{cases} x=R\cos\theta, \\ y=R\sin\theta. \end{cases}(0\leq\theta\leq\pi)$$

则所求圆周长

$$s = \int_0^{2\pi}\sqrt{(x'_\theta)+(y'_\theta)^2}d\theta = \int_0^{2\pi}\sqrt{(-R\sin\theta)^2+(R\cos\theta)^2}d\theta = R\int_0^{2\pi}d\theta = 2\pi R$$

例25 求星形线 $x=a\cos^3 t$, $y=a\sin^3 t$ 的全长.

解 由星形线图形的对称性可知，星形线的全长为其在第一象限部分的4倍，则由弧长公式得

$$L = \int_\alpha^\beta \sqrt{\varphi'^2(t) + \psi'^2(t)}\,dt = \int_0^{\frac{\pi}{2}} \sqrt{9a^2\cos^4 t \sin^2 t + 9a^2 \sin^4 t \cos^2 t}\,dt$$

$$= 4\int_0^{\frac{\pi}{2}} 3a|\sin t \cos t|\,dt = 4\int_0^{\frac{\pi}{2}} 3a\sin t\,d\sin t$$

$$= 4\int_0^{\frac{\pi}{2}} \frac{3}{2}a\,d(\sin t)^2 = 6a.$$

课堂练习

1. 计算 $\dfrac{d}{dx}\displaystyle\int_{\sin x}^{\cos x} \cos(\pi t^2)\,dt$.

2. 计算下列定积分.

(1) $\displaystyle\int_{-1}^{1} \dfrac{|x| + x^3}{1 + x^2}\,dx$; (2) $\displaystyle\int_0^1 x 2^x\,dx$; (3) $\displaystyle\int_{\ln 5}^{\ln 10} \sqrt{e^x - 1}\,dx$.

3. 求函数 $\varPhi(x) = \displaystyle\int_0^x t(t-1)\,dt$ 的单调增减区间和极值.

4. 设函数 $f(x) = \displaystyle\int_1^x \sqrt{(t-1)^2 + 1}\,dt$，求曲线 $y = f(x)$ 的凹凸区间和拐点.

5. 求由曲线 $y = \dfrac{1}{x}$ 和直线 $x = 1$，$x = 2$ 及 $y = 0$ 围成的平面图形绕 x 轴旋转一周所构成的几何体的体积.

6. 已知 $\left(1 + \dfrac{2}{x}\right)^x$ 是函数 $f(x)$ 在区间 $(0, +\infty)$ 内的一个原函数.

(1) 求 $f(x)$; (2) 计算 $\displaystyle\int_1^{+\infty} f(2x)\,dx$.

课后作业

1. 设 $f(x) = \begin{cases} x^3 e^{x^4+1}, & -\dfrac{1}{2} \leq x \leq \dfrac{1}{2}, \\ \dfrac{1}{x^2}, & x > \dfrac{1}{2}, \end{cases}$ 利用定积分的换元法求定积分 $\displaystyle\int_{\frac{1}{2}}^{2} f(x-1)\,dx$.

2. 计算下列定积分.

(1) $\displaystyle\int_0^2 \max\{1, x^2\}\,dx$;   (2) $\displaystyle\int_0^a x^2 \sqrt{a^2 - x^2}\,dx\ (a > 0)$;

(3) $\displaystyle\int_0^{100\pi} \sqrt{1 - \cos(2x)}\,dx$;   (4) $\displaystyle\int_0^\pi (x \sin x)^2\,dx$.

3. 令 $I_n = \displaystyle\int_0^{\frac{\pi}{4}} (\tan x)^{2n}\,dx$，其中 n 是大于等于 0 的整数，

(1) 证明递推公式 $I_n = \dfrac{1}{2n-1} - I_{n-1}$;

(2) 证明 $I_n = (-1)^n \left[\dfrac{\pi}{4} - \left(1 - \dfrac{1}{3} + \dfrac{1}{5} - \cdots + (-1)^{n-1}\dfrac{1}{2n-1}\right)\right]$;

(3) 证明 $\lim\limits_{n\to\infty}I_n=0$,从而得到 $\dfrac{\pi}{4}=1-\dfrac{1}{3}+\dfrac{1}{5}-\cdots+(-1)^{n-1}\dfrac{1}{2n-1}+\cdots$.

4. 令 $B(m,n)=\int_0^1 x^{m-1}(1-x)^{n-1}\mathrm{d}x$,其中 m 和 n 是正整数.

(1) 用分部积分法证明递推公式 $B(m,n)=\dfrac{n-1}{m}B(m+1,n-1)$;

(2) 证明 $B(m,n)=\dfrac{(n-1)!(m-1)!}{(n+m-1)!}$,并计算 $B(4,3)$.

5. 设 $f(x)=\dfrac{2}{3}x^{\frac{3}{2}}$.

(1) 求由曲线 $y=f(x)$ 上相应于 $0\leqslant x\leqslant 1$ 的弧段长度 s;
(2) 求由曲线 $y=f(x)$ 和 $x=0$,$x=1$ 及 $y=0$ 围成的平面图形绕 x 轴旋转而成的旋转体体积 V_x.

6. 过坐标原点作曲线 $y=\mathrm{e}^x$ 的切线 l,切线 l 与曲线 $y=\mathrm{e}^x$ 及 y 轴围成的平面图形标记为 G,求:

(1) 切线 l 的方程;
(2) G 的面积;
(3) G 绕 x 轴旋转而成的旋转体体积.

7. 用 G 表示由曲线 $y=\ln x$ 及直线 $x+y=1$,$y=1$ 围成的平面图形.
(1) 求 G 的面积;
(2) 求 G 绕 y 轴旋转一周而成的旋转体的体积.

11.6 常微分方程

一、疑难解析

(一) 关于微分方程的解、通解和特解

如果函数 $y=\varphi(x)$ 代入微分方程后能使等号两端恒等,则称函数 $y=\varphi(x)$ 为该微分方程的**解**. 如果微分方程的解中含有任意常数,且任意常数的个数等于微分方程的阶数,则称该解为微分方程的**通解**. 用给定的初始条件确定通解中所有任意常数的值,得到的解称为满足该初始条件的**特解**. 确定 n 阶微分方程的特解需要 n 个初始条件,求特解的一般步骤是:先求通解,再求通解的一阶、二阶直到 $n-1$ 阶导数,最后联立 n 个初始条件解方程组确定常数.

几何意义:通解表示一族曲线,称为积分曲线族;特解表示其中一条特定的积分曲线.

对于二阶微分方程 $y''-3y'+2y=0$,函数 $y=\mathrm{e}^{2x}$ 和 $y=5\mathrm{e}^x$ 都是它的解;该微分方程的通解为 $y=C_1\mathrm{e}^x+C_2\mathrm{e}^{2x}$,其中 C_1,C_2 为任意常数,二阶微分方程的通解包含两个任意常数,$y=C_1\mathrm{e}^x+4\mathrm{e}^{2x}$ 只包含一个任意常数,不是其通解;而 $y=3\mathrm{e}^x+2\mathrm{e}^{2x}$ 是该微分方

程满足初始条件 $y|_{x=0}=5$ 和 $y'|_{x=0}=7$ 的特解.

(二)关于一阶微分方程的类型及其求解

1. 可分离变量的微分方程

标准形式 $f(y)\mathrm{d}y = g(x)\mathrm{d}x$.

常见变形 $P_1(x)Q_1(y)\mathrm{d}x - P_2(x)Q_2(y)\mathrm{d}y = 0$ 或 $P_1(x)Q_1(y)\mathrm{d}x = P_2(x)Q_2(y)\mathrm{d}y$.

常用公式 $y' = \dfrac{\mathrm{d}y}{\mathrm{d}x}$.

常用解法：分离变量并两边同时求不定积分，两边的不定积分通常要用各种积分法求解.

2. 一阶线性微分方程

标准形式 $y' + P(x)y = Q(x)$.

常见变形 $a(x)y' + b(x)y = c(x)$.

常用解法：常数变易法和公式法.

常数变易法的解题步骤：（以标准形式为例）

第一步：求原方程对应的齐次方程的通解 $y = C\mathrm{e}^{-\int P(x)\mathrm{d}x}$.

第二步：设原方程的通解为 $y = C(x)\mathrm{e}^{-\int P(x)\mathrm{d}x}$，其中 $C(x)$ 待定.

第三步：将 $y = C(x)\mathrm{e}^{-\int P(x)\mathrm{d}x}$ 代入原方程，化简并求出 $C(x)$.

说明 此处 $\int P(x)\mathrm{d}x$ 表示 $P(x)$ 的一个原函数，公式法中也相同.

公式法的解题步骤：（以标准形式为例）

$$y = \mathrm{e}^{-\int P(x)\mathrm{d}x}\left[\int Q(x)\mathrm{e}^{\int P(x)\mathrm{d}x}\mathrm{d}x + C\right],$$ 其中 C 为任意常数.

或

$$y = C\mathrm{e}^{-\int P(x)\mathrm{d}x} + \mathrm{e}^{-\int P(x)\mathrm{d}x}\int Q(x)\mathrm{e}^{\int P(x)\mathrm{d}x}\mathrm{d}x,$$ 其中 C 为任意常数.

说明 在用公式法的时候，要求 $P(x)$ 和 $Q(x)$ 都是连续函数.

(三)关于二阶常系数齐次线性微分方程

标准形式 $ay'' + by' + cy = 0$

常用解法：根据特征根的情况直接写出通解，具体步骤如下：

第一步：写出特征方程 $ar^2 + br + c = 0$.

第二步：求出特征根 r_1，r_2.

第三步：根据特征根的不同情况，按照表 11-4 写出通解.

表 11-4

特征根 r_1 和 r_2	通解
两个不相等的实根 r_1，r_2	$y = C_1 e^{r_1 x} + C_2 e^{r_2 x}$
两个相等的实根 $r_1 = r_2$	$y = (C_1 + C_2 x) e^{r_1 x}$
一对共轭虚根 $r_{1,2} = \alpha \pm \beta i$	$y = e^{\alpha x}[C_1 \cos(\beta x) + C_2 \sin(\beta x)]$

(四)关于微分方程及其初始条件的导出

1. 切线斜率

由导数的几何意义，一阶线性微分方程经常出现在切线斜率的问题中.

2. 积分方程

例如，在积分方程 $y = y_0 + \int_{x_0}^{x} F(y,t) dt$ 的两边同时对 x 求导，即得一阶微分方程 $y' = F(y, x)$，再在积分方程中令积分上限 $x = x_0$，可得初始条件 $y|_{x=x_0} = y_0$，由此我们可以将求解积分方程转化为求微分方程的特解. 另外，由积分的几何意义，积分方程中的积分项经常由曲边梯形的面积给出.

(五)关于用微分方程解决实际问题的步骤

第一步：根据题意建立微分方程.

第二步：确定初始条件，n 阶微分方程需要确定 n 个初始条件.

第三步：确定方程的类型，求解微分方程.

二、例题选讲

例 1 求微分方程 $(1 + x^2) dy - (x - x \sin^2 y) dx = 0$ 满足初始条件 $y|_{x=0} = 0$ 的特解.

解 方程可化为

$$(1 + x^2) dy = (1 - \sin^2 y) x dx = \cos^2 y \cdot x dx$$

这是可分离变量的微分方程，分离变量并两边同时求不定积分，得

$$\int \frac{dy}{\cos^2 y} = \int \frac{x dx}{1 + x^2} = \frac{1}{2} \int \frac{d(1 + x^2)}{1 + x^2}$$

从而通解为

$$\tan y = \frac{1}{2} \ln(1 + x^2) + C，其中 C 为任意常数$$

将初始条件 $y|_{x=0} = 0$ 代入通解中，得 $C = 0$.

再将 $C = 0$ 代入通解中，即得所求特解为

$$\tan y = \frac{1}{2} \ln(1 + x^2)$$

例 2 已知定义在区间 $[0, +\infty)$ 上的非负可导函数 $f(x)$ 满足

$$f^2(x) = \int_0^x \frac{1+f^2(t)}{1+t^2} dt. \quad (x \geq 0)$$

求 $f(x)$.

解 等式两边同时对 x 求导，得

$$2f(x)f'(x) = \frac{1+f^2(x)}{1+x^2}, \tag{1}$$

令 $y = f(x)$，则 $f'(x) = y' = \dfrac{dy}{dx}$，将其代入式(1)中，分离变量并两边同时求不定积分，得

$$\int \frac{2y\, dy}{1+y^2} = \int \frac{1}{1+x^2} dx$$

其中

$$\int \frac{2y\, dy}{1+y^2} = \int \frac{d(1+y^2)}{1+y^2} = \ln(1+y^2) + C$$

$$\int \frac{1}{1+x^2} dx = \arctan x + C$$

从而微分方程(1)的通解为

$$\ln(1+y^2) = \arctan x + C, \text{ 其中 } C \text{ 为任意常数} \tag{2}$$

在题目所给等式中，取 $x=0$，可得微分方程式(1)的一个初始条件

$$y\big|_{x=0} = f(0) = \int_0^0 \frac{1+f^2(t)}{1+t^2} dt = 0$$

将初始条件 $y\big|_{x=0} = 0$ 代入通解(2)中，得

$$C = 0$$

再将 $C=0$ 代入通解(2)中，即得

$$\ln(1+y^2) = \arctan x$$

又 $y = f(x)$ 在区间 $[0, +\infty)$ 上是非负的，从而

$$f(x) = \sqrt{e^{\arctan x} - 1}, \ x \in (0, +\infty)$$

总结 本题是一个综合题，涉及的知识点有：复合函数的求导，变上限积分函数的导数，导数的微商形式，可分离变量微分方程的特解，凑微分法，基本积分公式以及积分上下限相等的定积分等于零.

例3 求微分方程 $y' + y\cos x = e^{-\sin x}$ 满足初始条件 $y\big|_{x=0} = 2$ 的特解

解法一 原方程对应的齐次方程是 $y' + y\cos x = 0$，其通解为

$$y = C(x) e^{-\int \cos x\, dx} = C e^{-\sin x}$$

设原方程的通解为 $y = C e^{-\sin x}$，其中 $C(x)$ 待定.

将 $y = C(x) e^{-\sin x}$ 代入原方程并化简，得 $C'(x) = 1$. 从而 $C(x) = x + C$.

所以原方程的通解为

$$y = (x+C)e^{-\sin x}, \text{ 其中 } C \text{ 为任意常数}$$

将初始条件 $y\big|_{x=0} = 2$ 代入原方程的通解中，得 $C = 2$.

将 $C=2$ 代入通解中,即得所求特解为
$$y=(x+2)\mathrm{e}^{-\sin x}$$

解法二 这是一阶线性微分方程 $y'+P(x)y=Q(x)$,其中
$$P(x)=\cos x,\ Q(x)=\mathrm{e}^{-\sin x}$$
代入一阶线性微分方程的通解公式,得
$$\begin{aligned}y&=\mathrm{e}^{-\int P(x)\mathrm{d}x}\left(\int Q(x)\mathrm{e}^{\int P(x)\mathrm{d}x}\mathrm{d}x+C\right)\\&=\mathrm{e}^{-\int\cos x\mathrm{d}x}\left(\int\mathrm{e}^{-\sin x}\mathrm{e}^{\int\cos x\mathrm{d}x}\mathrm{d}x+C\right)\\&=\mathrm{e}^{-\sin x}\left(\int 1\cdot\mathrm{d}x+C\right)\\&=(x+C)\mathrm{e}^{-\sin x},\text{其中 }C\text{ 为任意常数}\end{aligned}$$
将初始条件 $y\big|_{x=0}=2$ 代入通解中,得 $C=2$.
将 $C=2$ 代入通解中,即得所求特解为
$$y=(x+2)\mathrm{e}^{-\sin x}$$

例 4 已知曲线 C 经过点 $M(1,0)$,且曲线 C 上任意点 $P(x,y)(x\neq 0)$ 处的切线斜率与直线 $OP(O$ 为坐标原点)的斜率之差等于 ax(常数 $a>0$). 求曲线 C 的方程.

解 设曲线 C 的方程为 $y=y(x)$. 由题意可得,$y=y(x)$ 是以下方程的特解
$$y'-\frac{y}{x}=ax,\ y\big|_{x=1}=0.$$

这是一阶线性微分方程,其对应的齐次方程 $y'-\frac{y}{x}=0$ 的通解是 $y=Cx$.

设原方程的通解为 $y=C(x)x$,其中 $C(x)$ 待定.

将 $y=C(x)x$ 代入原方程并化简,得 $C'(x)=a$. 从而 $C(x)=\int a\mathrm{d}x=ax+C$.
所以原方程的通解为 $y=x(ax+C)$,其中 C 为任意常数.

将初始条件 $y\big|_{x=1}=0$ 代入原方程的通解中,得 $C=-a$.

再将 $C=-a$ 代入原方程的通解中,即得所求曲线 C 的方程为 $y=ax^2-ax$.

说明 ① 齐次方程 $y'+\frac{y}{x}=0$ 或 $xy'+y=0$ 的通解是 $y=Cx$.

② 齐次方程 $y'+\frac{y}{x}=0$ 或 $xy'+y=0$ 的通解是 $xy=C$.

例 5 已知 $f(x)$ 是定义在区间 $[0,+\infty)$ 上的非负可导函数,且曲线 $y=f(x)$ 与直线 $y=0$,$x=0$ 及 $x=t(t\geq 0)$ 围成的曲边梯形的面积为 $f(t)-t^2$.

(1) 求函数 $f(x)$;

(2) 证明:当 $x>0$ 时,$f(x)>x^2+\frac{x^3}{3}$.

(1) **解** 由题意,函数满足以下方程
$$\int_0^x f(t)\mathrm{d}t=f(x)-x^2, x\in[0,+\infty)$$

在上式两边同时对 x 求导和令 $x=0$，得 $y=f(x)$ 是以下微分方程的特解
$$y' - y = 2x, \quad y\big|_{x=0} = 0$$
这是一阶线性微分方程 $y' + P(x)y = Q(x)$，其中 $P(x) = -1$，$Q(x) = 2x$.
代入一阶线性微分方程的通解公式，得微分方程的通解为
$$\begin{aligned}
y &= e^{-\int P(x)dx}\left(\int Q(x)e^{\int P(x)dx}dx + C\right) \\
&= e^{-\int -dx}\left(\int 2xe^{\int -dx}dx + C\right) \\
&= e^{x}\left(\int 2xe^{-x}dx + C\right) \\
&= e^{x}\left[(-e^{-x})(2x+2) + C\right] \\
&= Ce^{x} - 2x - 2，其中 C 为任意常数
\end{aligned}$$
将初始条件 $y\big|_{x=0} = 0$ 代入通解中，得
$$C = 2$$
将 $C=2$ 代入通解中，即得所求特解为
$$y = 2e^{x} - 2x - 2$$
从而，所求函数
$$f(x) = 2e^{x} - 2x - 2, \quad x \in [0, +\infty)$$

(2) **证明** 令 $F(x) = f(x) - x^2 - \dfrac{x^3}{3} = 2e^{x} - 2 - 2x - x^2 - \dfrac{x^3}{3}$，$x \in (0, +\infty)$. 则
$$F'(x) = 2e^{x} - 2 - 2x - x^2, \quad F''(x) = 2e^{x} - 2 - 2x$$
$$F'''(x) = 2e^{x} - 2 = 2(e^{x} - 1) > 0, \quad x \in (0, +\infty)$$
所以
$$F''(x) > F''(0) = 0, \quad x \in (0, +\infty)$$
因此
$$F'(x) > F'(0) = 0, \quad x \in (0, +\infty)$$
进一步
$$F(x) > F(0) = 0, \quad x \in (0, +\infty)$$
这说明，当 $x>0$ 时，$f(x) > x^2 + \dfrac{x^3}{3}$.

例6 求下列微分方程的通解.

(1) $y'' - 9y = 0$；　　(2) $y'' - 4y' + 4y = 0$；　　(3) $y'' + 2y' + 5y = 0$.

解 所给微分方程都是二阶常系数齐次线性微分方程，它们的通解见表 11-5：

表 11-5

微分方程	特征方程	特征根	通解
$y'' - 9y = 0$	$r^2 - 9 = 0$	$r_1 = -3, r_2 = 3$	$y = C_1 e^{-3x} + C_2 e^{3x}$
$y'' - 4y' + 4y = 0$	$r^2 - 4r + 4 = 0$	$r_1 = r_2 = 2$	$y = (C_1 + C_2 x)e^{2x}$
$y'' + 2y' + 5y = 0$	$r^2 + 2r + 5 = 0$	$r_{1,2} = -1 \pm 2i$	$y = e^{-x}[C_1 \cos(2x) + C_2 \sin(2x)]$

例7 求微分方程 $y'' - 2y' + (1-k)y = 0$（其中常数 $k \geq 0$）的通解.

解 这是二阶常系数齐次线性微分方程. 特征方程 $r^2 - 2r + (1-k) = 0$，即 $(r-1)^2 = k$. 已知常数 $k \geq 0$，下面分两类讨论：

(1) 当 $k = 0$ 时，特征方程有两个相等的实特征根 $r_1 = r_2 = 1$，此时通解为 $y = (C_1 + C_2 x) e^x$.

(2) 当 $k > 0$ 时，特征方程有两个不相等的实特征根 $r_1 = 1 + \sqrt{k}$, $r_2 = 1 - \sqrt{k}$，此时通解为 $y = C_1 e^{(1+\sqrt{k})x} + C_2 e^{(1-\sqrt{k})x}$.

综上所述，微分方程的通解为

当 $k = 0$ 时，$y = (C_1 + C_2 x) e^x$，其中 C_1, C_2 为任意常数.

当 $k > 0$ 时，$y = C_1 e^{(1+\sqrt{k})x} + C_2 e^{(1-\sqrt{k})x}$，其中 C_1, C_2 为任意常数.

例8 求微分方程 $y'' - 2y' - 6y = 0$ 满足初始条件 $y|_{x=0} = 1$, $y'|_{x=0} = -8$ 的特解.

解 这是二阶常系数齐次线性微分方程.

特征方程 $r^2 + r - 6 = 0$，即 $(r+3)(r-2) = 0$.

特征根 $r_1 = -3$, $r_2 = 2$.

通解 $y = C_1 e^{-3x} + C_2 e^{2x}$，其中 C_1, C_2 为任意常数.

从而 $y' = -3C_1 e^{-3x} + 2C_2 e^{2x}$.

将初始条件 $y|_{x=0} = 1$, $y'|_{x=0} = -8$，代入 y 和 y' 的表达式中，得

$$\begin{cases} C_1 + C_2 = 1, \\ -3C_1 + 2C_2 = -8. \end{cases}$$

解得 $C_1 = 2$, $C_2 = -1$. 从而所求特解为

$$y = 2e^{-3x} - e^{2x}$$

例9 求微分方程 $y'' - 4y' + 13y = 0$ 满足初始条件 $y|_{x=0} = 1$, $y'|_{x=0} = 8$ 的特解.

解 这是二阶常系数齐次线性微分方程.

特征方程 $r^2 - 4r + 13 = 0$，即 $(r-2)^2 = -9$.

特征根 $r_{1,2} = 2 \pm 3i$.

通解 $y = e^{2x} [C_1 \cos(3x) + C_2 \sin(3x)]$，其中 C_1, C_2 为任意常数.

从而 $y' = e^{2x} [(2C_1 + 3C_2) \cos(3x) + (2C_2 - 3C_1) \sin(3x)]$.

将初始条件 $y|_{x=0} = 1$, $y'|_{x=0} = 8$ 代入 y 和 y' 的表达式中，得

$$\begin{cases} C_1 = 1, \\ 2C_1 + 3C_2 = 8 \end{cases}$$

解得 $C_1 = 1$, $C_2 = 2$. 从而所求特解为

$$y = e^{2x} [\cos(3x) + 2\sin(3x)].$$

例10 已知函数 $y = e^{2x}$ 是微分方程 $y'' - 2y' + ay = 0$ 的一个特解，求常数 a 的值，并求微分方程的通解.

解 将 $y = e^{2x}$ 代入微分方程 $y'' - 2y' + ay = 0$ 中，化简得 $ae^{2x} = 0$. 由于 $e^{2x} \neq 0$，故 $a = 0$. 从而题目所给二阶常系数线性微分方程为 $y'' - 2y' = 0$，其特征方程为 $r^2 - 2r = 0$，

解得特征根 $r_1 = 0$, $r_2 = 2$. 所以微分方程的通解为 $y = C_1 + C_2 e^{2x}$, 其中 C_1, C_2 为任意常数.

例 11 已知函数 $f''(x) - 4f(x) = 0$, 且曲线 $y = f(x)$ 在点 $(0, 0)$ 的切线与直线 $y = 2x + 1$ 平行.

（1）求 $f(x)$;

（2）求曲线 $y = f(x)$ 的凹凸区间及拐点.

解 （1）由题意,函数 $y = f(x)$ 是以下微分方程的特解

$$y'' - 4y = 0, \ y\big|_{x=0} = 0, \ y'\big|_{x=0} = 2$$

这是二阶常系数齐次线性微分方程, 其特征方程为 $r^2 - 4 = 0$, 解得特征根 $r_1 = -2$, $r_2 = 2$.

所以微分方程的通解为

$$y = C_1 e^{-2x} + C_2 e^{2x}, \ 其中 \ C_1, \ C_2 \ 为任意常数$$

从而 $y' = -2C_1 e^{-2x} + 2C_2 e^{2x}$

将初始条件 $y\big|_{x=0} = 0$, $y'\big|_{x=0} = 2$ 代入 y 和 y' 的表达式中, 得

$$\begin{cases} C_1 + C_2 = 0 \\ -2C_1 + 2C_2 = 2 \end{cases}$$

解得 $C_1 = -\dfrac{1}{2}$, $C_2 = \dfrac{1}{2}$. 从而所求函数

$$f(x) = -\frac{1}{2}e^{-2x} + \frac{1}{2}e^{2x}, \ x \in (-\infty, +\infty)$$

（2）由第（1）小题 $f(x) = -\dfrac{1}{2}e^{-2x} + \dfrac{1}{2}e^{2x}$, $x \in (-\infty, +\infty)$

因此

$$f'(x) = e^{-2x} + e^{2x}, \ f''(x) = -2e^{-2x} + 2e^{2x} = 2e^{-2x}(e^{4x} - 1)$$

由 $f''(x) = 0$, 解得 $x = 0$. 列表 11-6 分析

表 11-6

x	$(-\infty, 0)$	0	$(0, +\infty)$
$f''(x)$	$-$	0	$+$
$f(x)$	$\cap$	拐点	$\cup$

因此, 曲线 $y = f(x)$ 的凹区间是 $(0, +\infty)$, 凸区间是 $(-\infty, 0)$ 以及拐点的坐标为 $(0, 0)$.

总结 本题是一个综合题, 涉及的知识点有: 导数的几何意义 ($y'\big|_{x=0} = 2$), 二阶常系数齐次线性微分方程的特解, 二阶导数, 曲线的凹凸区间及拐点.

课堂练习

1. 微分方程 $x^2 dy = y dx$ 满足初始条件 $y\big|_{x=1} = 1$ 的特解为 $y = $ _____.

2. 微分方程 $y' - xy = 0$ 满足初始条件 $y\big|_{x=0} = 1$ 的特解为 $y = $ _____.

3. 若由参数方程 $\begin{cases} x = \ln\cos t, \\ y = a\sec t \end{cases}$ 所确定的函数 $y = f(x)$ 是微分方程 $\dfrac{dy}{dx} = y + e^{-x}$ 的解，则常数 $a =$ _____.

4. 已知函数 $f(x)$ 满足 $f'(x) = f(x) + 1$，且 $f(0) = 0$，则 $f(x) =$ _____.

5. 微分方程 $y'' - 9y = 0$ 的通解为 $y =$ _____.

6. 微分方程 $y'' + y' - 12y = 0$ 的通解 $y =$ _____.

7. 微分方程 $y'' - 5y' - 14y = 0$ 的通解 $y =$ _____.

课后作业

1. 求微分方程 $\dfrac{dy}{dx} + \dfrac{y}{x} = \sin x$ 的通解.

2. 求微分方程 $y'' - y' + 5y = 0$ 满足初始条件 $y\big|_{x=0} = 2$，$y'\big|_{x=0} = 0$ 的特解.

3. 求微分方程 $y'' - 2y' + 10y = 0$ 满足初始条件 $y\big|_{x=0} = 0$，$y'\big|_{x=0} = 3$ 的特解.

4. 若曲线经过点 $(0, 1)$，且该曲线上任一点 (x, y) 处的切线斜率为 $2y + e^x$，求这条曲线的方程.

5. 若定义在区间 $(0, \pi)$ 内的可导函数 $y = f(x)$ 满足 $xy' = (x\cot x - 1)y$，且 $y'\big|_{x=\frac{\pi}{2}} = \dfrac{2}{\pi}$.

（1）求函数 $y = f(x)$ 的表达式；

（2）证明：函数 $y = f(x)$ 在区间 $(0, \pi)$ 内单调递减.

6. 已知曲线 C 经过点 $M(1, 0)$，且曲线 C 上任意点 $P(x, y)$ $(x \neq 0)$ 处的切线斜率与直线 OP（O 为坐标原点）的斜率之差等于 ax（常数 $a > 0$）.

（1）求曲线 C 的方程；

（2）试确定 a 的值，使曲线 C 与直线 $y = ax$ 围成的平面图形的面积等于 $\dfrac{3}{8}$.

11.7 常数项级数

一、疑难解析

（一）关于常数项级数收敛、发散及和的定义

对于常数项级数 $\sum\limits_{n=1}^{\infty} u_n$，记其前 n 项部分和为 $S_n = \sum\limits_{n=1}^{n} u_n$. 若 $\lim\limits_{n \to \infty} S_n$ 存在，则称 $\sum\limits_{n=1}^{\infty} u_n$ 收敛，否则称 $\sum\limits_{n=1}^{\infty} u_n$ 发散. 当级数收敛时，部分和的极限称为级数的和.

（二）关于级数与数列的关系

级数 $\sum\limits_{n=1}^{\infty} u_n$ 可看作是数列 $\left\{ \sum\limits_{k=1}^{n} u_k \right\}_{n=1}^{\infty}$ 的极限，因此级数与数列有很多相似的性质.

(三)关于级数的基本性质

以下假设 a 和 b 都是常数.

性质1 若 $\sum_{n=1}^{\infty} u_n$ 和 $\sum_{n=1}^{\infty} v_n$ 都收敛,则 $\sum_{n=1}^{\infty} (au_n + bv_n)$ 也收敛,且

$$\sum_{n=1}^{\infty} (au_n + bv_n) = a\sum_{n=1}^{\infty} u_n + b\sum_{n=1}^{\infty} v_n$$

性质2 若级数 $\sum_{n=1}^{\infty} u_n$ 和 $\sum_{n=1}^{\infty} v_n$ 一个收敛另一个发散,则 $\sum_{n=1}^{\infty} (au_n + bv_n)$ 发散.

特别地,若 $\sum_{n=1}^{\infty} u_n$ 发散,则 $\sum_{n=1}^{\infty} au_n$ 也发散.

性质3 在级数中去掉、增加或改变有限项,级数的敛散性不变.

性质4 (级数收敛的必要条件)若 $\sum_{n=1}^{\infty} u_n$ 收敛,则 $\lim_{n\to\infty} u_n = 0$.

推论 若 $\lim_{n\to\infty} u_n$ 不存在或存在但极限不等于 0,则 $\sum_{n=1}^{\infty} u_n$ 发散.

说明 由 $\lim_{n\to\infty} u_n = 0$ 不能推出 $\sum_{n=1}^{\infty} u_n$ 收敛. 例如,调和级数 $\sum_{n=1}^{\infty} \frac{1}{n}$ 通项的极限 $\lim_{n\to\infty} \frac{1}{n} = 0$,但调和级数 $\sum_{n=1}^{\infty} \frac{1}{n}$ 发散.

(四)关于几何级数、p-级数及调和级数的敛散性

几何级数、p-级数和调和级数是最基本的三类级数,需要牢记它们的敛散性,以及当几何级数收敛时,其和的计算公式.

1. 几何级数(又称等比级数)

标准形式:$\sum_{n=0}^{\infty} q^n = 1 + q + q^2 + q^3 + \cdots$,其中 q 称为公比.

敛散性:①当 $|q| \geq 1$ 时,几何级数发散;

②当 $|q| < 1$ 时,几何级数收敛,且其和为 $\frac{1}{1-q}$,即 $\sum_{n=0}^{\infty} q^n = \frac{1}{1-q}$.

常用公式:$\sum_{n=0}^{\infty} q^n = \frac{q}{1-q}$,当 $|q| < 1$ 时.

2. p-级数

标准形式:$\sum_{n=1}^{\infty} \frac{1}{n^p} = 1 + \frac{1}{2^p} + \frac{1}{3^p} + \frac{1}{4^p} + \cdots$

敛散性:①当 $p \leq 1$ 时,p-级数发散;

②当 $p > 1$ 时,p-级数收敛.

3. 调和级数

$p = 1$ 时的 p-级数称为调和级数,调和级数是发散的.

标准形式：$\sum\limits_{n=1}^{\infty}\dfrac{1}{n}=1+\dfrac{1}{2}+\dfrac{1}{3}+\dfrac{1}{4}+\cdots$

(五) 关于正项级数的比较审敛法

如果级数 $\sum\limits_{n=1}^{\infty}u_n$ 的通项 $u_n\geqslant 0(n=1,2,3,\cdots)$，则 $\sum\limits_{n=1}^{\infty}u_n$ 是正项级数.

定理 正项级数收敛的充要条件是其部分和有界.

比较审敛法：设 $\sum\limits_{n=1}^{\infty}u_n$ 和 $\sum\limits_{n=1}^{\infty}v_n$ 为两个正项级数，且 $u_n\geqslant v_n(n>N_0)$. 则

(1) 若 $\sum\limits_{n=1}^{\infty}u_n$ 收敛，则 $\sum\limits_{n=1}^{\infty}v_n$ 也收敛；

(2) 若 $\sum\limits_{n=1}^{\infty}v_n$ 发散，则 $\sum\limits_{n=1}^{\infty}u_n$ 也发散.

比较审敛法的极限形式：设 $\sum\limits_{n=1}^{\infty}u_n$ 和 $\sum\limits_{n=1}^{\infty}v_n$ 都是正项级数，且 $v_n>0(n\geqslant N_0)$，

$$\lim_{x\to\infty}\dfrac{u_n}{v_n}=l\quad(0<l<+\infty),$$

则 $\sum\limits_{n=1}^{\infty}u_n$ 与 $\sum\limits_{n=1}^{\infty}v_n$ 同时收敛或同时发散.

推论 设 $\sum\limits_{n=1}^{\infty}u_n$ 和 $\sum\limits_{n=1}^{\infty}v_n$ 为两个正项级数，且当 $n\to\infty$ 时，$u_n\sim v_n$，则 $\sum\limits_{n=1}^{\infty}u_n$ 与 $\sum\limits_{n=1}^{\infty}v_n$ 同时收敛或同时发散.

例如，要判断正项级数 $\sum\limits_{n=1}^{\infty}\dfrac{\sin\frac{1}{n}}{n}$ 的敛散性，由于通项 $\dfrac{\sin\frac{1}{n}}{n}\sim\dfrac{\frac{1}{n}}{n}=\dfrac{1}{n^2}(n\to\infty)$，且级数 $\sum\limits_{n=1}^{\infty}\dfrac{1}{n^2}$ 收敛，故 $\sum\limits_{n=1}^{\infty}\dfrac{\sin\frac{1}{n}}{n}$ 收敛.

(六) 关于正项级数的比值审敛法

比值审敛法：设 $\sum\limits_{n=1}^{\infty}u_n$ 为正项级数，且 $u_n>0(n>N_0)$，及 $\lim\limits_{n\to\infty}\dfrac{u_{n+1}}{u_n}=\rho$，则

(1) 当 $0\leqslant\rho<1$ 时，级数 $\sum\limits_{n=1}^{\infty}u_n$ 收敛；

(2) 当 $1<\rho\leqslant+\infty$ 时，级数 $\sum\limits_{n=1}^{\infty}u_n$ 发散.

说明 ①当 $\rho=1$ 时，级数 $\sum\limits_{n=1}^{\infty}u_n$ 有可能收敛也有可能发散.

②由正项级数 $\sum\limits_{n=1}^{\infty}u_n$ 的通项满足 $\dfrac{u_{n+1}}{u_n}<1$，不能推出级数 $\sum\limits_{n=1}^{\infty}u_n$ 收敛. 例如调和级数 $\sum\limits_{n=1}^{\infty}\dfrac{1}{n}$ 相邻的两个通项之比 $\dfrac{u_{n+1}}{u_n}=\dfrac{n}{n+1}<1$，但调和级数 $\sum\limits_{n=1}^{\infty}\dfrac{1}{n}$ 发散.

③正项级数的比值审敛法只需用级数本身前项与后项之比的极限判别其收敛性. 当正项级数的通项 u_n 中含有 $n!$, n^n, a^n 等因子时, 用比值审敛法比较方便, 此时 $\dfrac{u_{n+1}}{u_n}$ 中对应的部分分别化为

$$\frac{(n+1)!}{n!} = n+1, \quad \frac{(n+1)^{n+1}}{n^n} = (n+1)\left(1+\frac{1}{n}\right)^n, \quad \frac{a^{n+1}}{a^n} = a$$

二、例题选讲

例 1 判断级数 $\sum\limits_{n=1}^{\infty} \dfrac{1}{n(n+1)}$ 的敛散性. 若收敛, 求其和.

解 级数的通项 $u_n = \dfrac{1}{n(n+1)} = \dfrac{1}{n} - \dfrac{1}{n+1}(n=1,2,3,\cdots)$, 故其前 n 项部分和为

$$S_n = \left(1-\frac{1}{2}\right) + \left(\frac{1}{2}-\frac{1}{3}\right) + \cdots + \left(\frac{1}{n}-\frac{1}{n+1}\right) = 1 - \frac{1}{n+1}(n=1,2,3,\cdots)$$

因此

$$\lim_{x\to\infty} S_n = \lim_{x\to\infty}\left(1-\frac{1}{n+1}\right) = 1$$

所以级数 $\sum\limits_{n=1}^{\infty} \dfrac{1}{n+1}$ 收敛, 且其和为 1.

例 2 计算级数 $\sum\limits_{n=1}^{\infty} \dfrac{2+(-1)^n}{3^n}$.

解 由于几何级数 $\sum\limits_{n=1}^{\infty}\left(\dfrac{1}{3}\right)^n = \dfrac{\frac{1}{3}}{1-\frac{1}{3}} = \dfrac{1}{2}$ 和 $\sum\limits_{n=1}^{\infty}\left(-\dfrac{1}{3}\right)^n = \dfrac{-\frac{1}{3}}{1-\left(-\frac{1}{3}\right)} = -\dfrac{1}{4}$, 故

$$\sum_{n=1}^{\infty} \frac{2+(-1)^n}{3^n} = 2\sum_{n=1}^{\infty}\left(\frac{1}{3}\right)^n + \sum_{n=1}^{\infty}\left(-\frac{1}{3}\right)^n = 2\cdot\frac{1}{2} - \frac{1}{4} = \frac{3}{4}$$

例 3 讨论级数 $\sum\limits_{n=1}^{\infty} \dfrac{1}{n}$, $\sum\limits_{n=1}^{\infty} \dfrac{1}{n+1}$ 和 $\sum\limits_{n=1}^{\infty}\left(\dfrac{1}{n}-\dfrac{1}{n+1}\right)$ 的敛散性.

解 级数 $\sum\limits_{n=1}^{\infty} \dfrac{1}{n}$ 是调和级数, 故发散. $\sum\limits_{n=1}^{\infty} \dfrac{1}{n+1}$ 是调和级数去掉第一项, 故发散. 级数 $\sum\limits_{n=1}^{\infty}\left(\dfrac{1}{n}-\dfrac{1}{n+1}\right)$ 的前 n 项部分和 $S_n = 1 - \dfrac{1}{n+1} \to 1(n\to\infty)$, 故收敛.

说明 本例说明以两个发散级数的通项之差为通项的级数也有可能是收敛. 这类似于 "$\infty - \infty$" 型未定式.

例 4 已知级数 $\sum\limits_{n=1}^{\infty} u_n$ 的部分和 $S_n = \dfrac{n}{n+1}(n\in\mathbf{N}^+)$, 则下列级数中, 发散的是 ( ).

A. $\sum\limits_{n=1}^{\infty} 2u_n$ B. $\sum\limits_{n=1}^{\infty}(u_n + u_{n+1})$ C. $\sum\limits_{n=1}^{\infty}\left(u_n + \dfrac{1}{n}\right)$ D. $\sum\limits_{n=1}^{\infty}\left[u_n - \left(\dfrac{3}{5}\right)^n\right]$

分析 级数 $\sum_{n=1}^{\infty} u_n$ 的部分和的极限 $\lim_{x\to\infty} S_n = \lim_{x\to\infty} \frac{n}{n+1} = 1$，故级数 $\sum_{n=1}^{\infty} u_n$ 收敛.

A 选项，$\sum_{n=1}^{\infty} 2u_n$ 收敛.

B 选项，$\sum_{n=1}^{\infty} (u_n + u_{n+1}) = \sum_{n=1}^{\infty} 2u_n + \sum_{n=1}^{\infty} 2u_n$ 收敛.

C 选项，$\sum_{n=1}^{\infty} u_n$ 收敛，调和级数 $\sum_{n=1}^{\infty} \frac{1}{n}$ 发散，故 $\sum_{n=1}^{\infty} \left(u_n + \frac{1}{n}\right)$ 发散.

D 选项，$\sum_{n=1}^{\infty} u_n$ 收敛，几何级数 $\sum_{n=1}^{\infty} \left(\frac{3}{5}\right)^n$ 收敛，故 $\sum_{n=1}^{\infty} \left[u_n - \left(\frac{3}{5}\right)^n\right]$ 收敛.

正确答案是 C.

例 5 下列级数中，收敛的是（　　）.

A. $\sum_{n=1}^{\infty} \frac{2}{n}$　　B. $\sum_{n=1}^{\infty} \frac{n^2}{n^2+1}$　　C. $\sum_{n=1}^{\infty} \frac{1}{\sqrt{n}}$　　D. $\sum_{n=1}^{\infty} \left[\left(\frac{3}{4}\right)^n + \frac{1}{n^2}\right]$

分析 A 选项，调和级数 $\sum_{n=1}^{\infty} \frac{1}{n}$ 发散，故 $\sum_{n=1}^{\infty} \frac{2}{n}$ 发散.

B 选项，通项的极限 $\lim_{x\to\infty} u_n = \lim_{x\to\infty} \frac{n^2}{n^2+1} = 1 \ne 0$，故 $\sum_{n=1}^{\infty} \frac{n^2}{n^2+1}$ 发散.

C 选项，$\sum_{n=1}^{\infty} \frac{1}{\sqrt{n}} = \sum_{n=1}^{\infty} \frac{1}{n^{1/2}}$，这是 p - 数级，其中 $p = 1/2 \le 1$，发散.

D 选项，等比数列 $\sum_{n=1}^{\infty} \left(\frac{3}{4}\right)^n$ 收敛，p - 级数 $\sum_{n=1}^{\infty} \frac{1}{n^2}$ 收敛（$p = 2 > 1$），

故 $\sum_{n=1}^{\infty} \left[\left(\frac{3}{4}\right)^n + \frac{1}{n^2}\right]$ 收敛.

正确答案是 D.

例 6 判定级数 $\sum_{n=1}^{\infty} \frac{n}{|\sin x| + 2^n}$ 的敛散性.

解 正项级数 $\sum_{n=1}^{\infty} \frac{n}{|\sin x| + 2^n}$ 的通项 $u_n = \frac{n}{|\sin x| + 2^n} > 0 (n = 1, 2, 3, \cdots)$.

由于 $|\sin x|$ 是有界量，且当 $n \to \infty$ 时，2^n 是无穷大量. 故当 $n \to \infty$ 时，$|\sin x| + 2^n$ 与 2^n 是等价无穷大，从而 $u_n = \frac{n}{|\sin x| + 2^n} \sim \frac{n}{2^n} (n \to \infty)$，因此

$$\lim_{n\to\infty} \frac{u_{n+1}}{u_n} = \lim_{n\to\infty} \frac{\frac{n+1}{2^{n+1}}}{\frac{n}{2^n}} = \lim_{n\to\infty} \frac{1}{2} \cdot \frac{n+1}{n} = \frac{1}{2} < 1$$

由比值审敛法，级数 $\sum_{n=1}^{\infty} \frac{n}{|\sin x| + 2^n}$ 收敛.

说明 在用比较审敛法和比值审敛法之时，可以把通项中的无穷大作等价替换，方

便后面的计算. 类似地, 在判定正项级数 $\sum_{n=1}^{\infty} \dfrac{n^2}{3^n+1}$ 的收敛性时, 由于当 $n\to\infty$ 时, 3^n+1 与 3^n 以及 $(n+1)^2$ 与 n^2 是等价无穷大, 故当 $n\to\infty$ 时,

$$u_n = \dfrac{n^2}{3^n+1} \sim \dfrac{n^2}{3^n},\ u_{n+1} = \dfrac{(n+1)^2}{3^{n+1}+1} \sim \dfrac{n^2}{3^{n+1}} \sim \dfrac{1}{3} u_n$$

从而 $\lim\limits_{n\to\infty} \dfrac{u_{n+1}}{u_n} = \lim\limits_{n\to\infty} \dfrac{u_n}{3 u_n} = \dfrac{1}{3} < 1$. 由比值审敛法, 级数 $\sum_{n=1}^{\infty} \dfrac{n^2}{3^n+1}$ 收敛.

例 7 判定级数 $\sum_{n=1}^{\infty}\left(\dfrac{1}{n^2} + \dfrac{4^n}{n!}\right)$ 的敛散性.

解 p - 级数 $\sum_{n=1}^{\infty} \dfrac{1}{n^2}$ 收敛(此处 $p=2>1$).

对于正项级数 $\sum_{n=1}^{\infty} \dfrac{4^n}{n!}$, 其通项 $u_n = \dfrac{4^n}{n!} > 0 (n=1,2,3,\cdots)$, 且

$$\lim_{n\to\infty} \dfrac{u_{n+1}}{u_n} = \lim_{n\to\infty} \dfrac{\dfrac{4^{n+1}}{(n+1)!}}{\dfrac{4^n}{n!}} = \lim_{n\to\infty} \dfrac{4}{n+1} = 0 < 1$$

由比值审敛法, 级数 $\sum_{n=1}^{\infty} \dfrac{4^n}{n!}$ 收敛.

故级数 $\sum_{n=1}^{\infty}\left(\dfrac{1}{n^2} + \dfrac{4^n}{n!}\right)$ 收敛.

例 8 已知级数 $\sum_{n=1}^{\infty} u_n$ 满足 $u_{n+1} = \dfrac{1}{3}\left(1+\dfrac{1}{n}\right)^n u_n (n\in \mathbf{N}^+)$, 且 $u_1 = 1$, 判断级数 $\sum_{n=1}^{\infty} u_n$ 的敛散性.

解 $u_1 = 1$ 且 $u_{n+1} = \dfrac{1}{3}\left(1+\dfrac{1}{n}\right)^n u_n (n\in \mathbf{N}^+)$, 故 $\sum_{n=1}^{\infty} u_n$ 是正项级数, 其通项 $u_n > 0$ $(n=1,2,3,\cdots)$, 且 $\dfrac{u_{n+1}}{u_n} = \dfrac{1}{3}\left(1+\dfrac{1}{n}\right)^n (n\in \mathbf{N}^+)$, 从而

$$\lim_{n\to\infty} \dfrac{u_{n+1}}{u_n} = \lim_{n\to\infty} \dfrac{1}{3}\left(1+\dfrac{1}{n}\right)^n = \dfrac{\mathrm{e}}{3} < 1$$

由比值审敛法, 级数 $\sum_{n=1}^{\infty} u_n$ 收敛.

例 9 判断级数 $\sum_{n=1}^{\infty} \dfrac{1}{\sqrt{n}} \ln\left(\dfrac{n+1}{n}\right)$ 的敛散性.

解 这是正项级数, 其通项

$$u_n = \dfrac{1}{\sqrt{n}} \ln\left(\dfrac{n+1}{n}\right) = \dfrac{1}{\sqrt{n}} \ln\left(1+\dfrac{1}{n}\right) \sim \dfrac{1}{\sqrt{n}} \cdot \dfrac{1}{n} = \dfrac{1}{n^{\frac{3}{2}}} (n\to\infty)$$

从而 $\sum_{n=1}^{\infty} \dfrac{1}{\sqrt{n}} \ln\left(\dfrac{n+1}{n}\right)$ 与 $\sum_{n=1}^{\infty} \dfrac{1}{n^{\frac{3}{2}}}$ 具有相同的敛散性.

因为 p – 级数 $\sum_{n=1}^{\infty} \dfrac{1}{n^{\frac{3}{2}}}$ 收敛(此处 $p = \dfrac{3}{2} > 1$)，因此级数 $\sum_{n=1}^{\infty} \dfrac{1}{\sqrt{n}} \ln\left(\dfrac{n+1}{n}\right)$ 也收敛.

课堂练习

1. 判断级数 $\sum_{n=1}^{\infty} \dfrac{1}{n(n+2)}$ 的敛散性. 若收敛，求其和.

2. 计算级数 $\sum_{n=1}^{\infty} \dfrac{3^n + (-1)^n}{4^n}$.

3. 讨论级数 $\sum_{n=1}^{\infty} \dfrac{1}{n+1}$，$\sum_{n=1}^{\infty} \dfrac{1}{n+1+\sin n}$ 和 $\sum_{n=1}^{\infty} \left(\dfrac{1}{n+1} - \dfrac{1}{n+1+\sin n}\right)$ 的敛散性.

4. 已知级数 $\sum_{n=1}^{\infty} u_n$ 的部分和 $S_n = \dfrac{n^2}{n^2+3} (n \in \mathbf{N})$，则下列级数中，发散的是(　　).

   A. $\sum_{n=1}^{\infty} 4u_n$　　B. $\sum_{n=1}^{\infty} \left(4u_n + \dfrac{1}{n}\right)$　　C. $\sum_{n=1}^{\infty} \left(u_n + \dfrac{1}{3^n}\right)$　　D. $\sum_{n=1}^{\infty} \dfrac{u_n}{4}$

5. 下列级数中，收敛的是(　　).

   A. $\sum_{n=1}^{\infty} \dfrac{n}{n+1}$　　　　　　　　B. $\sum_{n=1}^{\infty} \dfrac{1}{\sqrt{n}}$

   C. $\sum_{n=1}^{\infty} \left[\left(\dfrac{1}{3}\right)^n + \dfrac{1}{n^3}\right]$　　D. $\sum_{n=1}^{\infty} \left[\left(\dfrac{5}{3}\right)^n + \dfrac{1}{n^3}\right]$

课后作业

1. 判定级数 $\sum_{n=1}^{\infty} \dfrac{n^2}{|\cos x| + 3^n}$ 的敛散性.

2. 判定级数 $\sum_{n=1}^{\infty} \left(\dfrac{1}{n^3} + \dfrac{3^n}{n!}\right)$ 的敛散性.

3. 已知级数 $\sum_{n=1}^{\infty} u_n$ 满足 $u_{n+1} = \dfrac{1}{3}\left(1 + \dfrac{2}{n}\right)^n u_n (n \in \mathbf{N}^+)$，且 $u_1 = 1$，判断级数 $\sum_{n=1}^{\infty} u_n$ 的敛散性.

4. 判断级数 $\sum_{n=1}^{\infty} \dfrac{1}{n} \sin\left(\dfrac{1}{n}\right)$ 的敛散性.

5. (1) 证明级数 $\sum_{n=1}^{\infty} \left(\dfrac{1}{n} - \ln \dfrac{n+1}{n}\right)$ 收敛；

   (2) 由(1)推出 $\lim\limits_{n \to \infty} \left(1 + \dfrac{1}{2} + \dfrac{1}{3} + \cdots + \dfrac{1}{n} - \ln n\right)$ 收敛；

   (3) 用(2)计算 $\lim\limits_{n \to \infty} \left(1 - \dfrac{1}{2} + \dfrac{1}{3} - \dfrac{1}{4} + \dfrac{1}{5} - \dfrac{1}{6} + \cdots + \dfrac{1}{2n-1} - \dfrac{1}{2n}\right)$.

11.8　多元函数微积分学

一、疑难解析

(1)对某一变量求偏导数时，把其他变量当作常数，然后按一元函数求导.

(2)全微分可以看作是一个无穷小向量，各方向的分量表示该方向的变化率：

公式 $\mathrm{d}z = \dfrac{\partial z}{\partial x}\mathrm{d}x + \dfrac{\partial z}{\partial y}\mathrm{d}y$（二元），$\mathrm{d}u = \dfrac{\partial u}{\partial x}\mathrm{d}x + \dfrac{\partial u}{\partial y}\mathrm{d}y + \dfrac{\partial u}{\partial z}\mathrm{d}z$（三元）.

(3)多元复合函数求导的重点是弄清复合过程，画出树状图，然后相乘再相加，确保不重复，不遗漏：

情形 1　若 $z = z(u, v)$，$u = u(x)$，$v = v(x)$，则

全微分 $\mathrm{d}z = \dfrac{\partial z}{\partial u}\mathrm{d}u + \dfrac{\partial z}{\partial v}\mathrm{d}v$，全导数 $\dfrac{\mathrm{d}z}{\mathrm{d}x} = \dfrac{\partial z}{\partial u}\dfrac{\mathrm{d}u}{\mathrm{d}x} + \dfrac{\partial z}{\partial v}\dfrac{\mathrm{d}v}{\mathrm{d}x}$.

情形 2　若 $z = z(u, v)$，$u = u(x, y)$，$v = v(x, y)$，则偏导数

$$\dfrac{\partial z}{\partial x} = \dfrac{\partial z}{\partial u}\dfrac{\partial u}{\partial x} + \dfrac{\partial z}{\partial v}\dfrac{\partial v}{\partial x}, \qquad \dfrac{\partial z}{\partial y} = \dfrac{\partial z}{\partial u}\dfrac{\partial u}{\partial y} + \dfrac{\partial z}{\partial v}\dfrac{\partial v}{\partial y}.$$

情形 3　若 $z = z(u, v)$，$u = u(x, y)$，$v = v(x)$，则偏导数

$$\dfrac{\partial z}{\partial x} = \dfrac{\partial z}{\partial u}\dfrac{\partial u}{\partial x} + \dfrac{\partial z}{\partial v}\dfrac{\partial v}{\partial x}, \qquad \dfrac{\partial z}{\partial y} = \dfrac{\partial z}{\partial u}\dfrac{\partial u}{\partial y}.$$

(4)隐函数的求导公式.

以下情形 1 和情形 2 中，偏导数都连续，且分母不为 0，C 表示常数.

情形 1　若 $F(x, y) = C$，则 $\dfrac{\mathrm{d}y}{\mathrm{d}x} = -\dfrac{F_x}{F_y}$.

情形 2　若 $F(x, y, z) = C$，则 $\dfrac{\partial z}{\partial x} = -\dfrac{F_x}{F_z}$，$\dfrac{\partial z}{\partial y} = -\dfrac{F_y}{F_z}$.

(5)对于轮换对称函数的偏导数，只需求出对 x 的偏导数，对其他变量的偏导数可以通过轮换性质得到(参考例 8).

(6)求函数在一点处的偏导数或全微分，可逐步代入数值，这样可以减少计算量(参考例 11).

(7)二元函数的二阶偏导数.

公式 $\dfrac{\partial^2 z}{\partial x^2} = \dfrac{\partial}{\partial x}\left(\dfrac{\partial z}{\partial x}\right)$，$\dfrac{\partial^2 z}{\partial y^2} = \dfrac{\partial}{\partial y}\left(\dfrac{\partial z}{\partial y}\right)$，$\dfrac{\partial^2 z}{\partial x \partial y} = \dfrac{\partial}{\partial x}\left(\dfrac{\partial z}{\partial y}\right)$，$\dfrac{\partial^2 z}{\partial y \partial x} = \dfrac{\partial}{\partial y}\left(\dfrac{\partial z}{\partial x}\right)$.

(8)计算二重积分，画图是关键. 将二重积分化为二次积分时，要根据积分区域的形状和被积函数，选择恰当的坐标系，确定积分次序，由内向外逐层计算.

表 11－7

积分区域的形状	被积函数	应选坐标系
矩形或曲边梯形	$f(x,y)$	直角坐标系
圆、圆环、扇形或环扇形	$f(x^2+y^2)$	极坐标系

①直角坐标下计算二重积分.

标准形式：$\iint\limits_D f(x,y)\,d\sigma$，其中 $d\sigma$ 是面积元素，D 是积分区域.

面积元素：$d\sigma = dxdy$.

积分区域：矩形 $D = \{(x,y)\,|\,a \leq x \leq b,\ c \leq y \leq d\}$，简记 $D = [a,b] \times [c,d]$.

X 型 $D = \{(x,y)\,|\,a \leq x \leq b,\ c(x) \leq y \leq d(x)\}$，简记 $D = [a,b] \times [c(x),d(x)]$.

Y 型 $D = \{(x,y)\,|\,a(y) \leq x \leq b(y),\ c \leq y \leq d\}$，简记 $D = [a(y),b(y)] \times [c,d]$.

情形 1 积分区域是矩形 $D = [a,b] \times [c,d]$. 则

$$\iint\limits_D f(x,y)\,d\sigma = \int_c^d \left[\int_a^b f(x,y)\,dx\right] dy \ 或\ \iint\limits_D f(x,y)\,d\sigma = \int_a^b \left[\int_c^d f(x,y)\,dy\right] dx$$

上面两式常记为

$$\iint\limits_D f(x,y)\,d\sigma = \int_c^d dy \int_a^b f(x,y)\,dx \ 或\ \iint\limits_D f(x,y)\,d\sigma = \int_a^b dx \int_c^d f(x,y)\,dy$$

情形 2 积分区域是 X 型区域 $D = [a,b] \times [c(x),d(x)]$. 则

$$\iint\limits_D f(x,y)\,d\sigma = \int_a^d \left[\int_{c(x)}^{d(x)} f(x,y)\,dy\right] dx$$

上式常记为

$$\iint\limits_D f(x,y)\,d\sigma = \int_a^d dx \int_{c(x)}^{d(x)} f(x,y)\,dy$$

情形 3 积分区域是 Y 型区域 $D = [a(y),b(y)] \times [c,d]$. 则

$$\iint\limits_D f(x,y)\,d\sigma = \int_c^d \left[\int_{a(y)}^{d(y)} f(x,y)\,dx\right] dy$$

上式常记为

$$\iint\limits_D f(x,y)\,d\sigma = \int_c^d dy \int_{a(y)}^{d(y)} f(x,y)\,dx$$

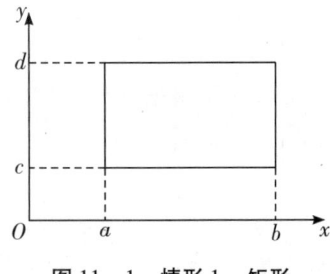

图 11－1 情形 1 矩形

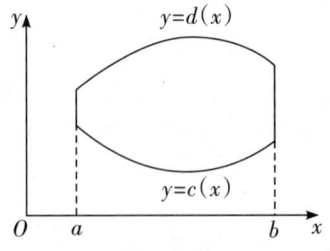

图 11－2 情形 2 X 型

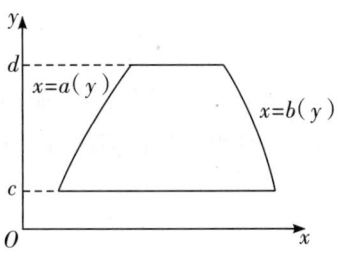

图 11－3 情形 3 Y 型

②直角坐标下改变二次积分的积分次序.

具体步骤:

a. 由二次积分的上、下限写出积分区域所满足的不等式组.

b. 根据不等式组画出积分区域的图象.

c. 把积分区域用另一种类型的不等式组表示出来.

d. 写出交换积分次序后的二次积分.

③极坐标下计算二重积分.

面积元素:$\mathrm{d}\sigma = r\mathrm{d}r\mathrm{d}\theta$.

坐标变换:$x = r\cos\theta,\ y = r\sin\theta$.

常用公式:$x^2 + y^2 = r^2$ 或 $\sqrt{x^2+y^2} = r$,

积分区域:以下出现的圆环、圆或扇形的圆心都是原点.

圆环 $D = \{(x,y) \mid R_1^2 \leqslant x^2+y^2 \leqslant R_2^2\} = \{(r,\theta) \mid 0 \leqslant \theta \leqslant 2\pi,\ R_1 \leqslant r \leqslant R_2\}$,

简记 $D_{极} = [0, 2\pi] \times [R_1, R_2]$.

圆 $D = \{(x,y) \mid x^2+y^2 \leqslant R\} = \{(r,\theta) \mid 0 \leqslant \theta \leqslant 2\pi,\ 0 \leqslant r \leqslant R\}$,

简记 $D_{极} = [0, 2\pi] \times [0, R]$.

计算公式　若积分区域是 $D_{极} = [\alpha, \beta] \times [R_1, R_2]$,则

$$\iint\limits_D f(x,y)\mathrm{d}\sigma = \int_\alpha^\beta \left[\int_{R_1}^{R_2} f(r\cos\theta, r\sin\theta)r\mathrm{d}r\right]\mathrm{d}\theta$$

上式常记为

$$\iint\limits_D f(x,y)\mathrm{d}\sigma = \int_\alpha^\beta \mathrm{d}\theta \int_{R_1}^{R_2} f(r\cos\theta, r\sin\theta)r\mathrm{d}r$$

(9)二次积分在直角坐标与极坐标之间的转化.

坐标变换:$x = r\cos\theta,\ y = r\sin\theta$.

面积元素:$\mathrm{d}x\mathrm{d}y = r\mathrm{d}r\mathrm{d}\theta$.

常用公式:$x^2+y^2 = r^2$ 或 $\sqrt{x^2+y^2} = r$.

二、例题选讲

例1　已知 $u = (xy)^x$,则 $\dfrac{\partial u}{\partial y} = (\quad)$.

A. $x^2(xy)^{x-1}$　　B. $x^2\ln(xy)$　　C. $x(xy)^{x-1}$　　D. $y^2\ln(xy)$

分析　对 y 求偏导数,只需把 x 看作常数而对 y 求导. 此时 $u = (xy)^x = x^x y^x$ 是关于 y 的幂函数,从而

$$\frac{\partial u}{\partial y} = \frac{\partial}{\partial y}(x^x y^x) = x^x \frac{\partial}{\partial y}(y^x) = x^x \cdot xy^{x-1} = x^{x+1}y^{x-1} = x^2(xy)^{x-1}$$

所以正确选项是 A.

例2　设 $u = \mathrm{e}^x\cos y,\ v = \mathrm{e}^x\sin y$,则 $\dfrac{\partial u}{\partial y} + \dfrac{\partial v}{\partial y} = \underline{\qquad}$.

分析 因为 $\dfrac{\partial u}{\partial y} = \dfrac{\partial}{\partial y}(e^x \cos y) = -e^x \sin y$，$\dfrac{\partial v}{\partial y} = \dfrac{\partial}{\partial y}(e^x \sin y) = e^x \cos y$，

所以 $\dfrac{\partial u}{\partial y} + \dfrac{\partial v}{\partial y} = -e^x \sin y + e^x \cos y = e^x(\cos y - \sin y)$.

例3 设 $f(x+y, xy) = x^2 + y^2 - xy$，则 $\dfrac{\partial f(x, y)}{\partial y} = ($ $)$.

A. $2y - x$ B. -1 C. $2x - y$ D. -3

分析 因为 $f(x+y, xy) = x^2 + y^2 - xy = (x+y)^2 - 3xy$，所以 $f(x, y) = x^2 - 3y$. 从而 $\dfrac{\partial f(x, y)}{\partial y} = \dfrac{\partial}{\partial y}(x^2 - 3y) = -3$.

所以正确选项是 D.

例4 设 $f(x+y, x-y) = \arctan \dfrac{x+y}{x-y}$，计算 $y\dfrac{\partial f(x, y)}{\partial x} - x\dfrac{\partial f(x, y)}{\partial y}$ 的值.

解 由 $f(x+y, x-y) = \arctan \dfrac{x+y}{x-y}$，得 $f(x, y) = \arctan \dfrac{x}{y}$，所以

$$\dfrac{\partial f(x, y)}{\partial x} = \dfrac{\partial}{\partial x}\left(\arctan \dfrac{x}{y}\right) = \dfrac{\left(\dfrac{x}{y}\right)_x}{1+\left(\dfrac{x}{y}\right)^2} = \dfrac{\dfrac{1}{y}}{1+\left(\dfrac{x}{y}\right)^2} = \dfrac{y}{x^2+y^2}$$

$$\dfrac{\partial f(x, y)}{\partial y} = \dfrac{\partial}{\partial y}\left(\arctan \dfrac{x}{y}\right) = \dfrac{\left(\dfrac{x}{y}\right)_y}{1+\left(\dfrac{x}{y}\right)^2} = \dfrac{-\dfrac{x}{y^2}}{1+\left(\dfrac{x}{y}\right)^2} = -\dfrac{x}{x^2+y^2}$$

从而

$$y\dfrac{\partial f(x, y)}{\partial x} - x\dfrac{\partial f(x, y)}{\partial y} = y \cdot \dfrac{y}{x^2+y^2} - x \cdot \left(-\dfrac{x}{x^2+y^2}\right) = 1$$

例5 已知函数 $z = e^{xy}$，则 $dz = ($ $)$.

A. $e^{xy}(dx + dy)$ B. $ydx + xdy$

C. $e^{xy}(xdx + ydy)$ D. $e^{xy}(ydx + xdy)$

分析 $\dfrac{\partial z}{\partial x} = \dfrac{\partial}{\partial x}(e^{xy}) = e^{xy} \cdot (xy)_x = e^{xy} \cdot y = ye^{xy}$，由于 $z = e^{xy}$ 关于 x 和 y 轮换对称，故 $\dfrac{\partial z}{\partial x} = xe^{xy}$. 从而

$$dz = \dfrac{\partial z}{\partial x}dx + \dfrac{\partial z}{\partial y}dy = ye^{xy}dx + xe^{xy}dy = e^{xy}(ydx + xdy)$$

所以正确选项是 D.

例6 二元函数 $z = x^{y+1}$，当 $x = e$，$y = 0$ 时的全微分 $dz\Big|_{\substack{x=e \\ y=0}} = $ _____.

分析 因为

$$\dfrac{\partial z}{\partial x}\Big|_{\substack{x=e \\ y=0}} = \dfrac{\partial}{\partial x}(x^{y+1})\Big|_{\substack{x=e \\ y=0}} = (x)'\Big|_{x=e} = 1,$$

$$\dfrac{\partial z}{\partial y}\Big|_{\substack{x=e \\ y=0}} = \dfrac{\partial}{\partial y}(x^{y+1})\Big|_{\substack{x=e \\ y=0}} = (e^{y+1})'\Big|_{y=0} = e.$$

所以
$$dz\Big|_{\substack{x=e\\y=0}} = \left(\frac{\partial z}{\partial x}\Big|_{\substack{x=e\\y=0}}\right)dx + \left(\frac{\partial z}{\partial y}\Big|_{\substack{x=e\\y=0}}\right)dy = dx + edy.$$

例7 设函数 $f(u)$ 可微，且 $f'(0) = \frac{1}{2}$，则 $z = f(4x^2 - y^2)$ 在点 $(1, 2)$ 处的全微分 $dz\Big|_{(1,2)} = $ _____.

分析 复合过程：$z = f(u)$，$u = 4x^2 - y^2$.

微分：$dz = f'(u)du$，$du = \frac{\partial u}{\partial x}dx + \frac{\partial u}{\partial y}dy = 8xdx - 2ydy$.

当 $x = 1$，$y = 2$ 时，$u = 0$，从而
$$dz = f'(0)du = \frac{1}{2}du, \quad du = 8dx - 4dy,$$

所以 $dz\Big|_{(1,2)} = 4dx - 2dy$.

例8 设 $u = \ln(x^2 + y^2 + z^2)$，则全微分 $du = $ _____.

分析 $\frac{\partial u}{\partial x} = \frac{\partial}{\partial x}[\ln(x^2 + y^2 + z^2)] = \frac{(x^2 + y^2 + z^2)_x}{x^2 + y^2 + z^2} = \frac{2x}{x^2 + y^2 + z^2}$,

由于 $u = \ln(x^2 + y^2 + z^2)$ 关于 x、y 和 z 轮换对称，故
$$\frac{\partial u}{\partial y} = \frac{2y}{x^2 + y^2 + z^2}, \qquad \frac{\partial u}{\partial z} = \frac{2z}{x^2 + y^2 + z^2},$$

从而
$$du = \frac{\partial u}{\partial x}dx + \frac{\partial u}{\partial y}dy + \frac{\partial u}{\partial z}dz = \frac{2xdx + 2ydy + 2zdz}{x^2 + y^2 + z^2}.$$

例9 已知二元函数 $z = \frac{xy}{1 + y^2}$，求 $\frac{\partial z}{\partial y}$ 和 $\frac{\partial^2 z}{\partial y \partial x}$.

解 $\frac{\partial z}{\partial y} = \frac{\partial}{\partial y}\left(\frac{xy}{1 + y^2}\right) = \frac{(xy)_y(1 + y^2) - xy \cdot (1 + y^2)_y}{(1 + y^2)^2}$

$= \frac{x(1 + y^2) - xy \cdot 2y}{(1 + y^2)^2} = \frac{1 - y^2}{(1 + y^2)^2}x$

$\frac{\partial z}{\partial x} = \frac{\partial}{\partial x}\left(\frac{xy}{1 + y^2}\right) = \frac{y}{1 + y^2}$

$\frac{\partial^2 z}{\partial y \partial x} = \frac{\partial}{\partial y}\left(\frac{\partial z}{\partial x}\right) = \frac{d}{dy}\left(\frac{y}{1 + y^2}\right) = \frac{(1 + y^2) - y \cdot 2y}{(1 + y^2)^2} = \frac{1 - y^2}{(1 + y^2)^2}.$

例10 设二元函数 $z = x\ln y$，则 $\frac{\partial^2 z}{\partial y \partial x} = $ _____.

分析 因为 $\frac{\partial}{\partial x}(x\ln y) = \ln y$，所以 $\frac{\partial^2 z}{\partial y \partial x} = \frac{\partial}{\partial y}\left(\frac{\partial z}{\partial x}\right) = \frac{d}{dy}(\ln y) = \frac{1}{y}$.

例11 已知二元函数 $z = x(2y + 1)^x$，求 $\frac{\partial^2 z}{\partial y \partial x}\Big|_{\substack{x=1\\y=1}}$.

解 用对数求导法，在 $\ln z = \ln x + x\ln(2y + 1)$ 的两边分别对 x 和 y 求偏导数，得

$$\frac{1}{z}\frac{\partial z}{\partial x} = \frac{1}{x} + \ln(2y+1), \quad \frac{1}{z}\frac{\partial z}{\partial y} = \frac{2x}{2y+1}$$

即

$$\frac{\partial z}{\partial x} = \frac{1}{x}z + z\ln(2y+1), \quad \frac{\partial z}{\partial y} = \frac{2x}{2y+1}z$$

当 $x=1$，$y=1$ 时，$z = 1 \times (2 \times 1 + 1)^1 = 3$，从而 $\frac{\partial z}{\partial y} = \frac{2 \times 1}{2 \times 1 + 1} \times 3 = 2$.

又 $\frac{\partial^2 z}{\partial y \partial x} = \frac{\partial}{\partial y}\left(\frac{\partial z}{\partial x}\right) = \frac{\partial}{\partial y}\left(\frac{1}{x}z + z\ln(2y+1)\right) = \frac{1}{x}\frac{\partial z}{\partial y} + \frac{\partial z}{\partial y}\ln(2y+1) + \frac{2z}{2y+1}$,

所以 $\frac{\partial^2 z}{\partial y \partial x}\bigg|_{\substack{x=1\\y=1}} = \frac{1}{1} \times 2 + 2\ln(2 \times 1 + 1) + \frac{2 \times 3}{2 \times 1 + 1} = 4 + 2\ln 3$,

即 $\frac{\partial^2 z}{\partial y \partial x}\bigg|_{\substack{x=1\\y=1}} = 4 + 2\ln 3$.

例 12 设二元函数 $z = f(x, y)$ 的全微分 $\mathrm{d}z = \frac{-y}{x^2}\mathrm{d}x + \frac{1}{x}\mathrm{d}y$，则 $\frac{\partial^2 z}{\partial y \partial x} =$ _____.

分析 因为 $\frac{\partial^2 z}{\partial y \partial x} = \frac{\partial}{\partial y}\left(\frac{\partial z}{\partial x}\right)$，所以我们需要先求 $\frac{\partial z}{\partial x}$. 由 $\mathrm{d}z = \frac{\partial z}{\partial x}\mathrm{d}x + \frac{\partial z}{\partial y}\mathrm{d}y$ 及已知条件 $\mathrm{d}z = \frac{-y}{x^2}\mathrm{d}x + \frac{1}{x}\mathrm{d}y$，得 $\frac{\partial z}{\partial x} = -\frac{y}{x^2}$，从而 $\frac{\partial^2 z}{\partial y \partial x} = \frac{\partial}{\partial y}\left(\frac{\partial z}{\partial x}\right) = \frac{\mathrm{d}}{\mathrm{d}y}\left(-\frac{y}{x^2}\right) = -\frac{1}{x^2}$.

例 13 设 $z = u^v$，而 $u = 2x + y$，$v = x$，求 $\frac{\partial z}{\partial x}\bigg|_{\substack{x=1\\y=0}}$ 和 $\frac{\partial z}{\partial y}\bigg|_{\substack{x=1\\y=0}}$.

解 因为 $\frac{\partial z}{\partial u} = \frac{\partial}{\partial u}(u^v) = vu^{v-1}$，$\frac{\partial z}{\partial v} = \frac{\partial}{\partial v}(u^v) = u^v \ln u$

$$\frac{\partial u}{\partial x} = \frac{\partial}{\partial x}(2x + y) = 2, \quad \frac{\partial u}{\partial y} = \frac{\partial}{\partial y}(2x + y) = 1$$

$$\frac{\mathrm{d}v}{\mathrm{d}x} = \frac{\mathrm{d}}{\mathrm{d}x}(x) = 1$$

所以当 $x = 1$，$y = 0$ 时，$u = 2$，$v = 1$，$\frac{\partial z}{\partial u} = 1$，$\frac{\partial z}{\partial v} = 2\ln 2$，从而有

$$\frac{\partial z}{\partial x} = \frac{\partial z}{\partial u}\frac{\partial u}{\partial x} + \frac{\partial z}{\partial v}\frac{\mathrm{d}v}{\mathrm{d}x} = 1 \times 2 + 2\ln 2 \times 1 = 2 + 2\ln 2 \text{ 和 } \frac{\partial z}{\partial y} = \frac{\partial z}{\partial u}\frac{\partial u}{\partial y} = 1 \times 1 = 1$$

即 $\frac{\partial z}{\partial x}\bigg|_{\substack{x=1\\y=0}} = 2 + 2\ln 2$ 和 $\frac{\partial z}{\partial y}\bigg|_{\substack{x=1\\y=0}} = 1$.

例 14 已知隐函数 $z = f(x, y)$ 由方程 $x^z - xy^2 + z^3 = 1$ 所确定，求 $\frac{\partial z}{\partial x}$ 和 $\frac{\partial z}{\partial y}$.

解 设 $F(x, y, z) = x^z - xy^2 + z^3$，则

$$F_x = zx^{z-1} - y^2, \quad F_y = -2xy, \quad F_z = x^z \ln x + 3z^2$$

所以

$$\frac{\partial z}{\partial x} = -\frac{F_x}{F_z} = \frac{y^2 - zx^{z-1}}{x^z \ln x + 3z^2}, \quad \frac{\partial z}{\partial y} = -\frac{F_y}{F_z} = \frac{2xy}{x^z \ln x + 3z^2}$$

例 15 设 $(x-y)^3 + z + \tan z = 0$，计算 $\frac{\partial z}{\partial x} + \frac{\partial z}{\partial y}$.

解 设 $F(x, y, z) = (x-y)^3 + z + \tan z$,则

$$F_x = 3(x-y)^2, \quad F_y = -3(x-y)^2 = -F_x, \quad F_z = 1 + \frac{1}{\cos^2 z} \neq 0$$

所以,$F_x + F_y = 0$,从而

$$\frac{\partial z}{\partial x} + \frac{\partial z}{\partial y} = -\frac{F_x}{F_z} - \frac{F_y}{F_z} = -\frac{F_x + F_y}{F_z} = 0$$

例 16 已知三元函数 $f(u, v, w)$ 具有连续偏导数,且 $f_v - f_w \neq 0$. 若二元函数 $z = z(x, y)$ 是由三元方程 $f(x-y, y-z, z-x) = 0$ 所确定的隐函数,计算 $\frac{\partial z}{\partial x} + \frac{\partial z}{\partial y}$.

解 设 $F(x, y, z) = f(x-y, y-z, z-x) = f(u, v, w)$,
其中 $u = x-y$,$v = y-z$,$w = z-x$. 则

$$F_x = f_u \cdot u_x + f_v \cdot v_x + f_w \cdot w_x = f_u - f_w$$

同理可得,$F_y = f_v - f_u$,$F_z = f_w - f_v \neq 0$. 所以 $F_x + F_y = (f_u - f_w) + (f_v - f_u) = f_v - f_w = -F_z$,从而

$$\frac{\partial z}{\partial x} + \frac{\partial z}{\partial y} = -\frac{F_x}{F_z} - \frac{F_y}{F_z} = -\frac{F_x + F_y}{F_z} = -\frac{-F_z}{F_z} = 1$$

例 17 设二元函数 $z = f(x, y) = x^y \ln x$($x > 0$,$x \neq 1$),计算二重积分 $\iint_D f(x, y) d\sigma$,其中平面区域 $D = \{(x, y) \mid 2 \leq x \leq e, -1 \leq y \leq 1\}$.

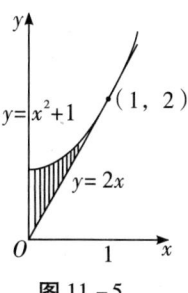

图 11-4

解 积分区域是矩形 $D = [2, e] \times [-1, 1]$,

$$\iint_D f(x,y) d\sigma = \int_2^e \left[\int_{-1}^1 x^y \ln x \, dy \right] dx = \int_2^e \left[x^y \Big|_{y=-1}^{y=1} \right] dx$$

$$= \int_2^e \left(x - \frac{1}{x} \right) dx = \left(\frac{1}{2} x^2 - \ln x \right) \Big|_2^e$$

$$= \frac{1}{2} e^2 - 3 + \ln 2$$

例 18 计算二重积分 $\iint_D 2xy \, dx \, dy$,其中 D 是由抛物线 $y = x^2 + 1$ 和直线 $y = 2x$ 及 $x = 0$ 围成的区域.

解 解方程组 $\begin{cases} y = x^2 + 1 \\ y = 2x \end{cases}$,得抛物线 $y = x^2 + 1$ 和直线 $y = 2x$ 的交点坐标 $(1, 2)$.

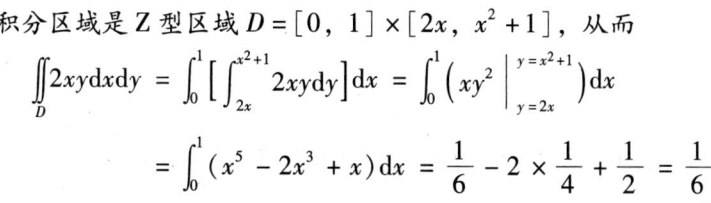

图 11-5

积分区域是 Z 型区域 $D = [0, 1] \times [2x, x^2 + 1]$,从而

$$\iint_D 2xy \, dx \, dy = \int_0^1 \left[\int_{2x}^{x^2+1} 2xy \, dy \right] dx = \int_0^1 \left(xy^2 \Big|_{y=2x}^{y=x^2+1} \right) dx$$

$$= \int_0^1 (x^5 - 2x^3 + x) dx = \frac{1}{6} - 2 \times \frac{1}{4} + \frac{1}{2} = \frac{1}{6}$$

例19 求二重积分 $\iint_D e^{x^3} d\sigma$,其中 D 是由曲线 $y=x^2$ 和直线 $x=1$ 及 $y=0$ 所围成的有界闭区域.

解 积分区域是 X 型区域 $D=[0,1]\times[0,x^2]$,从而

$$\iint_D e^{x^3} d\sigma = \int_0^1 \left[\int_0^{x^2} e^{x^3} dy\right] dx = \int_0^1 x^2 e^{x^3} dx$$

$$= \frac{1}{3}\int_0^1 e^{x^3} d(x^3) = \frac{1}{3} e^{x^3} \Big|_0^1 = \frac{1}{3}e - \frac{1}{3}$$

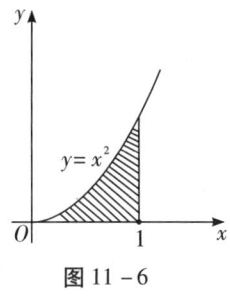

图 11-6

例20 计算二重积分 $\iint_D \sqrt{1-\frac{x}{y}} d\sigma$,其中 D 是由直线 $y=x$ 和 $y=1$,$y=2$ 及 $x=0$ 围成的闭区域.

解 积分区域是 Y 型区域 $D=[0,y]\times[1,2]$,从而

$$\iint_D \sqrt{1-\frac{x}{y}} d\sigma = \int_1^2 \left[\int_0^y \sqrt{1-\frac{x}{y}} dx\right] dy$$

$$= \frac{1}{3}\int_1^2 2y dy = \frac{1}{3} y^2 \Big|_1^2 = 1$$

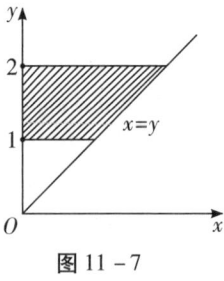

图 11-7

例21 已知 $D=\{(x,y)\mid 4\leqslant x^2+y^2\leqslant 9\}$,则 $\iint_D \frac{1}{\sqrt{x^2+y^2}} d\sigma = ($ $)$.

A. π B. 10π C. $2\pi\ln\frac{3}{2}$ D. $4\pi\ln\frac{3}{2}$

分析 积分区域是圆环 $D=\{(x,y)\mid 4\leqslant x^2+y^2\leqslant 9\}=\{(r,\theta)\mid 0\leqslant\theta\leqslant 2\pi, 2\leqslant r\leqslant 3\}$,即 $D_{极}=[0,2\pi]\times[2,3]$,从而 $\iint_D \frac{1}{\sqrt{x^2+y^2}} d\sigma = \int_0^{2\pi} d\theta \int_2^3 \frac{1}{r} r dr = 2\pi \int_2^3 dr = 2\pi$.

正确选项是 A.

例22 设平面区域 $D=\{(x,y)\mid x^2+y^2\leqslant 1\}$,则 $\iint_D (x^2+y^2) d\sigma = $ _____.

分析 积分区域是圆 $D=\{(x,y)\mid x^2+y^2\leqslant 1\}=\{(r,\theta)\mid 0\leqslant\theta\leqslant 2\pi, 0\leqslant r\leqslant 1\}$,即 $D_{极}=[0,2\pi]\times[0,1]$,从而

$$\iint_D (x^2+y^2) d\sigma = \int_0^{2\pi} d\theta \int_0^1 r^2 \cdot r dr = 2\pi \int_0^1 r^3 dr = 2\pi \cdot \frac{1}{4} = \frac{1}{2}\pi.$$

例23 交换二次积分 $I = \int_0^1 dy \int_{x^2}^1 f(x,y) dx$ 的积分次序,则 $I = ($ $)$.

A. $\int_0^1 dy \int_0^{\sqrt{y}} f(x,y) dx$ B. $\int_0^1 dy \int_{\sqrt{y}}^1 f(x,y) dx$

C. $\int_0^1 dy \int_{y^2}^1 f(x,y) dx$ D. $\int_0^1 dy \int_0^{y^2} f(x,y) dx$

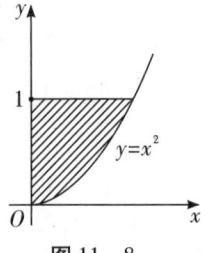

图 11-8

分析 $I = \int_0^1 dy \int_{x^2}^1 f(x,y) dx = \iint_D f(x,y) d\sigma$,其中积分区域是 X 型区域 $D=[0,1]\times[x^2,1]$,将积分区域表示成 Y 型区域 $D=$

$[0,\sqrt{y}]\times[0,1]$.

从而 $I = \iint\limits_{D} f(x,y)\mathrm{d}\sigma = \int_{0}^{1}\mathrm{d}y\int_{0}^{\sqrt{y}}f(x,y)\mathrm{d}x$

正确选项是 A.

例 24 交换二次积分 $I = \int_{0}^{1}\mathrm{d}x\int_{e^x}^{e}\dfrac{(2x+1)(2y+1)}{\ln y + 1}\mathrm{d}y$ 的积分次序，并求 I 的值.

解 令 $f(x,y) = \dfrac{(2x+1)(2y+1)}{\ln y + 1}$，则 $I = \int_{0}^{1}\mathrm{d}x\int_{e^x}^{e}f(x,y)\mathrm{d}y = \iint\limits_{D}f(x,y)\mathrm{d}\sigma$，

其中积分区域是 X 型区域 $D = [0,1]\times[e^x,e]$，

将积分区域表示成 Y 型区域 $D = [0,\ln y]\times[1,e]$，

从而

$$I = \iint\limits_{D}f(x,y)\mathrm{d}\sigma = \int_{1}^{e}\mathrm{d}y\int_{0}^{\ln y}\dfrac{(2y+1)}{\ln y + 1}(2x+1)\mathrm{d}x$$

$$= \int_{1}^{e}(2y+1)\ln y\,\mathrm{d}y = (y^2+y)\ln y\Big|_{1}^{e} - \int_{1}^{e}(y+1)\mathrm{d}y$$

$$= (e^2+e) - \left(\dfrac{1}{2}y^2+y\right)\Big|_{1}^{e} = \dfrac{e^2+3}{2}$$

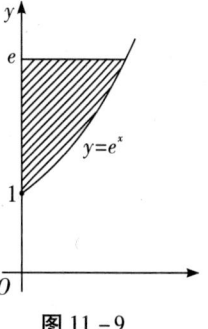

图 11 - 9

例 25 将二次积分 $I = \int_{-1}^{1}\mathrm{d}x\int_{0}^{\sqrt{1-x^2}}f(x^2+y^2)\mathrm{d}y$ 化为极坐标形式，则 $I = (\quad)$.

A. $\int_{0}^{\pi}\mathrm{d}\theta\int_{0}^{1}rf(r^2)\mathrm{d}r$ B. $\int_{0}^{\pi}\mathrm{d}\theta\int_{0}^{1}f(r^2)\mathrm{d}r$

C. $\int_{0}^{2\pi}\mathrm{d}\theta\int_{0}^{1}rf(r^2)\mathrm{d}r$ D. $\int_{0}^{2\pi}\mathrm{d}\theta\int_{0}^{1}f(r^2)\mathrm{d}r$

分析 积分区域 $D = [-1,1]\times[0,\sqrt{1-x^2}]$ 是上半单位圆，如图 11 - 10 所示.
将积分区域表示为极坐标的形式，即为 $D_{极} = [0,\pi]\times[0,1]$.

又 $\mathrm{d}\sigma = r\mathrm{d}r\mathrm{d}\theta$，$x^2+y^2 = r^2$.

从而 $I = \iint\limits_{D}f(x^2+y^2)\mathrm{d}\sigma = \int_{0}^{\pi}\mathrm{d}\theta\int_{0}^{1}rf(r^2)\mathrm{d}r$.

正确选项是 A.

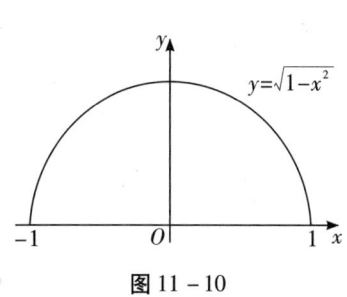

图 11 - 10

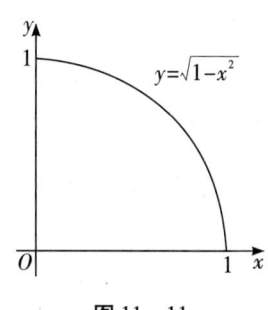

图 11 - 11

例26 化二次积分 $\int_0^1 dx \int_0^{\sqrt{1-x^2}} \dfrac{1}{1+x^2+y^2} dy$ 为极坐标形式的二次积分，并求其值.

解 积分区域是 Z 型区域 $D = [0, 1] \times [0, \sqrt{1-x^2}]$.
这是单位圆在第一象限的部分，如图 11-11 所示.

将积分区域表示极坐标的形式，即为 $D_{极} = \left[0, \dfrac{\pi}{2}\right] \times [0, 1]$.

又 $d\sigma = r dr d\theta$，$x^2 + y^2 = r^2$. 从而

$$I = \iint_D \dfrac{1}{1+x^2+y^2} d\sigma = \int_0^{\frac{\pi}{2}} d\theta \int_0^1 \dfrac{1}{1+r^2} \cdot r dr$$

$$= \dfrac{\pi}{2} \int_0^1 \dfrac{1}{1+r^2} \cdot \dfrac{1}{2} d(1+r^2) = \dfrac{\pi}{4} \ln(1+r^2) \Big|_0^1 = \dfrac{\pi}{4} \ln 2$$

例27 设 $f(x, y)$ 为连续函数，将极坐标形式的二次积分

$$I = \int_0^{\frac{\pi}{4}} d\theta \int_0^1 f(r\cos\theta, r\sin\theta) r dr$$

化为直角坐标形式的二次积分，则 $I = ($　　$)$.

A. $\int_0^{\frac{\sqrt{2}}{2}} dx \int_x^{\sqrt{1-x^2}} f(x, y) dy$　　　　B. $\int_0^{\frac{\sqrt{2}}{2}} dx \int_0^{\sqrt{1-x^2}} f(x, y) dy$

C. $\int_0^{\frac{\sqrt{2}}{2}} dy \int_y^{\sqrt{1-y^2}} f(x, y) dx$　　　　D. $\int_0^{\frac{\sqrt{2}}{2}} dy \int_0^{\sqrt{1-y^2}} f(x, y) dx$

分析 积分区域 $D_{极} = \left[0, \dfrac{\pi}{4}\right] \times [0, 1]$ 是一个扇形.

如果把它看作 X 型区域，需要拆成两个.
如果把它看作 Y 型区域，就不需要再去拆分，
此时 $D = [y, \sqrt{1-y^2}] \times \left[0, \dfrac{\sqrt{2}}{2}\right]$,

又 $d\sigma = r dr d\theta$，$x = r\cos\theta$，$y = r\sin\theta$.

从而 $I = \int_0^{\frac{\sqrt{2}}{2}} dy \int_y^{\sqrt{1-y^2}} f(x, y) dx$.

正确选项是 C.

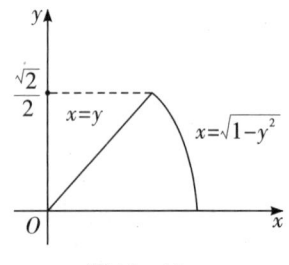

图 11-12

课堂练习

1. 设 $f(x, y) = \begin{cases} \dfrac{\sin(2x^2+y^2)}{y}, & y \neq 0 \\ 0, & y = 0 \end{cases}$，则 $f'_y(0, 0) = ($　　$)$.

   A. -1　　　B. 0　　　C. 1　　　D. 2

2. 设 $f(x+y, xy) = x^2 + y^2 - xy$，则 $\dfrac{\partial f(x, y)}{\partial y} = ($　　$)$.

   A. $2y - x$　　　B. -1　　　C. $2x - y$　　　D. -3

3. 改变二次积分 $I = \int_0^1 dx \int_0^{x^2} f(x,y) dy$ 的积分次序，则 $I = ($ 　　$)$．

　A. $\int_0^1 dy \int_{\sqrt{y}}^0 f(x,y) dx$ 　　　　B. $\int_0^1 dy \int_1^{\sqrt{y}} f(x,y) dx$

　C. $\int_0^1 dy \int_{\sqrt{y}}^1 f(x,y) dx$ 　　　　D. $\int_0^1 dy \int_0^{\sqrt{y}} f(x,y) dx$

4. 若二元函数 $z = \ln(xy)$，则 $\dfrac{\partial^2 z}{\partial x \partial y} = $ ＿＿＿＿＿＿．

5. 若二元函数 $z = \dfrac{4x-3y}{y^2}(y \neq 0)$，则 $\dfrac{\partial^2 z}{\partial x \partial y} - \dfrac{\partial^2 z}{\partial y \partial x} = $ ＿＿＿＿＿＿．

6. 已知二元函数 $z = f(x,y)$ 的全微分 $dz = y^2 dx + 2xy dy$，则 $\dfrac{\partial^2 z}{\partial x \partial y} = $ ＿＿＿＿＿＿．

7. 设平面区域 D 由直线 $y = x$，$y = 2$ 及 $x = 1$ 围成，则二重积分 $\iint\limits_D x d\sigma = $ ＿＿＿＿＿＿．

8. 设 D 为圆环域：$1 \leq x^2 + y^2 \leq 4$，则二重积分 $\iint\limits_D \dfrac{1}{\sqrt{x^2+y^2}} d\sigma = $ ＿＿＿＿＿＿．

9. 设平面区域 $D = \{(x,y) \mid x^2 + y^2 \leq 1\}$，则二重积分 $\iint\limits_D (x^2 + y^2)^2 d\sigma = $ ＿＿＿＿＿＿．

课后作业

1. 已知二元函数 $z = (3x+y)^{2x}$，求偏导数 $\dfrac{\partial z}{\partial x}$ 及 $\dfrac{\partial z}{\partial y}$．

2. 求 $z = \int_0^{xy} e^{-t^2} dt$ 的全微分 dz 及二阶偏导数 $\dfrac{\partial^2 z}{\partial x \partial y}$．

3. 设隐函数 $z = f(x,y)$ 由方程 $x^y + z^3 + xz = 0$ 所确定，求 $\dfrac{\partial z}{\partial x}$ 及 $\dfrac{\partial z}{\partial y}$．

4. 设平面区域 D 由曲线 $xy = 1$ 和直线 $y = x$ 及 $x = 2$ 围成，计算二重积分 $\iint\limits_D \dfrac{x}{y^2} d\sigma$．

5. 计算二重积分 $\iint\limits_D \sqrt{y^2 - x} d\sigma$，其中 D 是由曲线 $y = \sqrt{x}$ 及直线 $y = 1$，$x = 0$ 围成的闭区域．

6. 计算二重积分 $\iint\limits_D \dfrac{(2\sqrt{x^2+y^2} - 1)^3}{\sqrt{x^2+y^2}} dx dy$，其中积分区域 D：$1 \leq x^2 + y^2 \leq 4$．

7. 计算二重积分 $\iint\limits_D (x^2 + y^2) d\sigma$，其中积分区域

$$D = \{(x,y) \mid x^2 + y^2 \geq 1,\ |x| \leq 2,\ |y| \leq 2\}.$$

8. 将二次积分 $I = \int_{-1}^1 dx \int_0^{\sqrt{1-x^2}} e^{x^2+y^2} dy$ 化为极坐标形式的二次积分，并计算 I 的值．

9. 设函数 $f(x) = \int_{\ln x}^{2} e^{t^2} dt$.

(1) 求 $f'(e^2)$；　　　　(2) 计算定积分 $\int_{1}^{e^2} \frac{1}{x} f(x) dx$.

10. 设二元函数 $z = f(x, y) = x^y \ln x (x > 0, x \neq 1)$，平面区域 $D = \{(x, y) | 2 \leq 2 \leq x \leq e, -1 \leq y \leq 1\}$.

(1) 求全微分 dz；

(2) 求 $\iint_D f(x, y) d\sigma$.

思考与练习

一、单项选择题

1. 函数 $f(x) = \dfrac{x^2 - x}{x^2 + x - 2}$ 的间断点是（　　）.

 A. $x = -2$ 和 $x = 2$ 　　　　B. $x = -2$ 和 $x = 1$
 C. $x = -1$ 和 $x = 2$ 　　　　D. $x = 0$ 和 $x = 1$

2. 设函数 $f(x) = \begin{cases} x + 1, & x < 0, \\ 2, & x = 0, \\ \cos x, & x > 0, \end{cases}$ 则 $\lim\limits_{x \to 0} f(x)$（　　）.

 A. 等于 1   B. 等于 2   C. 等于 1 或 2   D. 不存在

3. 已知 $\int f(x) dx = \tan x + C, \int g(x) dx = 2^x + C$，$C$ 为任意常数，则下列等式正确的是（　　）.

 A. $\int [f(x) g(x)] dx = 2^x \tan x + C$ B. $\int \dfrac{f(x)}{g(x)} dx = 2^{-x} \tan x + C$

 C. $\int f[g(x)] dx = \tan(2^x) + C$ D. $\int [f(x) + g(x)] dx = \tan x + 2^x + C$

4. 下列级数收敛的是（　　）.

 A. $\sum\limits_{n=1}^{\infty} e^{\frac{1}{n}}$ B. $\sum\limits_{n=1}^{\infty} \left(\dfrac{3}{2}\right)^n$

 C. $\sum\limits_{n=1}^{\infty} \left(\dfrac{2}{3^n} - \dfrac{1}{n^3}\right)$ D. $\sum\limits_{n=1}^{\infty} \left[\left(\dfrac{2}{3}\right)^n + \dfrac{1}{n}\right]$

5. 已知函数 $f(x) = ax + \dfrac{b}{x}$ 在点 $x = -1$ 处取得极大值，则常数 a, b 应满足条件（　　）.

 A. $a - b = 0, b < 0$ B. $a - b = 0, b > 0$
 C. $a + b = 0, b < 0$ D. $a + b = 0, b < 0$

二、填空题

1. 曲线 $\begin{cases} x = t^3 + 3t \\ y = \arcsin x \end{cases}$，在 $t = 0$ 的对应点处的切线方程为 $y = $ _____.

2. 微分方程 $y\mathrm{d}x + x\mathrm{d}y = 0$ 满足条件 $y|_{x=1} = 2$ 的特解为 $y = $ _____.

3. 若二元函数 $z = f(x, y)$ 的全微分 $\mathrm{d}z = \mathrm{e}^x \sin y \mathrm{d}x + \mathrm{e}^x \cos y \mathrm{d}y$，则 $\dfrac{\partial^2 z}{\partial x \partial y} = $ _____.

4. 设平面区域 $D = \{(x, y) \mid 0 \leq y \leq x, 0 \leq x \leq 1\}$，则 $\iint\limits_D x\mathrm{d}x\mathrm{d}y = $ _____.

5. 已知 $\int_1^t f(x)\mathrm{d}x = t\sin\dfrac{\pi}{t}(t > 1)$，则 $\int_1^{+\infty} f(x)\mathrm{d}x = $ _____.

三、计算题

1. 求极限 $\lim\limits_{x \to 0} \dfrac{\mathrm{e}^x - \sin x - 1}{x^2}$.

2. 设 $y = \dfrac{x}{2x + 1}(x > 0)$，求 $\dfrac{\mathrm{d}y}{\mathrm{d}x}$.

3. 求不定积分 $\int \dfrac{2 + x}{1 + x^2}\mathrm{d}x$.

4. 计算定积分 $\int_{-\frac{1}{2}}^{0} x\sqrt{2x + 1}\mathrm{d}x$.

5. 设 $x - z = \mathrm{e}^{xyz}$，求 $\dfrac{\partial z}{\partial x}$ 和 $\dfrac{\partial z}{\partial y}$.

6. 计算二重积分 $\iint\limits_D \ln(x^2 + y^2)\mathrm{d}\sigma$，其中平面区域 $D = \{(x, y) \mid 1 \leq x^2 + y^2 \leq 4\}$.

7. 已知级数 $\sum\limits_{n=1}^{\infty} a_n$ 和 $\sum\limits_{n=1}^{\infty} b_n$ 满足 $0 \leq a_n < b_n$，且 $\dfrac{b_{n+1}}{b_n} = \dfrac{(n+1)^4}{3n^4 + 2n - 1}$，判定级数 $\sum\limits_{n=1}^{\infty} a_n$ 的敛散性.

8. 设函数 $f(x)$ 满足 $\dfrac{\mathrm{d}f(x)}{\mathrm{d}\mathrm{e}^{-x}} = x$，求曲线 $y = f(x)$ 的凹、凸区间.

四、综合题

1. 已知连续函数 $\varphi(x)$ 满足 $\varphi(x) = 1 + x + \int_0^x t\varphi(t)\mathrm{d}t + x\int_x^0 \varphi(t)\mathrm{d}t$.

(1) 求 $\varphi(x)$；

(2) 求曲线 $y = \varphi(x)$ 和 $x = 0$，$x = \dfrac{\pi}{2}$ 及 $y = 0$ 围成的图形绕 x 轴旋转所得立体的体积.

2. 设函数 $f(x) = x\ln(1 + x) - (1 + x)\ln x$.

(1) 证明：$f(x)$ 在区间 $(0, +\infty)$ 内单调减少；

(2) 比较数值 2018^{2019} 与 2019^{2018} 的大小，并说明理由.